机械制图课程
教学创新探索与实践

王俊翔 著

陕西师范大学出版总社 西安

图书代号　ZZ25N0318

图书在版编目（CIP）数据

机械制图课程教学创新探索与实践／王俊翔著.
西安：陕西师范大学出版总社有限公司，2025.1.
ISBN 978-7-5695-5494-6

Ⅰ．TH126

中国国家版本馆 CIP 数据核字第 20258A910Y 号

机械制图课程教学创新探索与实践
JIXIE ZHITU KECHENG JIAOXUE CHUANGXIN TANSUO YU SHIJIAN

王俊翔　著

责任编辑	邱水鱼
责任校对	刘金茹
封面设计	鼎新设计
出版发行	陕西师范大学出版总社
	（西安市长安南路199号　邮编710062）
网　　址	http://www.snupg.com
印　　刷	西安市建明工贸有限责任公司
开　　本	720 mm×1020 mm　1/16
印　　张	16
字　　数	262千
版　　次	2025年1月第1版
印　　次	2025年1月第1次印刷
书　　号	ISBN 978-7-5695-5494-6
定　　价	72.00元

读者购书、书店添货或发现印刷装订问题，请与本社高等教育出版中心联系。
电话：(029)85307864　85303622(传真)

前　言

　　机械制图是工科专业的基础性核心课程,在培养学生工程制图能力、三维空间想象力和系统性工程思维等方面具有不可替代的作用。在高等教育改革持续深化的背景下,如何实现机械制图教学模式与产业需求的动态适配,满足创新型工程人才培养需求,已成为课程改革亟待解决的核心命题。随着教学改革的推进,缩减课程课时已成为普遍趋势。因此,如何在有限的课时内使学生掌握本课程核心内容并有效提升教学效率,已成为当前教学工作所面临的关键挑战。

　　在新工科背景下,培养具备实际操作能力和创新能力的工科人才已经成为教育的重点目标。作为工科领域的基础课程,机械制图不仅承担着培养学生空间想象力、图形表达能力和工程实践能力的任务,还需要与产业需求持续匹配。然而,传统教学方法往往过于强调理论,难以满足学生对实践应用能力的迫切需求。相关研究表明,在教学中引入实践项目与真实案例分析是行之有效的创新路径。通过实践项目,学生能够将所学知识与工程实际结合,提升实践操作能力与问题解决能力;通过对真实案例分析,学生能够加深对机械制图应用场景和具体运用方法的理解,进一步培养工程思维与设计能力。

　　为更好地加强理论与实践的衔接,本书提出了以"从物到图,再从图到物"为核心的教学改革思路。传统机械制图教学往往忽视学生在绘图和读图过程中对实物的理解,导致在实际场景中难以熟练应用。针对这一问题,通过模型测量、草图绘制和视图检查等步骤,可以帮助学生逐步掌握和强化三视图绘制技能以及空间思维能力。通过观察典型零件加工过程,并利用齿轮泵等设备进行拆装等,学生能够将机械制图和工程实际深度结合,拓展对零件工艺结构与装配方式的认识。在机件表达方面,鼓励学生比较与尝试多种表达方式,逐渐提升绘图技能,并加深对各种表达方法使用场景的思考与理解。

与此同时,培养学生的自主学习能力也成为高校教育的重要目标。本书借鉴维果斯基的"最近发展区"理论,通过设置略高于学生当前水平的学习任务,并借助教师指导与小组合作,帮助学生达成更高层次的学习成果。通过在制图课程中实行分组大作业与轮换组长制度,不仅强化了学生的自我检查能力,也提升了他们对标准化作图方法的熟悉度,并进一步增强了团队协作意识。

面对未来,机械制图教学将进一步结合人工智能、虚拟仿真等新技术,展开更多元的探索。课程思政建设与教学评价体系的完善同等重要,通过在专业知识中深度融入思政元素,有助于培养学生的职业责任感与社会担当。通过多种教学创新与实践,笔者学校丰富了课程内容并活跃了课堂氛围,使原本枯燥的制图学习更生动有趣。各高校在实际教学中也可结合本校学生特点,借鉴成熟的教学方法,不断探索更具针对性与实效性的教学模式。

本书共分为七章,第一章概述机械制图课程的发展历史及其在工程中的应用;第二章介绍机械制图软件,包括CAD软件的概念、常用种类和未来趋势;第三章探讨机械制图课程设计,包括教学设计、电子教案编制、对学生设计能力的培养;第四章详细论述机械制图课程的教学内容、方法、创新实践与教学改革;第五章重点阐述课程思政,包括思政元素的融入和评价;第六章围绕课程评价展开,涵盖机械制图能力评价体系、课程质量评价以及多元化考核评价方式;第七章聚焦机械制图在新技术应用及内容变革等方面的未来发展方向。

本书系统地提出了课程改革的理论依据与实践指导,以期为新工科背景下培养兼具实践操作能力与创新思维的机械工程人才提供可行借鉴。

限于笔者水平,书中难免存在疏漏或不妥之处,敬请读者批评指正。

王俊翔

2024年9月

目　录

第一章　机械制图课程概述 ………………………………………… 1
　第一节　机械制图的发展历史 ……………………………………… 1
　第二节　机械制图在工程中的应用 ………………………………… 3
第二章　机械制图软件 ………………………………………………… 15
　第一节　CAD 软件概述 …………………………………………… 15
　第二节　常用 CAD 软件及其应用 ………………………………… 47
　第三节　CAD 软件的未来发展趋势与新技术应用 ……………… 65
第三章　机械制图课程设计 …………………………………………… 73
　第一节　机械制图课程教学设计 …………………………………… 73
　第二节　机械制图电子教案设计 …………………………………… 82
　第三节　机械制图教学对学生设计能力的培养 …………………… 92
第四章　机械制图课程教学 …………………………………………… 103
　第一节　机械制图课程教学内容和方法 …………………………… 103
　第二节　机械制图课程教学创新和实践 …………………………… 131
　第三节　机械制图课程教学改革探索 ……………………………… 153
第五章　机械制图课程思政 …………………………………………… 178
　第一节　机械制图课程思政建设 …………………………………… 178
　第二节　机械制图课程思政评价体系 ……………………………… 196
　第三节　思政元素融入教学实践 …………………………………… 198

第六章 机械制图课程评价 · 203
　第一节 　机械制图课程评价体系 · 203
　第二节 　机械制图课程质量评价 · 205
　第三节 　机械制图课程的多元化考核评价体系 · 209

第七章 机械制图课程教学的未来展望 · 212
　第一节 　新技术在机械制图教学中的应用 · 212
　第二节 　未来机械制图课程的创新与发展 · 230

参考文献 · 242

第一章

机械制图课程概述

第一节　机械制图的发展历史

机械制图是用图样确切表示机械的结构形状、尺寸大小、工作原理和技术要求的学科。图样由图形、符号、文字和数字等组成，是表达设计意图和制造要求以及交流经验的技术文件，常被称为工程界的语言。

用图来状物纪事的起源很早，如中国宋代苏颂和赵公廉所著《新仪象法要》中已附有天文报时仪器的图样，明代宋应星所著《天工开物》中也有大量的机械图样，但尚不严谨。1799年，法国学者蒙日出版《画法几何》著作，自此机械图样中的图形开始严格按照画法几何的投影理论绘制。

为使人们对图样中涉及的格式、文字、图线、图形简化和符号含义有一致的理解，后来逐渐制定出统一的规格，并发展成为机械制图标准。各国一般都有自己的国家标准，国际上有国际标准化组织制定的标准。中国的机械制图国家标准制定于1959年，后在1974年和1984年修订过两次。

在机械制图标准中规定的项目有图纸幅面及格式、比例、字体和图线等。在图纸幅面及格式中规定了图纸标准幅面的大小和图纸中图框的相应尺寸。比例是指图样中的尺寸长度与机件实际尺寸的比例，除允许用1∶1的比例绘图外，只允许用标准中规定的缩小比例和放大比例绘图。在中国，规定汉字必须按长仿宋体书写，字母和数字按规定的结构书写。图线规定有八种规格，如用于绘制可见轮廓线的粗实线、用于绘制不可见轮廓线的虚线、用于绘制轴线和对称中心线的细点划线、用于绘制尺寸线和剖面线的细实线等。

机械图样主要有零件图和装配图，此外还有布置图、示意图和轴测图等。零件图表达零件的形状、大小以及制造和检验零件的技术要求；装配图表达机械中所属各零件与部件间的装配关系和工作原理；布置图表达机械设备在厂房内的位置；示意图表达机械的工作原理，如表达机械传动原理的机构运动简图、表达液体或气体输送线路的管道示意图等，示意图中的各机械构件均用符号表示；轴测图是一种立体图，直观性强，是常用的一种辅助图样。

表达机械结构形状的图形有视图、剖视图和剖面图等。视图是按正投影法即机件向投影面投影得到的图形。按投影方向和相应投影面的位置不同，视图分为主视图、俯视图和左视图等。视图主要用于表达机件的外部形状。图中看不见的轮廓线用虚线表示。机件向投影面投影时，观察者、机件与投影面三者之间有两种相对位置。机件位于投影面与观察者之间时称为第一角投影法，投影面位于机件与观察者之间时称为第三角投影法。两种投影法都能完整地表达机件的形状。中国国家标准规定采用第一角投影法。剖视图是假想用剖切面剖开机件，将处在观察者与剖切面之间的部分移去，将其余部分向投影面投影而得到的图形。剖视图主要用于表达机件的内部结构。剖面图则只画出切断面的图形，常用于表达杆状结构的断面形状。

对于图样中某些作图比较烦琐的结构，为提高制图效率允许将其简化后画出，简化后的画法称为简化法。机械制图标准对其中的螺纹、齿轮、花键和弹簧等结构或零件的画法有独立的标准。

图样是依照机件的结构形状和尺寸大小按适当比例绘制的。图样中机件的尺寸用尺寸线、尺寸界线和箭头指明被测量的范围，用数字标明其大小。在机械图样中，数字的单位规定为毫米，但不需注明。对直径、半径、锥度、斜度和弧长等尺寸，在数字前分别加注符号予以说明。

制造机件时，必须按图样中标注的尺寸数字进行加工，不允许直接从图样中量取图形的尺寸。要求在机械制造中必须达到的技术条件，如公差与配合、形位公差、表面粗糙度、材料及其热处理要求等均应按机械制图标准在图样中用符号、文字和数字予以标明。

20世纪前，图样都是利用一般的绘图工具手工绘制的。20世纪初出现了机械结构的绘图机，提高了绘图的效率。20世纪下半叶出现了计算机绘图，将需要绘制的图样编制成程序输入电子计算机，计算机再将其转换为图形信息输送给绘图仪绘出图样，或输送给计算机控制的自动机床进行加工。

图样一般需要描绘成透明底图，用透明底图洗印出蓝图或用氨熏出紫图。20世纪中期出现了静电复印机，这种复印机可将原图样直接进行复制，并可将图放大或缩小，采用这种新技术可以省去描图工序。

第二节　机械制图在工程中的应用

一、机械制图在工业设计中的应用

机械制图是一种用来表达设计意图、指导生产加工的技术文件，不仅能帮助设计师完成产品设计，还能向其提供有关产品尺寸、技术要求、材料要求等方面的完整和精确的信息，使工业设计更加科学实用。作为工业产品设计的基础，如何有效地将机械制图与工业设计相结合，并充分发挥其在工业设计中的作用，已成为一个重要议题。

（一）机械制图在工业设计中的作用

1. 准确表达设计师的设计意图

机械制图作为准确表达设计意图的重要手段，在工业设计中发挥着至关重要的作用。设计师需要通过制图将自己的设计理念传达给消费者，让消费者对产品有一个全面的了解和认知。机械制图能精准呈现产品的完整结构及细节，帮助消费者获得产品的三维认知。通过解读机械制图，大众可获取产品的形态、尺寸、材料、性能等多重信息，进而判断产品能否满足个人需求。机械制图为设计师提供了标准化视觉工具，便于消费者精确理解设计理念。由于制图遵从严谨的标准和规范，所有符号、线条、文字等元素皆有明确的含义，消费者直接根据图面信息即可明白产品用途、使用方法、创新点等。

机械制图包含大量技术参数，使消费者全面了解产品从设计至生产制造的全过程。利用图例、注释等手段，设计师可在图面标注各种技术要求，确保产品高效、精确地满足工程制造。机械制图是设计师与消费者沟通的桥梁，消费者通过图面提出问题和改进建议，设计师据此回答和优化，以实现用户需求与设计方案的真正契合。

2. 指导工程师的制造加工过程

机械制图是工程师了解和执行设计意图的主要依据，对于指导制造加工过程至关重要。工程师通过研读机械制图，能够清楚明白设计师期望产品的细节要求，从而在生产制造环节精准落实。机械制图标注出了产品的全部结构尺寸信息，为制造加工提供了明确的量化指引，通过查阅图面上标注的长度、宽度、高度等尺寸参数，工程师能够严格控制产品各个部件的加工尺寸，确保符合设计要求。机械制图对产品表面质量、公差精度等方面也有详尽规定，为精细加工提供了标准参考，通过图例中的符号说明，工程师可以明确产品表面需要达到的光洁度、粗糙度等级，以及零件之间需要满足的配合精度要求。机械制图还包含材料选择、热处理工艺等重要技术信息，指导工艺路线的制定，工程师可以根据图面标注的材料种类、热处理参数，合理安排原材料采购和工序流程。对于复杂的装配体制造，机械制图提供分解视图和剖视图等多种表达方式，让工程师对内部结构一目了然，便于正确组装和调试。机械制图体现设计理念和新颖创意，工程师深入理解创新设计的本质，能在制造时最大程度地避免不必要的修改和返工，保证产品的创意真正实现。

3. 有效沟通多方参与主体

工业设计包含产品设计开发、产品生产销售、市场营销等各个环节，任何一个环节都与产品的质量、功能、成本、市场等紧密联系在一起。因此，在产品开发过程中，需要各参与主体之间相互配合和协同，才能有效地实现产品设计。工业设计需要多个参与主体之间沟通和协作。在机械制图中运用三维空间几何信息技术，可以实现各参与主体之间的有效沟通和协作。机械制图是多方参与主体之间进行信息交换的有效途径和手段。

第一章 机械制图课程概述

（二）机械制图在工业设计中应用的问题

1. 部分设计师绘图表达能力较差

目前，机械制图主要用于传达设计者的设计意图及产品相关信息，是工业设计的重要基础和依据。然而，目前许多设计者在机械制图的专业知识与规范理解上相对薄弱，导致他们在设计过程中产生标注不当、尺寸失准等问题，最终影响设计质量。

2. 制图标准执行不严格

机械制图虽然能为工业设计提供丰富的信息支持，但它是一项非常严谨的工作，因此在实际应用时必须遵循一系列的标准与规范。但是一些设计人员在实践中对制图标准的贯彻不够严格，造成零件尺寸标注错误，进而影响了工业设计的正常开展。

3. 数字化智能化制图应用水平有限

传统的机械制图仍停留在手工绘制模式，存在着较大的局限性。当前数字化、智能化制图技术的应用与推广也还处于起步阶段，在内容、形式、要求、评估等方面尚无统一的标准，表现形式尚不规范，缺乏灵活性与多样性。

（三）机械制图在工业设计中应用的优化策略

1. 强化设计师专业绘图培训

在机械制图过程中，设计师在产品设计中担任重要角色，负责方案策划、技术方案制定、方案设计表达以及工艺技术和材料的选择等多项工作。因此，设计师必须有扎实的机械制图知识，并能够熟练地运用机械图样进行表达。为了更好地发挥机械制图的作用，必须加强设计者的专业制图能力培养，提高设计者的专业制图能力，让他们掌握机械制图的基础知识和基本技术，在实践中不断地总结、学习、提高。此外，还应注重其实践工作能力的培养，将其专业制图知识与实际工作能力相结合，确保设计师能够更好地理解和运用机械制图知识，提高整体设计水平。通过在实践中总结经验，设计师可以在解决实际问题时，增强创新思维。

2. 严格落实机械制图规范标准

在机械制图中，严格落实制图规范标准，不仅是保证制图质量和水平的重要措施，也是确保其在工业设计中有效应用的关键。机械制图规范标准的作用是保证机械制图的质量，从而为工业设计提供必要依据。为确保设计师遵循严谨的机械制图规范标准，企业需从制度建设、技术支持、培训教育、监督检查以及岗位绩效考核等多个层面进行规范管理。

制度建设。企业须缜密制定完善的机械制图管理制度，将遵循相关国家及行业标准作为强制性约束，植入设计流程，以作为审定与验收的硬性准则。设立严谨的图纸审核机制，由专业人员对图纸进行精益求精的检验，发现纰漏立即整改，确保图纸质量。

技术支持。企业应配备先进的机械制图软件系统，并对软件进行二次开发，将制图标准规范嵌入系统中，在绘图过程中自动识别并给出规范要求的提示和矫正，从技术层面强制执行标准。同时，建立标准元件库、图框库等，方便设计人员调用规范化的通用资源。

培训教育。企业需定期针对设计人员开展机械制图规范标准的培训，确保他们全面掌握图样画法、尺寸标注、材料标注等各方面的标准要求，同时加强案例分析教育，通过反面典型案例剖析不规范制图带来的严重后果，增强标准意识。

监督检查。建立常态化的制图过程检查和产品检查机制，对产品图纸和实物进行抽检，一旦发现制图不规范的情况要追究相关责任人的责任，对违规严重的可记过处分或经济处罚。

岗位绩效考核。将遵守机械制图标准作为设计人员的一项重要工作职责和考核内容，在年终绩效评定、薪酬分配、职务晋升等方面予以体现，以正向激励方式促使他们自觉遵守规范。

（四）未来展望

为了适应工业设计不断创新与变革的需求与方向，未来机械制图将向智能化、自动化、交互性、多维化、个性化方向发展，不断提高自身水平，以更好地服务于工业设计。

1. 智能化

人工智能技术在机械制图软件中的应用，将从根本上改变传统的制图方式。未来软件将具备深度学习能力，可以智能识别设计师的草图或三维模型，自动还原设计意图并生成标准化的制图文件。在建模环节，软件将根据识别出的产品特征，自动选择最优的造型方案，快速生成结构精确、尺寸准确的三维模型。在制图时，软件将自动生成二维投影视图和剖视图等，并能针对不同领域的制图规范进行自动优化，确保符合相关标准要求。整个过程都在智能化系统的支持下自动完成，极大地减少了人工参与环节，从而大幅提高制图效率，降低出错风险，使制图质量得到全面保障。

2. 自动化

制图自动化是指将人工参与的制图活动转化为可编程控制的自动化流程。在该模式下，整个制图过程完全通过软件系统实现。设计师只需输入设计要求，系统即可基于三维参数化建模技术，自动生成产品三维模型。接下来，系统将自动根据制图标准生成需要的二维视图，同时批量生成零部件图纸和装配图纸等，最终自动汇总形成完整的图纸文档。整个过程都在自动化系统控制下进行，不需要人工干预，从而最大程度避免了人为操作失误，确保了制图数据和文件的准确性。自动化制图模式将极大地提高制图效率，为企业节省大量人力成本，是机械制图发展的必然方向。

3. 交互性

提升交互性是未来制图软件的重要发展趋势。未来制图软件将融入多模态人机交互技术，通过语音识别、手势识别、眼动追踪等多种自然交互方式，让设计师在制图过程中拥有更加流畅、直观、高效的体验。例如，设计师可以使用语音指令控制三维模型旋转、缩放等操作；通过手势捏合、拖拽进行几何造型编辑；眼动追踪技术可自动捕捉设计师的注视焦点，优化界面布局等。多模态交互有助于充分发掘人体感官和运动能力，将大幅提升制图操作效率，为设计师创造高度模拟实体制图的沉浸式体验。

4. 多维化

传统的二维制图和三维建模已经难以满足现代工业产品日益复杂的设计需求。未来制图将在三维基础上融入时间、物理属性、环境因素等更高维度。四维制图技术将时间维度引入三维空间，可以模拟并展示产品在特定时间节点的运动状态，为动态系统的设计提供支持；五维制图进一步将真实环境和物理属性等因素考虑在内，能够基于虚拟环境对产品性能进行全面分析和优化。更高维度的制图技术使机械设计能够充分考虑各种复杂条件的影响，避免了事后的大量返工，有助于缩短产品设计周期，提高设计质量和精度。

5. 个性化

个性化是机械制图软件发展的另一大趋势。未来制图软件将采用模块化设计，为用户提供更加灵活的个性化解决方案。设计师可根据所属行业的特点和实际需求，自主选择或定制所需的建模、绘图、标注等功能模块，构建属于个人或团队的专用制图系统。个性化制图工具将为不同领域的设计工作提供专业化支持，避免了通用型软件无法很好满足特殊需求的问题。功能模块化还将促进第三方开发商的加入，为用户提供更加丰富多样的制图工具，助力制图软件生态的蓬勃发展。

机械制图在工业设计中的应用，将在智能化、互动化、多维化、个性化等方面实现突破和创新，这不仅适应了工业设计的不断变革，也将为制图技术的发展及其在更广泛的制造行业中发挥更大价值奠定基础。

二、机械 CAD 与机械制图相结合在机械制造中的应用

在新时期，传统的机械设计与制造方式已难以满足当代需求。亟需推动机械 CAD 与机械制图之间的深度融合，充分分析其特点与优势，在提升机械产品制造效果的同时，确保机械制造技术的有效性。

（一）机械 CAD 与机械制图有效结合的重要性

大数据时代下，各种数字化技术，如虚拟仿真技术和计算机技术等，在机械制造业中已经得到了有效应用，这些技术不仅改变了传统绘图方式，还促进了机械教育与计算机技术的结合。在此基础上，应推进机械制图的现代化建设，借助信息技术的有效应用，整体提升机械制图设计的水平。相关技术人员还要在机械制造中以计算机为基础，结合手工绘图的作图技

第一章 机械制图课程概述

巧，如圆弧连接等，实现机械制图的科学设计。然而，过度依赖传统手工绘图的设计方式，不仅会增加机械制图设计的难度，还会制约机械 CAD 的潜力。这就需要促进机械 CAD 与机械制图之间的有效结合，在三维立体空间的基础上，保证设计尺寸的精确性，在减少机械制图工作量的同时，保证机械制图设计的效率，从而不断提高整体机械制造的准确性。

（二）机械 CAD 和机械制图之间的关系

相关学者指出，机械 CAD 与机械制图之间的关系在机械制造中主要体现在以下两个方面。首先，技术人员要以机械制图为基础，在此基础上为机械 CAD 的稳定运行提供理论支持，对机械 CAD 进行自动化设计，实现对计算机图形的有效处理。在具体操作时，掌握机械制图设计中的重点内容，加之娴熟的手工绘图技术，是确保机械 CAD 功能得到充分发挥的关键。其次，机械 CAD 可以在一定程度上明显提高机械制图的工作效果，对传统的手工机械制造方式进行创新。部分技术人员在分析制图流程时发现，由于工作量较大且耗时长，在绘制图形等环节容易出现疏漏。此时若能整合机械制图理论与机械 CAD 软件，不仅能简化制造流程，还可大幅提高制图的稳定性与准确率。此外，在对机械 CAD 进行分析时发现，其具有强大的编辑和存储功能，能够在保证机械制图准确性的同时，避免图形数据的丢失。

例如，在对内燃机进行设计和制造时，要结合所应用内燃机的车辆或者车辆以外的机器要求和规格，在满足各种性能的基础上，充分利用 CAD 软件来完善图形设计方案。同时，在此过程中需要注意对自由度和可循环性的控制，以实现对内燃机运行效率和机械 CAD 稳定性的双重提升。通过这种方式，能更好地发挥机械 CAD 与机械制图的结合效应，为机械制造业的发展创造条件。

（三）机械 CAD 在机械制图中的优势

由于机械 CAD 自身的优点比较多，所以在机械制造中应用时，能够对机械制造的整体流程进行优化，提升 CAD 技术的有效性。这种新技术不仅可以提高现代化机械生产的效果，还可以对机械制图进行科学设计。主要优点有：第一，应用 CAD 技术能够帮助初学者学会简单的特征。在具体的机械制图中，CAD 技术能够加强新零件的有效设计，优化设计流程，同时促进机械 CAD 与机械制图的有效结合。技术人员可通过 CAD 技术对零件进行改造和优化，在模板基础上进行科学修改，确保设计的精准性。这不仅能减少参数错误，还能优化零件装配流程，减少制造误差的发生。同时，CAD 技术还能够对一些复杂数学模型进行优化，帮助工作人员完成零件的后期制作工作，在缩短工程设计的同时，对绘图进行优化。第二，绘图的精度高。机械制造的各个环节对精度的要求极高。然而，在传统机械制图中，手工绘图容易产生误差。CAD 技术在绘图中的应用，能够有效提升绘图精度，减少误差发生的可能性。此外，CAD 技术还能够提高机械制图的整体效果，避免其他潜在误差。

（四）机械 CAD 与机械制图相结合在机械制造中的要点

1. 协调结合模式，开展岗位培训

一般情况下，在进行机械制图设计时，要加强对机械 CAD 软件的有效应用，为后续的设计提供技术支持。因此，岗位培训显得尤为重要。在人员操作 CAD 软件的基础上，需持续提升技术人员的综合素质，掌握 CAD 技术的应用特点并对二维图纸的绘制方法进行创新。在技术应用过程中，应从深层内容出发，掌握培训中的关键要点。这要求机械企业加强对技术人员的岗位培训，促使他们更深入地认识到 CAD 软件应用的有效性。培训应着重于软件具体应用中的关键要素，增强培训的深度和广度，以便更好地促进机械 CAD 与机械制图的有效结合。

2. 完善机械制图设计标准

要想积极发挥机械 CAD 技术在机械制图中的作用，要将机械制图中的知识进行整合，如绘图方法和投影变化理论等，在此内容中积极融入 CAD 技术。同时，还要从绘图操作的具体内容出发，通过对理论知识的整合，完善机械设计标准，尤其是在 CAD 软件中，加强对不同绘图技术的有效应用。机械 CAD 具有非常强的复杂图形计算分析能力，可以结合具体的情况，对机械制造中的绘图方法进行整合。但是，一些技术人员的专业技能不高，导致机械CAD软件在应用中出现问题。这就需要完善机械制图设计标准，建立科学的机械CAD和机械制图相结合机制，相关的技术人员还要积极掌握机械CAD技术的相关理论知识，从而不断提高整体的制图效果。

如今，先进的机械制图是机械制造中的核心竞争力，可以在优化制造流程的同时，提高企业的生产效率，因此，从机械制图入手，完善设计标准至关重要。制图技术人员在制完图后，还要从设计标准出发，保证其符合生产图纸的设计要求，不断提高生产的质量。同时，技术人员在设计图纸绘制好后，要对设计图纸进行综合性校核和分析，保证图纸设计的有效性，让其符合机械生产的实际要求。

尽管CAD技术在机械制图中具有许多优势，但其应用仍存在一定的局限性，比如设计标准不够完善，或者由于技术人员技能不足设计出错。要想在此背景下，实现机械制图和机械CAD技术之间的有效结合，不仅要强化制图功能，还应保证专业培训的有效性。在此过程中，要加大对机械CAD软件应用的培训力度，持续优化整体空间设计流程。

3. 实现智能化操作

新时期，各种信息技术在机械制造中得到有效应用，实现智能化操作，主要以信息化和知识化为载体，对具体的机械CAD技术进行综合分析，保证数据分析的准确性和机械CAD技术的有效应用。在智能化操作中，不仅能够体现设计者的意图和发现设计失误，还可以实现整体操作的智能化。同时，还要以创新为核心，将CAD技术融入现代设计中，为智能化系统的稳定运行提供条件，进而实现对机械产品的智能化设计。相关学者在对CAD技术进行分析时发现，其具有优化设计和进行动力学分析等特点，设计人员可以从此技术出发，结合具体内容，对零件进行整体设计，保证整体设计的标准化。此外，在CAD技术基础上，对零件进行优化和分析，可以对尺寸进行科学调整，保证零件设计的安全性。在此过程中，可以通过对庞大图形程序的建立，实现数据库的优化和整合，进而实现对零件尺寸的科学调整。

（五）促进机械 CAD 和机械制图结合的相关方式

1. 促进原理内容之间的结合

在分析目前我国机械制图的特点时发现，部分机械制图仍以手工方式完成。为了保证设计的有效性，需要推动理论知识与机械 CAD 绘图原理的结合，强化绘图方法的应用。在这一过程中，还需注意投影变化，促进不同理论知识的融合。一个优秀的机械产品离不开精确的机械制图，因此，机械制图设计人员应推动机械 CAD 与传统制图的有效结合，提升设计人员的综合素质，充分发挥空间想象力，优化机械流程。机械 CAD 作为一种全新的制图软件，能够有效连接机械制图与手工绘图原理，发挥其在我国制造业中的优势。

2. 协调二者结合的方式

机械绘图和 CAD 技术作为机械制造生产中的关键，直接影响着整体的生产质量和效率。因此，在具体的机械绘图和生产中，操作人员需要在掌握机械制图原理的基础上，加强对软件的有效应用，实现对机械产品的高效生产和制造。同时，机械绘图人员自身还要具备过硬的专业技术，在保证机械 CAD 技术应用科学的同时，促进其与新机械 CAD 技术之间的有效结合。结合设计图纸的相关内容和规范，可以提高机械产品的整体制造质量，推动机械制图模式的转变。此外，积极发挥 CAD 软件的优势，最大程度地实现综合性设计和机械制造的自动化设计，是提升生产效率的关键。

3. 提高制图培养效果

随着科学技术在我国机械制造企业中的有效应用，整体的机械制图效果得到了提高。在具体的机械设计中，操作人员要加强新技术与实践操作方式之间的有效结合，激发和调动工作人员的积极性，强化他们自身的图形分析能力，在此基础上帮助他们加深对机械制图原理知识的整合。工作人员只有具有较强的图形分析能力，才可以保证整体机械制图的效果，保证制造行业在社会中稳定发展。

4. 加强对应用模块的有效应用

虽然大部分机械制造企业都认识到了 CAD 软件应用的重要性，但是相关人员在具体的操作中并没有加强对机械制图原理和绘图方法的有效应用，制图技巧也没有有机结合。这就需要加强对应用模块的有效应用，在此基础上建立标准化机械制图机制。然而，在机械制图设计中，还需要促进两者之间的协调发展，积极发挥两者的作用，保证机械制图和机械CAD内容之间的一致性。同时，企业中的相关工作人员还要认识到机械制图的特点，通过对机械CAD技术应用范围的有效控制，促进机械CAD和机械制图之间的有机结合，及时解决模块应用中的问题。由于两种模式之间还存在一些问题，所以在协调机械CAD与机械制图时，不仅要注意对新结合模式的有效应用，还需要综合考虑制图技巧之间的作用效果，加强工作人员的培训，强化制图者的专业素养，实现对技术的创新。最后，机械制图人员还要加强对自身制图知识的整合和对重点内容的储备，保证机械制图的设计效果可以符合机械制造的效果。此外，机械制造企业在具体的发展中，还要结合机械制图的特点和原理，对制图工作环境进行优化，加强对高素质制图队伍的建设，进而不断提高我国机械制造的水平。

（六）机械技术的新发展

1. 智能化

在对当前的机械制造技术发展现状进行分析时发现，智能化产品已经成为社会中的关键。这就需要相关技术人员从机械制造技术出发，促进其向着智能化方向发展，形成一种稳定的发展模式。这种新的模式不仅可以保证机械CAD的有效性，还能够实现对机械制造整体流程的科学设计。机械设计是机械制造中的主要内容之一，更是其中的核心技术。要想保证其设计的智能化，需要从信息技术出发，实现对CAD软件的开发和创新，将其应用到机械设计的各个环节。尤其是在这种强大的科技时代，要对CAD软件自身的功能进行强化，加强对复杂信息的整合，通过对计算机辅助技术的有效应用，实现对整个机械的有效设计。在此过程中，还要积极借助辅助设计方式，促进其与人工智能之间的有效结合，对机械制造进行优化，进而促进机械制造行业向着智能化方向发展。

2. 绿色化

新时期，为了满足可持续发展的要求，各大企业在具体的发展中，要加强对周围环境的保护。特别是在机械制造中，要从绿色理念出发，加强对周围环境的优化，通过对绿色技术的有效应用，实现节能减排的效果。因此，在促进机械CAD与机械制图相结合的同时，要对机械CAD和机械设计方式进行创新，保证产品的绿色化。例如，新能源汽车制造已成为颇具潜力的产业形态，通过科技创新可大大降低对环境的负面影响。同时，技术人员还要从机械CAD的特点出发，实现对产品的绿色设计，在此基础上保证机械制图设计的合理性和有效性。具体而言，可基于三维实体模型，优化零件形状或结构，保证各构件的定位与配合关系更加合理，进而减少资源损耗并提升可持续性能。面对大量交叉重叠线条的问题，则可构建完善的零件模型库，保证零件形状与制造流程相契合，提升整体装配效率。

总而言之，机械制造业作为我国经济体系中的主要组成部分，要想提高整体的制造效果，就要促进机械CAD与机械制图之间的有效结合。同时，还要通过完善机械制图设计标准，优化整体机械制造流程等方式，减少设计误差的发生，从而为我国机械制造业的可持续发展提供保障。

第二章

机械制图软件

第一节 CAD 软件概述

一、工程学科常用 CAD 软件及功能

（一）CAD 软件发展综述

1959 年 12 月，计算机辅助设计（computer aided design，CAD）的概念被明确提出。经历四次技术革命，从 20 世纪 90 年代开始，CAD 软件开始广泛应用于工业。目前，CAD 软件已经成为机械、电子、航天、化工及建筑等产业中不可或缺的工具之一。早期的 CAD 软件，主要功能是替代那些烦琐且重复的二维绘图任务。20 世纪 70 年代以后，飞机和汽车工业开始面临大量复杂的自由曲面设计挑战，CATIA（computer aided three – dimensional interactive application）应运而生。作为首创的三维曲面造型系统，CATIA 彻底改变了过去依赖油泥模型近似展现曲面的低效方式。尽管表面模型的出现是一个进步，但它仍难以精确反映零件的质量、重心、惯性矩等关键属性，给计算机仿真带来了显著障碍，尤其是在分析的前期处理阶段尤为棘手。为了攻克这一难题，美国 SDRC 公司在 1979 年推出了划时代的 I – DEAS 软件。这是全球首个完全基于实体造型技术的大型 CAD/计算机辅助工程（computer aided engineering，CAE）解决方案，它的问世宣告了实体造型技术在 CAD 软件领域的主导

地位。20世纪80年代中期，美国参数技术公司PTC推出了参数化CAD软件，引入一种创新的参数化实体造型方法，引发了CAD软件领域的第三次技术革命。该方法具有基于特征、全尺寸约束、全数据相关以及尺寸驱动设计修改等优点。目前，CAD软件更加集成化、智能化，融合了二维图形的绘制、三维实体建模、模拟装配以及仿真模拟等功能，支持用户在平台上做二次开发来满足个性化需求，可以实现从设计到模拟再到制造的全链条智能制造。

在我国，船舶和航空等领域及高校从20世纪60—70年代便开展了CAD软件的基础研究，80年代初逐步进入立体造型阶段。20世纪90年代初，高华CAD、白玉兰CAD、PICAD、开目CAD和CCAD等一批拥有自主版权的国产CAD软件相继问世。CAD软件涉及技术较多，参与壁垒较高，往往需要核心客户一起参与才能形成优势产品。国外高端软件的开发已经持续了数十年，并在与数十万、百万级终端客户持续迭代中不断改进。在传统二维设计领域，国内软件已基本具备国产化替代能力；但在三维高端建模方面，与海外企业仍有明显差距，国产软件当前市场份额不足10%。若要实现从"制造大国"到"制造强国"的战略升级，发展具备核心竞争力的工业软件势在必行。《"十四五"软件和信息技术服务业发展规划》已明确指出，将重点突破研发设计类工业软件，特别是设计仿真系统软件；聚焦突破三维几何建模引擎、约束求解引擎等关键技术，并重点支持三维计算机辅助设计等产品的研发工作。

（二）常用CAD软件介绍

1. 欧特克公司产品

欧特克公司于1982年成立，以AutoCAD软件起家，重点关注的是建筑行业、机械设计和制造领域以及传媒和娱乐行业，目前在建筑行业具有重要地位，在传媒和娱乐行业也占据重要地位。AutoCAD是第一款为个人计算机（personal computer，PC）设计的CAD软件，至今用户群仍然非常大。近年来，AutoCAD发布了网页版，引入人工智能（artificial intelligence，AI）与机器学习，开启自动化设计，满足个性化使用习惯。

欧特克公司旗下还有一款CAD软件Inventor，常用于机械设计、建筑和制造领域。它提供了参数化建模、直接建模、自由形状建模和基于规则建模的设计组合，其 TrustedDWG® 技术可直接将制造信息嵌入三维模型。欧特克公司的 Fusion 360 是基于云端的 CAD 平台，集合了 CAD、计算机辅助制造（computer aided manufacturing，CAM）、CAE 和印制线路板（printed circuit board，PCB）功能。云端的特点使得团队协作更为方便。Fusion 360 的曲面设计功能较为强大，价格便宜，但仿真模拟的功能较弱。由于以上特点，Fusion 360 受到了中端市场和初创企业的喜爱。

2. 达索系统公司产品

达索系统（Dassault Systemes）公司于1981年成立于法国，目前已经成为高端制造工业软件龙头。达索系统公司为140多个国家超过20万个不同行业、不同规模的客户提供服务，包括特斯拉、波音、丰田等知名企业。CATIA 是达索系统公司的高端 CAD 软件，也是第一套三维曲面造型系统，目前在航空航天、汽车及船舶领域占有绝对的市场领导地位。波音777和我国自主研发的 C919 都是由 CATIA 设计的。SolidWorks 是达索系统公司另一款中端 CAD 软件，广泛应用于汽车、机械与自动化领域。该软件自1995年发布首个版本后，在市场上取得巨大成功，并于两年后以3亿美元被达索系统公司收购。

3. 西门子公司产品

成立于1847年的西门子公司关注工业、基础设施、交通和医疗领域。它有完整的设计、制造、运营和管理的工业软件，旗下有 NX 和 SolidEdge 两款 CAD 软件。NX 的前身是 Unigraphics（UG），2002年发布了 UGNX 1.0。NX 是 CAD、CAM 一体化软件，曲面功能非常强大，与 CATIA 是竞争关系。SolidEdge 是西门子的中端 CAD 软件，比 NX 更易上手，价格也便宜一些，其定位与功能和 SolidWorks 类似。

4. 参数技术公司产品

20世纪90年代初，参数技术公司（Parametric Technology Corporation）推出了第一款 CAD 产品 Pro/Engineer（简称 Pro/E），使 CAD 软件开启了参数化革命。Pro/E 于2010年升级改名为 Creo，目前在轻工和电子行业具备较高的地位。参数技术公司通过并购逐步向物联网业务转型，借助物联网、大数据分析、增强现实等技术，为传统的 CAD 软件和产品生命周期管理（product lifecycle management，PLM）解决方案带来全新的价值。Creo 软件整合了 Pro/E 的参数化技术、CoCreate 的直接建模技术和 Product View 的三维可视化技术。2020 年，参数技术公司推出 Creo 7.0，为客户提供一站式解决方案。此方案包含创成式设计、实时仿真以及一体化 3D 打印三大功能，能辅助设计人员快速完成设计和仿真。

（三）CAD 关键技术

1. 几何建模内核

几何建模内核（geometric modeling kernel，GMK）是 CAD 软件实现三维建模的核心，负责将用户输入转化为数学表达式及运算代码，进而定义曲线、曲面、实体等核心元素及其相互作用（如布尔运算、曲面裁切/过渡等）。GMK 巨头 Parasolid 诞生于剑桥，1988 年被 UGS 公司收购后融入 UG 产品，并成为曲面造型的通用几何平台。[①] 同时，Parasolid 作为一个独立的内核产品，为其他 CAD 软件开发商提供高质量、世界一流的几何造型核心功能。1986 年，Parasolid 创始人再次开发了面向对象的实体和曲面通用平台 ACIS，为众多 CAX 系统提供兼容 STEP 标准的广泛共享环境。现在的两个商业内核除了加强底层内核功能，ACIS 更偏向于 CAD/CAE/EDA/CAM 等客户应用领域，而 Parasolid 更偏向于加强西门子自身业务的支撑。除了 Parasolid 和 ACIS，达索系统公司在 ACIS 的基础上为 CATIA 的高端软件创建了 CGM（computer graphics metafile），而参数技术公司的 Granite 也将其用于自身产品。在国内，中望软件等拥有自主产权的 GMK，主要用于支持自身的业务发展。同时，OCC（Open CASCADE）是目前唯一一款开源 GMK，FreeCAD 等软件使用这款内核。

2. 几何约束求解器

几何约束求解器（geometric constrained solver，GCS）是 CAD 的另一个核心底层技术，用于对二维或三维设计中的几何特征进行尺寸、位置及约束设

[①] 梁聪,徐延宁,王璐,等.面向多角色开发的三维 CAD 内核开放架构[J].计算机辅助设计与图形学学报,2023,35(12):1812-1821.

置，广泛应用于零件建模、装配布局及碰撞检测等场景，可显著提高设计效率与精度。

目前，DCM（design constraint manager）用于管理和处理设计约束，是西门子产品生命周期管理软件的一部分，供用户使用。NX、Inventor、SolidWorks 和 Onshape 等知名的 CAD 软件都采用了这款 GCS。此外，俄罗斯的 LEDAS 公司推出了变分建模（variational direct modeling，VDM）技术，其核心是 LGS（linear geometric solver）三维约束求解器，CATIA 是其主要客户。西门子公司收购 DCM 后，欧特克公司在云 CAD 的最新版本中自行研发了 VCS（variational constraint solver），以摆脱对 DCM 的依赖。国内如山大华天等厂商也在几何约束求解器上投入大量研发精力，华云三维的 DCS 已在其云架构三维 CAD 软件 CrownCAD 上实现落地，但独立于三维 CAD 软件系统的商业化 GCS 在国内仍比较缺乏。

（四）CAD 软件发展趋势

大数据、人工智能、感知、数字孪生、互联网及云计算等信息技术的迅猛发展，必将推进三维 CAD 软件向云端化、集成化、一体化及智能化方向发展。

1. 云端部署

随着业务模式的日益复杂和集成化，全球多部门和多单位之间的协作变得至关重要。这种工作模式的转变促使各家 CAD 公司布局云端产品，许多公司将软件即服务（software as a service，SaaS）作为未来发展的战略。例如，欧特克公司开发了基于云的 Fusion 360，而 AutoCAD 也推出了网页版本。参数技术公司通过收购完全基于 Web 的 SaaS 架构 CAD 软件 Onshape，完成了其在云端市场的布局。达索系统公司将 CATIA 集成到云架构的 3DEXPERIENCE 平台，将产品设计数据保存在云端，并通过 3DEXPERIENCE 云平台中的仿真和工艺软件进行分析，从而显著提高了设计生产各环节的协作效率。西门子公司与英伟达（NVIDIA）公司密切合作，实现了 NX 7.0 及其后续版本在云端的部署。这些举措都表明了 CAD 软件行业正朝着更加云端化、协作化和智能化的方向发展，以满足不断变化的市场需求，提高生产效率。

2. CAD、CAE、CAM、PLM 集成化与一体化

CATIA、Creo、NX 等软件均已内嵌了一些基础的易学易用的仿真功能。CAD 软件在生产线上发挥着越来越重要的作用，它与其他制造系统进行集成，实现信息共享和协同工作，确保了产品数据源的一致性和可追溯性，使得分析工程师、制造人员、销售人员及维修人员等各类人员都能全面参与产品开发过程。这种协作方式不仅提高了产品开发的效率，还加强了整个生产流程的协同性。

3. 与新技术相结合

虚拟现实（virtual reality，VR）和增强现实（augmented reality，AR）已经在设计领域初露头角，并逐渐融入 CAD 技术，使得设计工程师可以与虚拟模型进行交互、观察和修改，更直观地评估设计方案和解决问题，极大地丰富了三维 CAD 软件的功能和应用场景。未来的 CAD 软件必将越来越智能，具备动态识别用户操作并自主决策、自动配置个性化操作界面、提供人工智能组件以支持创成式设计等功能。目前，西门子 NX 已利用机器学习和人工智能技术监视用户操作及其成功或失败情况，动态确定如何提供正确的命令和界面。此外，该软件还通过持续自学用户界面操作知识，智能配置适合用户完成预期任务的个性化 CAD 环境，以提高设计效率。Creo 已在新一代创成式设计中加入了人工智能组件，不断向用户推送有效建议，帮助设计人员精准满足设计需求，并根据功能和制造方式产生多个可能的最佳解决方案。

CAD 软件从提出概念至今已经历了数十年的发展历程。从二维绘图到三维实体建模，再到参数化设计和云端协作，CAD 软件已经成为现代工业设计和制造不可或缺的工具。尽管我国在 CAD 软件领域的发展仍处于初级阶段，但随着国家政策的支持和市场需求的增加，未来我国 CAD 软件行业将迎来更大的发展空间。随着技术的不断进步和应用领域的不断拓展，CAD 软件也将更加智能化、集成化和个性化，为各行各业提供更高效、更精准的设计和制造解决方案。

二、云架构 CAD 软件及其关键技术

工业软件是工业领域知识软件化的结晶，同时也是我国航空航天、汽车

工业等高端装备制造业的命脉。工业软件贯穿整个制造企业的产品全生命周期管理,其中包括"产品设计→性能分析→工艺规划→制造仿真"的数字化设计与制造(digital design and manufacturing)过程,同时也涉及产品全生命周期的供应链协同,确保客户、供应商和合作伙伴之间的互联互通。此外,工业软件还支持几何造型、制造语义特征、运行仿真等多维度耦合的数字孪生建模。因此,工业软件推动了现代制造业的发展,正在变革和重塑制造业。发展自主可控的制造业核心工业软件,对我国实现智能制造具有支撑引领作用,是推动我国现代制造业发展、摆脱工业技术"卡脖子"困境、使中国由"制造大国"走向"制造强国"的必由之路。

CAD软件是工业软件产业链中的关键基础环节,借助计算机及图形设备帮助工程人员更高效地进行产品设计。早在20世纪60年代初,交互式图形处理及分层存储符号数据结构等理论就为CAD软件的兴起奠定了至关重要的理论基石。此后,二维CAD、三维CAD以及参数化建模等不同技术逐渐成熟,各类商业化CAD软件也相继出现。对企业而言,CAD软件既能精准映射从概念到原型的设计过程,又能缩短研发周期,提高创新能力与管理效率。因此,CAD软件的自主化与智能化程度,成为衡量一国工业软件综合实力的重要指标。

目前,主流的商业化CAD软件大都遵循C/S(client/server)架构运行,用户需安装客户端软件,并于本地的PC或Mac上运行。但在当今互联网时代的大背景下,远程协同设计的需求日益凸显,加上机械产品多品种、变批量和高度复杂的特征,对CAD软件提出了更高的要求。在智能制造的发展背景下,CAD软件所面临的问题主要体现在以下四点:

第一,对远程实时协同设计的支持不够。随着企业规模的日益壮大,复杂机械产品研发所牵扯的工程技术人员遍布世界各地。目前,大多数企业通过搭建产品全生命周期管理(PLM)系统或产品数据管理(product data management,PDM)系统,实现产品资源共享和使用,使异地的工程技术人员对产品CAD模型能够进行远程修改。然而,当前协同设计模式并不支持异地人员在同一三维空间中实时共享、使用、编辑和渲染产品CAD模型,无法从根本上改善协同设计的人机交互性,也无法从根本上满足并行工程(concurrent engineering，CE）的需求。

第二，不支持基于移动终端的 CAD 模型编辑。随着 5G 技术驱动移动终端的快速发展，CAD 软件具备了由 PC 或 Mac 向移动终端（iPhone、iPad 或 Android 设备）迁移的客观条件。然而，当前基于移动终端的 CAD 软件应用大都停留在远程在线审阅和浏览，不支持在移动终端对 CAD 模型进行复杂使用、编辑和渲染，导致 CAD 模型的价值无法得到进一步释放，进而削弱了企业在生产、营销、维修以及供应商等下游环节的交流协作性。

第三，CAD 软件对计算机硬件要求较高。每一次 CAD 软件技术的变革都会影响企业硬件资源的调整。随着 CAD 软件功能的逐步丰富，对计算机硬件资源的需求也越来越高，尤其是基于图形处理器（graphics processing unit，GPU）的矢量计算性能。同时，伴随企业产品的升级，产品 CAD 模型也会愈发复杂，尤其是针对大型装配体 CAD 模型的三维渲染，硬件资源跟不上，会极大地影响产品的研发周期。

第四，存在模型数据文件兼容性问题。目前，大多数主流 CAD 软件的模型数据文件兼容机制为"向下兼容"，即高版本 CAD 软件兼容低版本 CAD 模型数据文件，反之则不支持。该方式导致未升级的低版本 CAD 软件无法打开高版本的模型数据文件，无形中增加了企业的软件维护成本。

综上所述，虽然目前针对复杂机械产品的设计流程发生了巨大转变，但所使用的工具并未跟进，这种局面需要打破，行业也亟需变革。随着互联网、云计算、WebGL 等前沿技术的诞生与发展，现代 CAD 软件正逐渐由传统基于 C/S 模式的本地客户端软件向基于 B/S（browser/server）模式的云架构 CAD 软件发展。云架构化是未来工业软件的发展趋势，对于推动我国实施国家软件重大工程，加快工业技术软件化，具有重大意义。

（一）云架构 CAD 软件的内涵与体系架构

1. 云架构 CAD 软件的概念

云架构 CAD 软件作为一种由互联网和制造业深度融合应运而生的新型工业软件，目前仍然没有一个统一的定义，不同的专家学者以及各大 CAD 软件厂商对其理解各不相同。目前具有代表性的定义总结如下：

原 SolidWorks 创始人 Jon Hirschtick 与 John McEleney 提出，云架构 CAD 软件是一个将 CAD、数据管理、协作工具与实时分析融为一体的云端平台，让相关利益方汇聚在安全且统一的云端工作空间中，大幅减少在软件与文件管理方面耗费的时间。[1]

参数技术公司旗下的 Onshape 能够将强大的计算机辅助设计与数据管理、协作工具和实时分析相结合，非常适合远程设计团队，使工程师能够在任何地方、任何时间、任何设备上协同工作。

欧特克公司强调，该类软件无须在本地计算机上安装客户端，就能够在浏览器或移动端运行，定期由远程服务器更新，用户可通过订阅方式轻松获取服务，提升了使用的便利性。

达索系统公司开发的 3DEXPERIENCE 工业软件能在独立的云平台上整合各个业务环节，增强协作、改善执行力并加速创新，提升团队的整体效率。

西门子公司提出的云架构 CAD 软件通过云桌面提供多种部署模型，随着工业软件由本地端向 SaaS 软件发展，用户能够随时随地访问云架构化的应用程序，支持企业在研发团队、供应商和客户的全球网络中扩展，并提高生产力。

山大华天软件有限公司强调，云架构 CAD 软件具备云存储、云计算、云端协作和跨平台特征，并可在国产操作系统上部署，适合自主可控工业需求。

可以看出，针对云架构 CAD 软件在工业软件体系中的应用需求与覆盖范围，其相关的定义在描述上虽然存在一定的差异，但是都围绕着"云架构化"与 CAD 两个核心概念展开。从狭义上讲，云架构 CAD 软件是一种秉承 SaaS 的云计算服务模式，无须安装客户端程序，直接运行于 Web 浏览器或移动 APP 中，能够为企业提供完全云化的产品远程实时设计审阅、交流和协同编辑服务的协同 CAD 软件。从广义上讲，云架构 CAD 软件可以扩展为以"共享群智，远程协同"为驱动的系统，为产品全生命周期过程中的设计、仿真、制造和维护等环节提供全面的云架构化服务，这是未来 CAD 软件的发展趋势。

---

[1] MOSS E. Getting started with Onshape[M]. SDC Publications，2023.

2. 云架构CAD软件的特征

针对云架构CAD软件研发所涉及的基础科学领域研究成果，以及已形成的商业化CAD软件产品所具备的功能特点，将云架构CAD软件具备的特征总结为以下五点：

第一，远程实时协同化。云架构CAD软件允许一个研发团队中身处异地的不同设计人员同时存在于一个虚拟三维环境中，对产品CAD模型进行实时查看、编辑和渲染，使得设计人员能够借助不同的终端和网络环境，对云端的同一个产品CAD模型实时进行修改和操作，强化了在共享、使用、修改基础上的实时操作性，能够从根本上满足并行工程的需要，改变了传统的协同设计模式。

第二，移动终端跨平台化。云架构CAD软件不仅支持直接通过Web浏览器访问，还支持在手机和平板电脑（iPhone、iPad或Android设备）系统中进行跨平台设计和编辑，包括所有CAD模型编辑和数据管理功能。设计人员在移动终端不仅可以审阅和浏览模型，还可以进行深入的CAD应用操作，编辑同样复杂的CAD模型文件。这使得CAD模型的价值能够释放到生产、营销、维修以及供应商等下游环节，增强了交流协作性。

第三，削弱对计算机硬件的要求。云架构CAD软件从根本上改变了企业对计算机硬件定期或不定期迭代升级的需求，所有的CAD图形处理均基于云计算技术实现，大幅度降低了对本地计算机硬件，尤其是GPU硬件矢量计算性能的要求。同时随着互联网、云计算技术的不断发展，云架构CAD软件在处理超大型装配体模型方面的能力也逐渐提升。

第四，提升产品数据安全性与兼容性。云架构CAD软件能够实时为企业和用户提供最新版本的云端CAD建模、仿真以及产品数据管理服务，确保企业和用户始终使用的是最新版本的CAD软件，所创建和生成的CAD模型以及相关文件数据也是最新版本，并支持实时云端存储与调用，确保了产品数据的安全性与兼容性。

第五，支持基于角色访问的拓展功能集成。云架构CAD软件能够支持集中式用户身份验证，并建立统一的许可机制与增值服务购买机制，支持不同用户根据自身需求，将CAE、CAM、PDM等附加组件拓展至个人账户中，并通过 REST API 开发出符合用户个性化、定制化需求的集成式产品设计功能。

3. 云架构 CAD 软件体系架构

云架构 CAD 软件体系架构描述的是云架构 CAD 软件的结构形式及其各组成模块之间的关联,是技术实施和系统实现的前提与基础。目前,专门针对云架构 CAD 软件的体系架构研究相对较少,大部分文献仅就实现云架构 CAD 软件的某一个或某几个模块提出了系统实现框架。例如,在基于 Web 的三维建模与虚拟仿真方面,Purevdorj 等提出了一种基于 Web 的三维模型协同参数化设计框架,在服务端通过数据融合构建三维实体模型,并利用 WebGL 在客户端浏览器中渲染,支持异地设计人员协同三维参数化建模[1];Sun 等面向砂型铸造过程,建立了基于 Web 的砂型铸造虚拟仿真系统,其框架包括3D 模型模块(负责管理虚拟物体)、协同定位模块(负责组织交互流程)和3D 渲染模块(渲染逼真效果)[2];Sheng 等针对3D 打印云平台环境,研发了一款可在线3D 建模的 CAD 软件[3]。在协同设计与可视化领域,Kostic 等研发了基于 Web 的 CAD 系统 VirCADLab,其框架中采用 X3DOM 技术融合各类 CAD 程序的核心执行逻辑,支持远程协同设计与虚拟装配任务[4];Mwalongo 等提出了一种基于 WebGL 与 WebSocket 协议的动态分子数据实时可视化编辑框架,数据编码技术用于向浏览器传输轻量级三维图形数据,支持科学家异地协同分析

---

[1] PUREVDORJ N, LEE S H, HAN J, et al. A web-based 3D modeling framework for a runner-gate design[J]. The international journal of advanced manufacturing technology, 2014(74): 851–858.

[2] SUN F, ZHANG Z C, LIAO D M, et al. A lightweight and cross-platform Web3D system for casting process based on virtual reality technology using WebGL[J]. The international journal of advanced manufacturing technology, 2015(80): 801–816.

[3] SHENG B Y, YIN X Y, ZHANG C L, et al. A rapid virtual assembly approach for 3D models of production line equipment based on the smart recognition of assembly features[J]. Journal of ambient intelligence and humanized computing, 2019(10): 1257–1270.

[4] KOSTIC Z, RADAKOVIC D, CVETKOVIC D, et al. Web – baziran laboratorij za kolaborativno CAD projektiranje i istovremeno rješavanje praktičnih problema na daljinu[J]. Tehnički vjesnik, 2015, 22(3): 591–597.

和编辑动态分子数据①；Xie 等提出了一种基于 Web 浏览器的 3D 打印零件数字化设计平台框架，其包括客户端、工作站端和服务端，其中工作站端通过 LAN 实现数据交换，服务端采用服务器级计算机实现云计算，三方终端通过网络通信协议实现数据交换②。此外，西南交通大学 CAD 工程中心孙林夫教授课题组还针对产业链协同的数据安全、配件库存储信息安全等不同应用需求，构建并提出了多种体系框架，为基于 SaaS 平台的云架构 CAD 软件研发提供了可借鉴的思路。③

云架构 CAD 软件的研发涉及基础设施服务、SaaS 云计算服务、CAD 模型轻量级可视化、几何造型、几何约束求解、局部容差建模、CAD 模型数据交换等多方面因素的耦合与集成。虽然专家与学者提出的各种云架构 CAD 软件体系架构层次不一、覆盖内容各异，但是都能够总结为以"基础设施→数据传输→数据协同集成→数据交换→建模与可视化→应用服务"为主线的体系架构。

（1）基础设施层

云架构 CAD 软件用户通过互联网获取工业产品设计的各项软件化服务（如三维建模、存储、数据库等），这有赖于云计算环境的高效协同。该层的关键在于工业资源虚拟化以及数据云存储两大核心问题：在工业资源虚拟化方面，借助 VMware/Hyper–V/第三方云平台等对工业资源进行抽象，为每一种硬件资源提供统一的管理逻辑和接口；在数据云存储方面，针对私有云和公有云两个云架构 CAD 软件的不同应用场景，分别建立互联网数据中心（Internet Data Center，IDC），为用户提供互联网基础平台服务（如虚拟主机、虚拟邮件等）以及各种增值服务（如负载均衡系统、数据库系统等）。

---

① MWALONGO F, KRONE M, BECHER M, et al. Remote visualization of dynamic molecular data using WebGL[C]//Proceedings of the 20th International Conference on 3D Web Technology. 2015:115 – 122.

② XIE J C, YANG Z J, WANG X W, et al. A cloud service platform for the seamless integration of digital design and rapid prototyping manufacturing[J]. The international journal of advanced manufacturing technology, 2019(100):1475 – 1490.

③ 孙林夫. 基于知识的智能 CAD 系统设计[J]. 西南交通大学学报, 1999, 34(6):611 – 616.

第二章　机械制图软件

（2）数据传输层

针对云架构 CAD 软件所面向的远程、分布式用户群在产品设计过程中产生的模型、BOM、图纸、文档等多源异构数据，可根据需要选择通过互联网、工业以太网、工业无线局域网或工业无线传感网进行有效的传输与交换，确保数据交互的稳定性与时效性。同时，针对数据上云而带来的数据隐私安全问题，建立面向 SaaS 平台的多源异构数据动态集成安全数学模型，在确保数据传输过程中数据完整性的前提下，利用非对称加密技术、数字签名技术等，实现数据传输的保密性和发送信息的不可抵赖性，从而提升云架构 CAD 软件的数据安全性。

（3）数据协同集成层

云架构 CAD 软件所产生的数据呈现多源异构化的特性，在数据协同与数据集成方面主要包含动态发布和动态推送。多源异构数据的动态发布通过将异构数据结构映射功能、数据类型转换功能、查询适配接口、数据查询服务、动态注册功能封装成信息发布工具来实现；而多源异构数据的动态推送通过智能推送引擎实现，由事件驱动智能推送引擎对数据查询命令进行解析及分解，并协同化、实时化地推送给用户。该机制不依赖于集中控制来完成异构数据的归一化操作，以及信息的注册与发布，从而形成统一的资源池。同时，它支持动态扩展，以满足不断变化的需求。

（4）数据交换层

在数据交换层，采用多租户模式构建 CAD 模型数据交换机制。在该机制中，不同的 CAD 数据交换应用程序虚拟化到云环境中，形成多种单一的 CAD 数据交换服务，进而集成到云架构 CAD 软件中，为多个用户提供服务。该服务包含四个级别：服务搜索级别，在云环境下搜索所需要的数据交换服务；服务驱动级别，自动调用所需要的数据交换服务；服务注册级别，协助数据交换服务提供方将其服务注册到云架构 CAD 软件中；服务管理级别，在云架构 CAD 软件中管理和维护数据交换服务，如服务更新、服务状态（联机或脱机）切换等。

（5）建模与可视化层

云架构 CAD 软件其本质为 CAD 软件，因此 CAD 建模与可视化是根本。参考 B/S 架构 CAD 软件，其大致可分为四大功能服务：零件建模服务、装配体建模服务、工程图绘制服务、轻量级可视化处理服务。零件建模服务包括融合构造实体几何（constructive solid geometry，CSG）与边界表示（boundary representation，B-Rep）两种模型数据表示形式的实体建模、特征建模、自由曲线/曲面建模、局部容差建模、模型检索等服务；装配体建模服务包括3D 几何约束求解、智能装配、3D 运动仿真等服务；工程图绘制服务包括投影变换、尺寸标注、产品制造信息（product manufacturing information，PMI）标注等服务；轻量级可视化处理服务考虑到云架构 CAD 软件在 Web 浏览器中运行时，必须在保持轮廓保真的前提下，使模型数据呈现轻量级特性，以满足高效性和实时性的要求。该服务包括对大规模三角面片网格的精简、细分、渲染、LOD（细节层次）优化、定帧绘制，以及视域与遮挡剔除等功能。

（6）应用服务层

云架构 CAD 软件为 SaaS 软件，其支持通过多种终端设备（包括移动终端）进行访问，包括 PC、Mac、移动电话和工作站等。访问方式为直接通过 Web 浏览器访问特定域名，由用户输入账号、密码登录其个人账户，进行计算机辅助产品设计、仿真和制造，包括目前流行的各种 Web 浏览器（如 Chrome、Firefox、Opera、Edge、IE 等）。

（二）云架构 CAD 软件关键技术

1. SaaS 云计算服务

SaaS 是一种通过互联网提供软件的模式，用户无须购买软件，而是向提供商租用基于 Web 的软件，来管理企业经营活动。SaaS 模式大大降低了大型工业软件的使用成本，软件托管在服务器上，减少了客户的管理维护成本，可靠性更高，是云架构 CAD 软件的主要研发和运行模式。

当前，针对 SaaS 云计算服务的学术研究，主要集中在面向 SaaS 平台的多源信息协同集成以及云设计/制造服务模式。

（1）面向 SaaS 平台的多源信息协同集成

在面向 SaaS 平台的多源信息协同集成领域，潘华等研究了面向产业链协同 SaaS 平台的多源信息动态集成安全技术，建立了多源信息动态集成安全的数学模型，并提出了面向产业链协同 SaaS 平台的多源信息动态集成安全解决方案[1]；国艳群等研究了基于开放架构的SaaS平台数据管理技术，以优化缓存管理策略的思路解决了网络环境下的数据访问问题[2]；余洋等提出了面向产业链协同SaaS平台的数据安全模型，分别利用传输安全模块和存储安全模块实现了数据的安全传输与存储[3]；杨静雅等研究了汽车产业链SaaS平台配件库存信息集成安全技术，构建了SaaS平台多源配件信息动态集成安全模型，并对模型进行了抽象数学描述[4]；Fan等提出了一种信息集成的结构化环境，可以为SaaS服务提供较高的个性化质量和性能[5]。可以看出，面向SaaS平台的多源信息集成技术得到了广泛的研究，但目前的研究范围局限于对数据和文本文件等多源信息进行集成，对三维CAD模型文件所包括的三维图形信息、特征信息、PMI信息等研究甚少；另外，在面向云架构CAD软件协同设计过程所产生实时信息的集成技术方面还有待突破。

（2）面向SaaS平台的云设计/制造服务模式

在面向SaaS平台的云设计/制造服务模式领域，Rezaei等提出了一种SaaS云化语义交互式操作框架，显著地提升了在云计算环境中SaaS软件语义交互性操作的有效性[6]；Calvo等开发了一款SaaS云架构设计软件，其包括三维建模器、结构分析求解器、结构设计求解器和图形文档渲染器，并开发了CAD模型的初步版本，支持以DXF格式输出二维图纸[7]；Abtahi等提出了一种质

---

[1] 潘华,王淑营,孙林夫,等.面向产业链协同SaaS平台多源信息动态集成安全技术研究[J].计算机集成制造系统,2015,21(3):813-821.

[2] 国艳群,韩敏,孙林夫.开放SaaS产业服务平台模型与体系结构[J].西南交通大学学报,2014,27(6):1068-1072.

[3] 余洋,孙林夫,王淑营,等.面向产业链协同SaaS平台的数据安全模型[J].计算机集成制造系统,2016,22(12):2911-2919.

[4] 杨静雅,孙林夫,吴奇石.汽车产业链SaaS平台配件库存信息集成安全技术[J].计算机集成制造系统,2020,26(5):1277-1285.

[5] FAN H, HUSSAIN F K, YOUNAS M, et al. An integrated personalization framework for SaaS-based cloud services[J]. Future generation computer systems,2015(53):157-173.

[6] REZAEI R, CHIEW T K, LEE S P, et al. A semantic interoperability framework for software as a service systems in cloud computing environments[J]. Expert systems with applications,2014, 41(13):5751-5770.

[7] CALVO V J. Saas para desarrollo y consumo de software colaborativo:aplicación a un prototipo para diseño estructural[D]. Universidad de Navarra,2018.

量驱动的 SaaS 云设计软件架构,通过将云环境下用户对产品的质量反馈信息转化为技术设计要求,提升了产品的市场竞争力[1];李伯虎等提出了一种智能工业系统的智慧云设计技术,研究了智能工业系统持续演化运行模式、智能算法统一描述框架,以及基于虚实融合的智能算法模型训练及迁移方法[2];Sheng 等提出了一种面向生产线数字孪生虚拟模型云设计的轻量级 3D 网格模型虚拟装配方法,解决了轻量级 3D 网格模型由于缺乏 B-Rep 数据结构表达而产生的装配约束表达与求解困难的问题,借助 WebGL 实现了轻量级 3D 网格模型的特征识别和虚拟装配[3]。此外,Sun 等[4]和 Kostic 等[5]也分别就 SaaS 云设计中的协同参数化设计、制造虚拟仿真和协同虚拟装配等方面进行了研究。可以看出,虽然相关学者取得了一定的成果,但是对于复杂机械产品的实体模型数据结构、特征建模、几何约束求解等基础核心技术的研究,仍面临巨大的挑战。

2. 3D 模型轻量级可视化

3D 模型轻量级可视化技术是将表征 3D 数字模型的各类数据在 Web 浏览器中实现 3D 可视化的关键技术。鉴于 Web 浏览器中进行 3D 渲染以及远程协同设计对模型数据轻量级的要求,这一技术对研发云架构 CAD 软件中的 CAD 模型云端轻量级可视化具有重要意义。对于 3D 模型轻量级可视化的学术研究,主要集中在 3D 模型轻量级几何处理算法以及 3D 渲染仿真可视化两个方面。

---

[1] ABTAHI A R, ABDI F. Designing software as a service in cloud computing using quality function deployment[J]. International journal of enterprise information systems, 2018, 14(4):16-27.

[2] 李伯虎,林廷宇,贾政轩,等.智能工业系统智慧云设计技术[J].计算机集成制造系统,2019,25(12):3090-3102.

[3] SHENG B Y, ZHAO F Y, ZHANG C L, et al. 3D Rubik's Cube: online 3D modeling system based on WebGL[C]//2017 IEEE 2nd Information Technology, Networking, Electronic and Automation Control Conference (ITNEC). IEEE, 2017:575-579.

[4] SUN W, ZHANG X, GUO C J, et al. Software as a service: configuration and customization perspectives[C]//2008 IEEE Congress on Services Part II (services-2 2008). IEEE, 2008:18-25.

[5] KOSTIC-LJUBISAVLJEVIC A, MIKAVICA B. Vertical integration between providers with possible cloud migration[M]//Advanced methodologies and technologies in network architecture, mobile computing, and data analytics. IGI Global, 2019:274-284.

第二章　机械制图软件

（1）3D模型轻量级几何处理算法

在3D模型轻量级几何处理算法领域，刘云华等提出了一种精度可控的三维CAD网格模型，其采用曲面内部插值与边界曲线插值相结合的轻量级分类细分算法来实现模型精度调整，可满足三维CAD系统对模型精度可控、减少网格数量的需要[①]；Liu等提出了一种基于智能信息精简的大规模装配体模型轻量级处理算法，从零部件（包括子装配体和零件）、特征和外观几何三个级别（从粗到精）精简三维CAD模型的数据量，并运用组件压缩、特征简化和孔洞接缝等3D图形学处理技术，最终采用一个外壳模型表征装配体的整体轮廓[②]；Wen等提出了一种基于渐进网格（progressive meshes，PM）的相似度感知的3D网格数据约简方法，生成每个组件的PM表示并利用轻量级场景图来组织数据[③]；Nguyen等提出了一种基于三角形网格表示和边界表示（B-Rep）相结合的三维CAD模型轻量级表示方法，并研究了相应的数据结构以及从B-Rep数据结构生成该模型的数据交换方法，对于实现远程协同设计具有重要意义[④]；Kwon等提出了一种面向大规模工厂设计的3D模型适应性轻量级处理方法，通过定义语义级别（level of semantics，LOS）简化具有各种语义特征的CAD模型，其精简程度可达到80%以上[⑤]；薛俊杰等提出了一种复杂产品三维模型轻量级服务构建方法，采用改进模型数据导出与空间索引生成方法，能够在模型轻量级过程中保留复杂产品模型装配树与标注信息，设计并

---

① 刘云华,饶刚毅,罗年猛,等.一种精度可控的CAD网格模型及轻量化算法的研究[J].计算机应用研究,2014,31(10):3148-3151.

② LIU W,ZHOU X H,ZHANG X B,et al. Three-dimensional (3D) CAD model lightweight scheme for large-scale assembly and simulation[J]. International journal of computer integrated manufacturing,2015,28(5):520-533.

③ WEN L X,XIE N,JIA J Y. Fast accessing Web3D contents using lightweight progressive meshes[J]. Computer animation and virtual worlds,2016,27(5):466-483.

④ NGUYEN C H P,KIM Y,CHOI Y. Combination of boundary representation (B-rep) and mesh representation for 3D modeling in collaborative engineering involved in plant engineering[J]. 한국 CDE 학회 논문집,2018,23(1):11-18.

⑤ KWON S,LEE H,MUN D. Semantics-aware adaptive simplification for lightweighting diverse 3D CAD models in industrial plants[J]. Journal of mechanical science and technology,2020(34):1289-1300.

实现了基于面片密度的自适应面片简化算法，能够在满足误差要求的条件下对几何模型面片进行自适应简化[①]。

目前的研究主要集中在 Web 浏览器环境下模型流畅渲染的网格精简、网格细分和层次细节优化等几何处理算法上。尽管已有很多成果并在某些领域得到应用，但针对云架构 CAD 软件所需的核心建模功能（如特征建模、NURBS 自由曲面建模等），尤其是将三角网格与 B-Rep 拓扑结构数据融合的轻量级处理，仍然存在研究空白，需进一步深入研究。

(2) 3D 渲染仿真可视化

在 3D 渲染仿真可视化领域，Xu 等提出了一种结合建筑信息可扩展标准（industry foundation classes，IFC）和 WebGL 技术在 Web 浏览器中创建 3D 可视化 BIM 模型的方法，研究了将 IFC 特定属性编码转换为 OBJ 三维格式文件的转换方法，并基于 WebGL 设计了三层结构可视化平台，能够在 Web 浏览器中稳定地渲染 BIM 模型[②]；Zhou 等提出了基于 Web3D 的大型复杂网格模型轻量级可视化框架 S-LPM，其包括一个基于 Dijkstra 算法的网格分割操作和一个基于体素的重复检测/删除操作，上述两种几何运算大幅度减少了通过 Internet 传输的数据量，提升了传输速度，并通过转换对齐部分的传输数据，能够在 Web 浏览器中显示完整的 3D 模型[③]；Liu 等提出了用于 Web3D 场景协作渲染动态可视化的框架 cloud baking，其中云渲染器使用全局照明（global illumination，GI）信息渲染场景实现，而 Web 浏览器端渲染器仅使用环境照明来渲染场景，将其与从云渲染器中接收到的 GI 映射进行混合，以生成最终场景，该方式允许用户与 Web 场景进行交互式操作，并将全局照明计算等繁重

[①] 薛俊杰,施国强,周军华,等.复杂产品三维模型轻量化服务构建技术[J].系统仿真学报,2020,32(4):553-561.

[②] XU Z,ZHANG L,LI H,et al. Combining IFC and 3D tiles to create 3D visualization for building information modeling[J]. Automation in construction,2020(109):102995.

[③] ZHOU W,JIA J Y. Lightweight Web3D visualization framework using dijkstra-based mesh segmentation[C]//E-Learning and games: 11th International Conference, Edutainment 2017, Bournemouth, UK, June 26-28,2017, Revised Selected Papers 11. Springer International Publishing,2017:138-151.

的计算任务转移到云端执行[①]；陈中原等提出了面向Web3D数据约简的基于八叉树的轻量级场景结构，通过对3D场景进行分离和层次划分，对模型单元进行匹配剔除，对八叉树进行结构变换，最终建立自顶向下的轻量级场景结构，最大程度地降低了3D场景的数据量[②]。

周文等提出了支持向量机（support vector machine，SVM）学习框架下的Web3D轻量级模型检索算法，简化模型并通过分类和索引获得最佳视点图像[③]；邵威等提出了一套与视点无关的Web3D协作式全局光照渲染系统，其由负责全局光照的云渲染器和负责直接光照的Web渲染器构成，并将用户行为作为计算全局光照范围和频率的重要参考依据，以解决Web3D动态光照实时渲染问题[④]。

以上研究为云架构CAD软件的渲染仿真可视化提供了坚实的理论基础。然而，由于CAD模型通常具有尖锐特征，现有研究仍然不足，未来的研究需要更加关注这些特殊特征对渲染和可视化处理的影响。

3. 三维几何造型

对于三维CAD软件而言，三维几何造型是最核心且最重要的功能，尤其是1985年，Samuel Geisberg博士提出了"全参数化三维建模"思想以及Pro/Engineer软件，更加符合设计人员的构思习惯，改变了CAD软件缺乏尺寸参数驱动的历史。如今的三维CAD软件无不采用基于特征、全尺寸约束、全数据相关、尺寸驱动设计的参数化特征建模思想，并逐步拓展到云架构CAD系统的研发中。

[①] LIU C, OOI W T, JIA J Y, et al. Cloud baking: collaborative scene illumination for dynamic Web3D scenes[J]. ACM transactions on multimedia computing, communications, and applications (TOMM), 2018, 14(3s): 1-20.

[②] 陈中原, 温来祥, 贾金原. 基于八叉树的轻量级场景结构构建[J]. 系统仿真学报, 2013, 25(10): 2314-2320, 2336.

[③] 周文, 贾金原. 一种SVM学习框架下的Web3D轻量级模型检索算法[J]. 电子学报, 2019, 47(1): 92-99.

[④] 邵威, 刘畅, 贾金原. 基于光照贴图的Web3D全局光照协作式云渲染系统[J]. 系统仿真学报, 2020, 32(4): 649-659.

(1) 几何造型内核

CAD 软件实现几何建模的核心在于几何造型内核（geometric modeling kernel）的研发。1974 年，Ian Braid 同他的导师 Charles Lang 及同窗 Alan Grayer 创办了 Shape Data 公司，基于 Fortran 语言开发出第一代实体造型商品系统 Romulus，此即为当今几何造型内核巨头 Parasolid 的前身，Parasolid 已成为当前 CAD 系统中性能最稳定的通用几何开发平台之一。1986 年，Spatial Technology 公司推出了基于波音公司开发的 TIGER CAD 系统的 ACIS 内核，成为另一个重要的几何造型内核。2000 年，达索系统公司收购了 Spatial Technology 公司，为 CATIA 软件基于 ACIS 内核进行研发奠定了基础，而后将 CATIA V5 软件的底层平台独立出来，发布了其自主内核 CGM Modeler。参数技术公司则完全自主研发了 PTC Creo GRANITE 内核，为旗下的 Creo 软件（原 Pro/Engineer 软件）的研发奠定了基础。而法国 Matra Datavision 公司则另辟蹊径，基于著名的 EUCLID 软件推出了一套开源几何造型内核 Open CASCADE，简称 OCC，其提供了点、线、面、体和复杂形体的显示和交互操作，为中小型企业开发自主化 CAD/CAM 软件提供了便利。

目前，采用 Parasolid 内核的 CAD 软件主要有西门子 PLM 软件旗下的 NX 和 SolidEdge，以及达索系统公司旗下的 SolidWorks。采用 PTC Creo GRANITE 内核的 CAD 软件主要是参数技术公司研发的 Creo。1993 年，欧特克公司与 Spatial Technology 公司签约，在 ACIS 内核的基础上开发出 MDT 三维参数化特征设计系统，而在 2000 年左右，欧特克公司购买了 ACIS 源代码并经过自主研发与迭代升级，推出了旗下的 CAD 软件 Inventor，其所采用的自主内核与 ACIS 的差异已十分明显。同样，作为达索系统公司旗下的 CAD 软件，CATIA 并非基于 CGM Modeler 内核研发，而是拥有独立自主的几何造型内核。采用 OCC 内核的主要为诸如 FreeCAD 等开源低成本小的 CAD 软件。

由此可知，在 CAD 软件发展的早期，Parasolid 和 ACIS 内核凭借稳定的性能以及相对独立的发展模式，孕育出了一批又一批的商业化 CAD 软件，同时也拥有了广泛的行业认可度以及市场占有率。而随着各大 CAD 软件逐步迈入成熟期，以及市场竞争的日益激烈，如今主流的商业化 CAD 软件厂商普遍希望自家产品拥有独立自主的几何造型内核，以提升产品的核心竞争力。目前，诸如 Parasolid、ACIS 等主流内核均未发布其面向云架构 CAD 软件的商业化解决方案，反而是一位名叫 Michael Molinari 的程序员在 GitHub 中发布了一个基于容器技术（Docker）的项目 FC – Docker，成功地将基于 OCC 内核的 FreeCAD 软件改造为支持 Web 浏览器访问的云架构 CAD 软件，其几何造型、3D 渲染等工作均能够在服务端完成。

（2）张量积曲面建模与特征建模

对于现代 CAD 软件而言，研究几何造型内核的核心思想在于，采用合适的数据结构对 CAD 模型相关信息进行组织和描述，确保所创建 CAD 模型的准确性、完整性和唯一性，便于快捷地存储和处理。自 CAD 软件诞生以来，三维几何造型技术经历了从线框、曲面、实体到特征的变迁，时至今日，张量积曲面建模（tensor product surface modeling）和特征建模仍然是现代 CAD 软件最为核心的建模方式。张量积曲面建模是指采用张量积曲面作为 CAD 模型数据表示。目前，比较有代表性的张量积曲面有 Bezier 曲面、B 样条曲面、非均匀有理 B 样条（non – uniform rational B – spline，NURBS）曲面。NURBS 曲面通过引入权因子，能够统一描述初等曲线和解析曲线曲面，成为 ISO 标准定义工业产品几何形状的唯一数学形式。而在著名的 WebGL 图形库 Three.js 中，已经制定出针对 Bezier 和 NURBS 曲面在 Web 浏览器中建模与渲染的解决方案，其对于在云架构 CAD 软件中开发 NURBS 曲面建模功能具有借鉴意义。

特征建模（feature modeling）基于实体建模（solid modeling）的概念发展而来，其在实体模型的基础上抽取具有工程语义要素的"特征"，以对 CAD 模型进行具有工程语义的描述和操作。PTC 提出"全参数化三维建模"思想，使得特征建模过程融入了尺寸参数和几何约束的因素，不仅更符合设计人员的构思习惯，还有助于创建尺寸精度更高且符合工程实际要求的 CAD 模型。

综上所述，现代 CAD 软件三维建模往往采用"NURBS 曲面建模 + 特征建模"的形式，所创建的 CAD 模型在计算机内部基于 CSG 方式存储特征参数并记录建模过程，基于 B – Rep 方式存储形体数据信息。然而，为满足 Web 环境对云架构 CAD 软件所创建特征模型传输、处理与渲染高效性和快速性的要求，针对三维几何造型的理论方法研究需要更加关注模型数据在确保轻量级的前提下，保留"NURBS + 特征驱动"的属性，这也对云架构 CAD 软件的几何造型内核研发提出了更高的要求。

（3）基于模型的定义

基于模型的定义（model based definition，MBD）是现代 CAD 软件向"全三维设计"时代迈进的关键技术环节，MBD 技术的发展使得 CAD 模型能够表达零件完整的设计信息、工艺信息、产品属性以及管理信息。而针对云架构 CAD 软件研究 MBD 技术实现，不但能够充分发挥云架构 CAD 软件作为 SaaS 工业软件在支持产品全生命周期云端协同设计与维护领域的天然优势，而且对于所创建 CAD 模型进一步迈向数字孪生层级虚拟模型具有重要价值。

目前，针对云架构 CAD 软件研究 MBD 技术实现，首先需要突破在 Web 环境中实现 CAD 模型产品制造信息（PMI）以及几何公差（geometric dimensioning and tolerancing，GD&T）的三维可视化技术。Lipman 等提出了一种使 CAD 模型几何信息、PMI 以及 GD&T 信息在 STEP 文件中表示的方法，用于在下游的 CAM 软件中检查 STEP 文件中 PMI 以及 GD&T 信息的一致性，然而该方法仅适用于传统的 CAD/CAM 客户端软件[1]；汪耀研究了一种面向 Web 的 MBD 模型显示浏览方法，提取 NX 软件所创建 MBD 模型的几何信息、PMI 以及 GD&T 信息并封装为 WebGL 可直接解析的 JSON 文件，同时解决了 PMI 以及 GD&T 信息与其所关联 CAD 模型空间位姿一致性的问题[2]；王晓旭结合嵌入式系统设计了一种 MBD 模型数据轻量级处理方法，基于改进的非递归深度优先遍历算法和改进的自适应哈夫曼压缩算法对 MBD 模型按需求进行提取，解决了云端存储的 MBD 模型传输到本地应用中面临的数据量大、渲染帧率低、传输速度慢等问题[3]。上述成果均为在云架构 CAD 软件中实现 MBD 模型的可视化提供了研究思路。

以 MBD 模型驱动的远程协同方法研究，也是云架构 CAD 软件中 MBD 技术实现的核心环节。Shi 等开发了基于 Web Service 的计算机辅助工艺规程设

---

[1] LIPMAN R, LUBELL J. Conformance checking of PMI representation in CAD model STEP data exchange files[J]. Computer – aided design, 2015(66):14 – 23.

[2] 汪耀. 面向 Web 的 MBD 模型显示浏览方法研究与实现[D]. 武汉:武汉理工大学,2020.

[3] 王晓旭. 三维数字化工艺设计 MBD 模型的轻量化方法研究[D]. 沈阳:沈阳工业大学,2019.

计（computer aided process planning，CAPP）和制造执行系统（manufacturing execution system，MES）集成平台 I – Plane，实现了异地设计人员针对飞机零部件 MBD 模型的协同可视化与实时讨论[①]；Camba 等提出了一种将携带 PMI 以及 GD&T 信息的 CAD 模型在 PLM 系统中实现同步通信的方法，为实现基于 MBD 模型的产品云端协同设计、审阅以及修改提供了同步通信的技术实现原理[②]；唐健钧等根据产品全生命周期不同阶段的需求实现不同 MBD 标注，形成诸如设计模型、工艺模型等不同类别 MBD 模型，重塑数字化产品设计制造流程，实现基于 MBD 模型的 PLM 协同[③]。由此可知，MBD 技术已成为 PLM 全流程中实现远程协同操作的主流方向，这与云架构 CAD 软件所具备的设计协同化、功能集成化相契合，后续研究应重点放在云架构 CAD 软件中 MBD 模型轻量级数据表示，以及云端协同的 MBD 模型实时绘制技术方面。

（4）几何约束求解

几何约束求解（geometric constraint solving，GCS）被认为是 CAD 自动化几何造型的核心问题。目前，众多 CAD 软件均以 Siemens PLM Software 公司的 DCM（dimensional constraint manager）作为几何约束求解器，包括 SolidWorks 和 NX 等。在国内，诸如中国科学院数学与系统科学研究院的高小山教授研究团队、清华大学计算机科学与技术系的孙家广院士研究团队、华中科技大学 CAD 中心的陈立平教授研究团队和浙江大学 CAD/CG 国家重点实验室的董金祥教授研究团队等均从不同角度、不同层面开展了针对几何约束求解领域的研究工作。然而，由于国内研发自主化 CAD 软件的驱动力不足，尚未出现完全自主的商业化几何约束求解器，大都停留在原型系统。

针对几何约束求解问题，当今主流的策略大致可分为数值求解法、符号

[①] SHI J X, ZHAO G, WANG W, et al. A research of MBD technology based on the i – Plane system[C]//2013 IEEE 4th International Conference on Software Engineering and Service Science. IEEE, 2013: 583 – 586.

[②] CAMBA J D, CONTERO M, SALVADOR – HERRANZ G, et al. Synchronous communication in PLM environments using annotated CAD models[J]. Journal of systems science and systems engineering, 2016(25): 142 – 158.

[③] 唐健钧, 贾晓亮, 田锡天, 等. 面向 MBD 的数控加工工艺三维工序模型技术研究[J]. 航空制造技术, 2012, 55(16): 62 – 66.

代数法、图论法。数值求解法的本质是求解含有几何图元信息的方程组，其基本思想是"分而治之"，将大规模约束系统分解为独立可解的子约束系统集合进行求解，而对于不能再分解的子系统则采用数值方法进行求解。符号代数法能够有效解决数值求解法执行效率较低、初值敏感度较高的问题，其具有良好的分解性能，能够确定几何约束方程组的求解顺序，比较典型的有Wu–Ritt 特征列法和Grobner 基方法。尽管符号代数法能有效判断约束属性，但其求解速度较慢，时间和空间复杂度较高，不适合云架构CAD 软件的高效运行。而在图论法领域，Owen 针对具有循环约束属性的几何约束系统，提出三角分解法，并基于该理论开发了著名的几何约束求解器（dimensional constraint manager，DCM）。[①] 目前，DCM 已被公认为是最成功的商业化几何约束求解器，它将自底向上的图论法作为约束求解的核心方法。图论法具有理论严谨、效率高、稳定性强等优点，尤其适合云架构CAD 软件所面临的高并发、欠稳定的网络环境。因此，针对云架构CAD 软件的几何约束求解研究，应该对现有图论法研究成果进行进一步改进与优化，尤其是降低求解算法计算复杂度、基于几何约束图动态更新机制的在线增量求解等领域需要重点关注。

4. CAD 模型数据交换

在基于云的设计与制造领域，不同的协作厂商通常使用不同的CAD 软件生成不同类型CAD 模型数据，因此需要研究使不同类型CAD 模型数据实现低损甚至无损的数据交换机制，即产品数据交换（product data exchange，PDE）。IBM 公司曾经发表过一项产品全生命周期开放标准OSLC，其使用"语义网"定义数据表示、系统和PLM 软件的活动域，可以被认为是一种早期的PDE 机制。针对CAD 模型数据交换领域的学术研究，主要集中在基于几何的数据交换机制以及基于特征的数据交换机制两个方面。

（1）基于几何的数据交换机制

在PDE 领域，基于几何的数据交换机制（geometry – based data exchange，

[①] OWEN J C. Algebraic solution for geometry from dimensional constraints[C]//Proceedings of the first ACM symposium on solid modeling foundations and CAD/CAM applications. 1991: 397–407.

GBDE）于20世纪80年代左右在学术领域被首次提出，现已在工业界获得成功应用，如1994年国际标准化组织（ISO）颁布的产品模型数据交换标准（standard for exchange of product model data，STEP）能够对B – Rep形式的CAD模型进行数据交换。如今，几乎所有的商业化CAD软件均支持基于STEP格式的CAD模型数据交换。然而，GBDE会丢失能够反映CAD模型设计意图的特征、CSG树、尺寸参数以及几何约束等信息，导致GBDE机制较难支持云端协同产品设计环境下基于特征的建模、检索、重用，以及CAD、CAE和CAM的集成化。

（2）基于特征的数据交换机制

鉴于GBDE存在数据交换后容易丢失特征、CSG树、尺寸参数以及几何约束的问题，近10年来，基于特征的数据交换机制（feature – based data exchange，FBDE）逐渐在学术界和工业软件领域得到关注和研究。例如，为了建立FBDE的标准，ISO/TC 184/SC 4委员会于1995年开始基于WG2（零件库）和WG3（应用协议）进行参数小组项目，该小组于1997年被移至新的WG12（集成资源）中。其中，ISO 10303 – 55发布的STEP标准提供了支持产品模型数据交换的机制，促进了不同CAD系统之间的数据互操作性。然而，目前针对FBDE的研究，无论是宏命令方法，还是通用产品表示方法，主要思路仍然集中于在对CAD模型几何形状保留的前提下恢复其建模历史数据，对于特征参数的交换传递研究甚少，导致特征识别后所重构CAD模型特征参数丢失。

在Web环境下，CAD模型数据交换服务领域也取得了一定的学术研究成果，如Chen等使用Web服务技术，基于中性建模命令和CAD软件的API函数，实现了不同CAD软件之间的模型数据交换[1]；Kim等提出了基于并行策略的CAD模型检索服务方法WSC（Web services for CAD），当基于WSC检索

---

[1] CHEN X, LI M, GAO S M. A web service for exchanging procedural CAD models between heterogeneous CAD systems [C]//International Conference on Computer Supported Cooperative Work in Design. Berlin, Heidelberg: Springer Berlin Heidelberg, 2005: 225 – 234.

装配模型数据时，可以使用并行 Web 服务降低检索时间成本[①]；Li 等研究了基于 Web 的零件库系统，实现了零件库在企业内部和企业之间的信息共享[②]；Wang 等提出了一种面向服务且支持交互式操作的云制造系统，以及一种用于分布式交互操作制造平台（distributed interoperable manufacturing platform，DIMP）的协同产品数据交换机制[③]；Wu 等提出了一种面向服务的 FBDE 架构，其中 FBDE 被注册为服务，提出了面向服务的 FBDE 的 P2P 方法，并详细讨论了 P2P 体系结构中 FBDE 即服务的技术问题[④]。此外，Wu 等还提出了一种面向云端协同设计的新型安全化产品数据交换机制 CBCD，并提出了一种用于安全机制的基于网格的几何变形方法，在保留源模型敏感信息的同时，能够最大程度降低数据交换错误率。[⑤]

  上述 Web 环境下 CAD 模型数据交换服务的研究，对于在云架构 CAD 软件中实现不同类型 CAD 模型数据交换具有一定的积极意义。同时，针对云架构 CAD 软件 SaaS 架构的特性，仍需在以下三方面进行更深入的研究：第一，云架构 CAD 软件需要提供分布式云设计服务，因此需要研究去集中式架构化、去中性文件化的 CAD 模型数据交换机制，以适应其作为 SaaS 软件在云端运行的需求；第二，针对目前 CAD 模型数据交换方法研究中所呈现的特征参数丢失问题，需要研究以特征参数驱动的 CAD 模型数据交换方法；第三，如何将基于云的 CAD 数据交换任务发布为细粒度的 Web 服务，并发布给云端协同设计过程中具有不同数据交换需求的用户，也是云架构 CAD 软件相较于传

---

① KIM B C,MUN D,HAN S. Web service with parallel processing capabilities for the retrieval of CAD assembly data[J]. Concurrent engineering,2011,19(1):5-18.

② LI Y G,LU Y,LIAO W H,et al. Representation and share of part feature information in web-based parts library[J]. Expert systems with applications,2006,31(4):697-704.

③ WANG X V,XU X W. DIMP:an interoperable solution for software integration and product data exchange[J]. Enterprise information systems,2012,6(3):291-314.

④ WU Y Q,HE F Z,ZHANG D J,et al. Service-oriented feature-based data exchange for cloud-based design and manufacturing[J]. IEEE transactions on services computing,2015,11(2):341-353.

⑤ WU Y Q,HE F Z,YANG Y T. A grid-based secure product data exchange for cloud-based collaborative design[J]. International journal of cooperative information systems,2020,29(01n02):2040006.

统 CAD 软件在数据交换中的不同之处，需要进一步研究。

（三）云架构 CAD 软件应用场景

1. 基于 3D 打印云平台的在线 3D 建模

随着互联网技术的不断发展，以"互联网＋3D 打印"服务模式为基础的 3D 打印云平台应运而生。用户可直接通过 Web 浏览器访问平台，并创建 3D 打印模型，借助平台提供的多种变形设计服务，创建满足用户身份感和归属感的高度个性化定制 3D 打印模型。

（1）TinkerCAD

TinkerCAD 是由欧特克公司开发的一款基于 Web 浏览器的 3D 建模工具。其 UI 界面色彩鲜艳，建模过程如同搭建积木，支持对简易的 3D 几何体进行建模以及空间变换，支持对多种 3D 模型进行布尔运算以创建更为复杂的 3D 模型，并且还支持对软件所预定义 3D 模型进行参数化设计，适合青少年进行在线 3D 建模且用于 3D 打印制作，降低了 3D 建模门槛。同时，TinkerCAD 还自带社区功能，方便用户把自身设计的 3D 模型上传到社区中，供他人分享使用。TinkerCAD 作为面向 3D 打印云平台的在线 3D 建模软件，目前已成为该领域的标杆级别软件，其对于提升大众亲身参与 3D 打印产品个性化定制的积极性，吸引非专业人士亲身参与 3D 打印产品设计过程，真正实现基于 3D 打印云平台的众创模式，具有积极意义。

（2）3DTin

3DTin 是一款完全基于 Web 浏览器运行的 3D 打印产品个性化建模软件，由印度软件工程师 Jayesh Salvi 研发而成，后被加拿大 3D 打印公司 Lagoa 收购。3DTin 支持对基本几何体进行建模以及空间变换，支持导入和导出 STL 格式模型，支持对模型进行颜色和材质的修改，同时还支持体素建模。与 TinkerCAD 类似，3DTin 所具备的建模功能简单易学，注重激发用户的 3D 设计创意，适合青少年和非专业人士亲身参与 3D 打印模型个性化定制，其与 3D 打印云平台集成之后，有助于推动 3D 打印众创模式。

（3）GeekCAD

GeekCAD 是一款面向中小学生参与 3D 打印的在线 3D 创意建模软件。该软件直接运行于 Web 浏览器中，尤其适合中小学生提高空间思维能力，并且可以将所设计模型与他人在社区中分享。除了和 TinkerCAD 同样具备基本几何体建模、布尔运算建模、模型导入/导出等功能，GeekCAD 最大的特色在于支持草图特征建模（如拉伸、扫掠、旋转等），其操作过程与工业级 CAD 软件类似，但区别在于所生成的 3D 模型仍为三角网格模型而并非 B – Rep 实体特征模型。GeekCAD 定位于中小学建模教育软件，其操作方式简单易学，适宜部署在 3D 打印云平台中以供 3D 打印创意建模教学使用，对于提高中小学生空间思维能力，吸引更多的中小学生成为 3D 打印创客，具有积极的推动作用。

（4）三维模方

三维模方是由武汉理工大学盛步云教授团队所独立自主研发的一款面向 3D 打印的在线三维创意建模软件。该软件集成于 3D 打印云平台"DD 打印网"之内，完全基于 Web 浏览器端运行。该软件不仅支持基本几何体建模、布尔运算建模、草图特征建模等基本功能，其最大的特色在于支持数位板、Leap Motion 等人机交互设备的接入，实现手绘、手势体感等人机自然交互建模操作。团队通过研究主流网络通信协议，开发了支持外围设备数据实时采集、上传以及 Web 浏览器端可视化的下位机软件，实现了外围设备接入 Web 应用软件的新模式，不仅进一步降低了青少年和非专业人士基于 3D 打印云平台亲身参与 3D 打印模型个性化定制的门槛，还较大程度地提升了建模过程的趣味性。

2. 基于云的工业级产品设计

相较于 3D 打印创意建模，工业级产品设计对云架构 CAD 软件提出了更高的要求，这类软件不仅需要具备传统 CAD 软件的特征建模功能，还需要支持远程实时协同设计，允许团队成员在不同地点进行实时协作。此外，它应具备移动终端跨平台支持，确保可以在各种设备和操作系统上运行，同时对计算机硬件要求较低，以便在较低配置的计算机上顺利运行。数据安全性与兼容性也至关重要，确保数据在传输和存储过程中的安全，并能与多种格式和系统兼容。最后，基于角色访问的功能集成能够根据用户角色提供不同的功能和权限，增强管理和使用的灵活性。

第二章　机械制图软件

（1）AutoCAD 在线版

AutoCAD 是著名的二维 CAD 软件，其推出的在线版（AutoCAD Web APP）能够在 Web 浏览器端或移动 APP 中运行，无须安装在本地计算机上，且能够实现大部分客户端功能。用户可以通过定期订购来获取更新。该软件能够在工业产品设计领域产生积极价值：首先，AutoCAD 在线版支持跨平台远程协同设计，支持工程技术人员在不同设备上绘制、编辑和查看 CAD 设计图纸，在确保团队成员实时获取最新设计结果的同时，增强企业在生产、营销、维修等下游环节的交流协作性；其次，通过 AutoCAD 在线版能够实时跟踪项目、共享文件以及了解项目进度，简化了工程技术人员绘制、审阅和修订设计方案的工作流程。

（2）Fusion 360

Fusion 360 是欧特克公司所推出的基于云的 CAD/CAM/CAE 工业软件套件，支持产品协同开发，允许设计师在任何设备上随时立即共享、查看项目数据，管理版本以及查找使用位置和分享观点。该软件同样能够在工业产品设计领域产生积极价值：首先，借助 Fusion 360 的协同设计功能，能够提升工程设计团队的工作效率，增强团队的协作交流性；其次，Fusion 360 支持 CAE 仿真优化与 CAM 刀具路径生成功能，在云端打通"设计→仿真→制造"的完整工作流。

（3）JSketcher

JSketcher 是由 Val Erastov 开发的基于 JavaScript 代码的 3D 参数化设计软件，可进行复杂机械零件的在线设计。JSketcher 仅需要依赖 JavaScript 代码执行，因此可以直接运行于 Web 浏览器中，其包括几何约束求解器、2D 草图绘制器和 3D 实体建模器。该软件的实际价值在于，其仅需要 Web 浏览器解析 JavaScript 代码即可实现在线三维建模，软件开源呈现轻量级特性，加载速度快，非常适合工业领域的中小型企业基于该原型系统进行二次开发，满足不同企业的特定需求。然而，该软件目前并不支持远程协同设计，这也在一定程度上削弱了其作为云架构 CAD 软件的协同属性。

（4）Onshape

Onshape 是由 SolidWorks 创始人开发的基于 Web 浏览器的 SaaS 云架构

CAD 软件，现已被 PTC 收购，成为其工业软件解决方案的一部分。该软件几乎具备主流三维 CAD 软件所有基于特征的参数化 3D 建模功能，并且支持异地协同设计。Onshape 还允许对 CAE 和 CAM 功能进行定制化集成，方便用户根据自身需求进行模块化定制。该软件作为工业级云架构 CAD 软件的标杆产品，对于推动工业软件上云、用云以及云架构化，具有重要意义：首先，Onshape 支持工程技术团队的云端异地协同设计，并且支持移动终端跨平台化运行，不仅强化了团队成员在 CAD 模型共享、使用、修改基础上的实时操作性，还进一步释放了 CAD 模型在生产、营销、维修以及供应商等下游环节的价值，从根本上满足了并行工程的需要；其次，Onshape 大幅削弱了本地计算机硬件对 CAD 图形处理的性能要求，大部分图形处理可基于云计算技术在服务器中实现，从根本上改变了企业对计算机硬件定期或不定期迭代升级的需求；最后，Onshape 能够始终为企业提供最新版本的软件服务，数据在云端实时存储与调用，确保了企业数据的安全性与兼容性。

（5）CrownCAD

在国产自主化工业软件领域，华云三维科技有限公司研发了完全自主可控的新一代基于云架构的三维 CAD 软件 CrownCAD，支持在云端进行零部件设计、装配设计等产品设计及创意工作，并且支持一键生成工程图，还支持针对主流三维 CAD 模型的数据交换服务。工程技术团队可以基于 CrownCAD 在云端进行远程办公和多人协同设计，团队成员对 CAD 模型进行浏览、编辑、标注、评审等操作时，系统会实时更新 CAD 模型，并同步到团队每一位成员的账号，能够有效提升团队产品研发的效率。

（四）云架构 CAD 软件面临的技术挑战与发展趋势

云架构 CAD 软件需要在广度和深度上不断拓展。在广度上，要从最初的机械产品云端三维设计，逐步扩展到产品仿真分析、制造、维护、服务等各个环节，最终覆盖整个产品生命周期管理。在深度上，云架构 CAD 软件需要依托虚拟/增强现实（virtual reality/augmented reality，VR/AR）、人机交互（human computer interaction，HCI）、知识工程（knowledge engineering，KE）等 AI 领域的飞速发展，逐步向 5G 驱动的云端协同实时高保真绘制、多模态

第二章 机械制图软件

信息感知驱动的人机自然交互式建模等研究领域过渡，推动其向更高层次的协同化、智能化发展，最终向基于云的数字孪生虚拟融合建模迈进，实现面向制造物联的智能设计与制造。

1. 复杂机械产品云端协同设计

复杂机械产品具有较强的行业属性（如航空航天、汽车、轻工机械等）和专业特性（工艺性、成套性、高速度、高精度等），并且为了适应制造业自动化、智能化发展的趋势，新一代复杂机械产品的设计过程不再仅仅关注产品的三维建模，而是关注多领域学科知识更紧密协调的集成化研发。然而，当前主流的云架构 CAD 软件仍然更加关注对机械产品进行三维几何造型，缺乏将仿真优化、电气设计、自动控制、运行维护等多领域工程技术知识融入软件的集成化、一体化研发过程中。因此，需要发挥云架构 CAD 软件支持云端协同设计的优势，研发支持 CAE、CAM、PDM 等集设计、仿真、制造、数据管理于一体的云架构 CAD 软件，整合不同学科背景的工程技术人员，协同完成复杂机械产品的设计工作。一方面，需要总结和归纳形成集设计、仿真、制造、数据管理等多领域技术于一体的 SaaS 软件架构，并抽象出在云环境中开发、部署和运维时的基本原理。另一方面，需要研究面向复杂机械产品云端协同设计的多领域知识统一建模方法，确保产品在云端协同设计过程中精度、功能、性能等属性之间的统一性。

2. 5G 驱动的云端协同实时高保真绘制

云架构 CAD 软件作为完全基于云环境运行的 SaaS 工业软件，其数据处理与渲染依赖于云端服务器实现，使得设计人员能够在网络环境下实现云端协同设计。然而，网络环境往往面临着带宽不统一、请求高并发，甚至不明网络攻击等多方面不利因素的耦合干扰，导致采用云端渲染处理再传输到 Web 浏览器或移动终端的 3D 图形绘制模式会给云端服务器带来巨大的高并发计算压力。该压力轻则影响工程技术团队远程协同设计的效率，重则可能酝酿工程事故，造成严重后果。5G 通信，即第五代移动通信技术（5th generation mobile networks），作为最新一代蜂窝移动通信技术，具有覆盖广泛、低延迟和低功耗等优点，能够使云架构 CAD 软件中三维 CAD 模型的云端协同实时高保真绘制成为可能，为云架构 CAD 软件提供面向分布式异地协同设计的信息高速公路。因此，需要以 5G 通信技术为驱动力，研究云端协同的 CAD 模型实时高保真绘制原理，将运行在单一 GPU 上的 3D 图形绘制流水线，借助 5G 通讯映射到本地或远程的多个 GPU 上来高效协同绘制三维 CAD 模型，真正做到 CAD 模型设计与渲染的高保真、低延迟协同。

3. 多模态信息感知驱动的人机自然交互式建模

多模态自然人机交互是下一代人机交互的发展趋势。当前，无论是基于客户端的传统 CAD 软件，还是已经上线运行的云架构 CAD 软件，大都采用"鼠标+键盘"操作的人机交互方式，需要操作者经过专业培训后熟练掌握软件使用技巧，在应对复杂机械产品设计时建模效率低下。而多模态自然人机交互能够感知并耦合视觉、听觉、触觉等多模态信息，随后基于人工智能处理算法形成知识，并通过专家系统检索形成个性化的 CAD 操作反馈，大幅度提升复杂机械产品设计效率。因此，为使云架构 CAD 软件向着更高层次的智能化工业软件迈进，一方面需要研究面向 CAD 软件操作的多模态信息表示和耦合技术，通过理解不同模态数据信息的语义并映射到同一计算空间中，形成个性化的 CAD 操作反馈以提升设计效率。另一方面，考虑到多模态信息的采集依赖于计算机外部硬件，需要研究多模态信息数据边缘计算与云架构 CAD 软件服务端云计算的协同联动机制，减轻云计算负荷，提升软件响应速度。

4. 基于云的数字孪生虚拟融合建模

工业互联网时代，需要构建制造资源物理实体在虚拟空间中的精确数字化映射，即创建几何造型、制造语义特征、运行仿真、行为/规则、事件、传感/传输等多维度信息融合的数字孪生虚拟模型，即数字孪生建模。当前，云架构 CAD 软件所创建的数字化 3D 模型仅能够反映几何造型以及部分制造语义特征，诸如 SolidWorks 和 NX 等成熟的商业化 CAD 软件所创建的 MBD 模型，对于制造资源物理实体的全生命周期信息表示，仍然不足以支撑其作为数字孪生层级的虚拟模型。因此，为充分利用云架构 CAD 软件作为 SaaS 工业软件的特点，需要研究融合制造资源物理实体多维度、全生命周期属性，且满足云架构 CAD 软件云端高效传输、处理、渲染的 CAD 模型数据表示方法，使 CAD 模型数据表现出面向制造物联网的信息物理融合特质，让云架构 CAD

软件成为工业互联网时代构建基于云的数字孪生模型的强有力工具。

在工业软件领域上云、用云、云架构化的趋势下，以云架构 CAD 软件为代表的新型工业软件，正引发全球制造业产业形态和制造模式的重大变革。云架构 CAD 软件的研究和应用还处于初级阶段，在智能设计和智能制造驱动的大背景下，结合 5G、AI、数字孪生等先进技术，进一步推动工业技术软件化、智能化，仍是后续研究面临的重大挑战。

第二节　常用 CAD 软件及其应用

一、AutoCAD

（一）AutoCAD 软件简介

AutoCAD 首次发布于 1982 年，主要用于二维绘图、详细绘制、设计文档和基本三维设计，现已成为国际上广为流行的绘图工具。AutoCAD 具有良好的用户界面，通过交互菜单或命令行方式进行操作，其多文档设计环境使得非计算机专业人员也能快速学会使用，并在实践中不断提高工作效率。该软件支持在各种操作系统的微型计算机和工作站上运行，具有广泛的适应性，可以应用于土木建筑、装饰装潢、工业制图、工程制图、电子工业、服装加工等多个领域。

AutoCAD 的功能包括但不限于直线、圆、多段线、矩形、多边形、圆弧的绘制，以及删除、移动和复制、拉伸、镜像、阵列、修剪与延伸等修改操作。此外，还包括精度控制（如极轴追踪、锁定角度、对象捕捉等）和标注（线性标注、对齐标注、半径与直径标注、弧长标注、角度标注等）功能。图块和特性的查看与管理也是其重要功能之一，包括图块概述、写块、定义块以及查看特性和线型、线宽的设置。最后，AutoCAD 还支持打印设置，包括页面设置和打印样式的选择。

AutoCAD 与其他软件之间的兼容性较好。例如，ESRI ArcMap 10 允许将图形导出为 AutoCAD 文件，而 Civil 3D 则支持导出为 AutoCAD 对象和 LandXML。此外，AutoCAD 还能够与多种第三方文件格式转换器兼容，如 PISTE

Extension（法国）、ISYBAU（德国）、OKSTRA 和 Microdrainage（英国）。

在多语言支持方面，AutoCAD 和 AutoCAD LT 提供多种语言选项，包括英语、德语、法语、意大利语、西班牙语、韩语、简体中文、繁体中文、巴西葡萄牙语和俄语。这种多语言功能使 AutoCAD 的命令集成为软件本地化的重要组成部分，方便了全球用户的使用。

AutoCAD 支持许多用于自定义和自动化的 API，包括 AutoLISP、Visual LISP、VBA、.NET 和 ObjectARX。ObjectARX 是一个 C++ 类库，它允许开发者将 AutoCAD 功能扩展到特定领域，甚至创建面向特定领域的产品，如 AutoCAD Architecture、AutoCAD Electrical、AutoCAD Civil 3D 等。此外，第三方开发者也可以基于 AutoCAD 开发应用程序，通过 Autodesk Exchange APP 应用商店发布插件。

AutoCAD 提供了 DXF（绘图交换格式），允许在不同平台和软件之间导入和导出绘图信息，进一步增强了其在跨平台工作中的灵活性。

AutoCAD 不仅是一款单一的软件，也包含多种版本和附加工具，以适应不同领域的需求。其中，AutoCAD Standard 是最为全面的版本，用户不仅能获得 AutoCAD for Windows 和 AutoCAD for Mac 的访问权限，还能享受专为建筑设计（AutoCAD Architecture）、电气设计（AutoCAD Electrical）、地图绘制（AutoCAD Map 3D）、机械设计（AutoCAD Mechanical）、工厂设计（AutoCAD Plant 3D）、光栅图像设计（AutoCAD Raster Design）等领域设计的特定工具。AutoCAD 也提供了移动应用和 Web 版本，用户可随时随地通过智能手机或平板电脑使用该工具来查看、创建和编辑 CAD 图形和 DWG 文件，尤其适合现场勘查或远程协作。

AutoCAD 的广泛应用使其成为建筑、桥梁、公路、园林、城市规划等建筑工程领域，以及机械、电子制图和三维设计等领域不可或缺的工具。通过专业的教育培训，学习者可以掌握 AutoCAD 的基本操作与高级技巧，胜任室内设计、建筑设计、机械制图等工作。在未来，随着技术的演进，AutoCAD 将继续拓展其在云计算、移动应用和自动化设计中的应用，并借助 AI 技术提升设计效率和精度。

（二） AutoCAD 在机械制图中的应用

AutoCAD 受到了广大机械制图设计人员的欢迎，成为现代机械制图设计领域工作人员必须掌握的重要工具之一。它极大地改变了传统的设计方式，使机械制图设计人员的工作负担有所减轻，使设计工作由原来的"被动式"变为"主动式"。现在这款软件已经涉及机械设计、土木建筑设计、电子电路设计、测绘、工业设计、包装与服装设计、绘制军事地图等领域。

1. 机械制图与 AutoCAD 的关系

作为当前最流行的计算机辅助设计软件之一，AutoCAD 主要通过各种指令绘制不同类型的图样。在现代机械制图课程中，传统的绘图工具（如铅笔、直尺、圆规等）逐渐被 AutoCAD 替代，显示器可以看作是图板和图纸，鼠标和键盘则代替了铅笔和尺子。通过这种方式，AutoCAD 极大地简化了绘图的工具准备工作，使大多数绘图任务可以直接在电脑上完成，对于现代学习者来说非常适合。AutoCAD 不仅工具丰富，还能够绘制手工难以完成的复杂图形。此外，AutoCAD 还支持三维建模，帮助学习者培养空间想象力，进一步提高机械制图的学习效果。

2. AutoCAD 在现代机械制图设计中的应用

（1）提高精确度与工作效率

AutoCAD 使绘图工作更加精确，减少了传统设计中存在的问题，提高了机械制图设计人员的工作效率。在使用传统设计方法时，设计人员常常会受到量具的限制，可能由于量具磨损、标记不清或者量具本身的误差，设计稿上的零件存在微小误差。这些误差肉眼难以发现，然而在生产过程中，这些小小的误差可能会引发麻烦，甚至导致事故的发生。因此，设计的精确性至关重要。正如俗话所说："差之毫厘，谬以千里。" AutoCAD 通过数字化设计大幅降低了误差发生的概率，设计人员可以快速修改和优化设计，从而显著提高了工作效率和设计质量。

（2）设计过程的主动性

AutoCAD 使设计人员的设计由"被动"转变为"主动"。传统的设计仅局限于设计的稿纸，而在计算机平台上的设计，使我们的效率提高了。在纸面上设计时，设计人员通常非常谨慎，因为一旦出错，便需要重新开始。纸面上的修改可能导致稿纸损坏或模糊不清。而通过 AutoCAD，设计人员可以轻松修改和重画图纸，既提高了效率，又节省了设计成本。

（3）尺寸标注和添加参数

AutoCAD 能够便捷地添加标注与参数，使图纸更加规范。一张图纸上，最为重要的当然是参数与标注，如长度、半径、直径、角度、公差等。图纸上的这些参数决定了生产出来的零件的参数与型号，所以通过自动随机添加，也使我们的添加更加方便了、更加正规了。传统的设计中存在着标注不规范的问题，如标注的工艺的字体，有些是难以写出的。所以，标注已经俨然成为现代机械生产中的重要因素。

（4）图形库与重复图形处理

AutoCAD 拥有强大的绘图功能。例如，可以将常用图形，如符合国家标准的轴承、螺栓、螺母、螺钉、垫圈等分别建成图形库，当想要绘制这些图形时，直接将它们插入即可，不再需要根据手册来绘图；当一张图纸上有多个相同图形或者所绘图形对称于某一直线时，利用复制、镜像等功能，能够快速地从已有图形中得到其他图形。AutoCAD 不仅可以绘制单个零件，还可以方便地将已有零件图组成装配图，模拟实际装配过程。通过这种方式，设计人员可以验证零件尺寸是否准确，是否会出现零件之间的干涉问题。在设计系列产品时，设计人员还可以轻松地根据已有图形派生出新图形，从而提高设计效率。

（5）三维建模与模拟演示

AutoCAD 能够绘制零件的三维模型，并支持设计人员对模型进行展示。俗话说：先进的设计能力才能产生先进的制造企业。在传统手工绘图中，三维模型是不敢想象的，通过图纸难以绘制出三维模型。通过 AutoCAD 的三维建模功能，可以使一些不懂得机械原理与设计的"外行"能够看懂我们的设计意图，提高了设计的可视化效果，提升了与其他团队成员或客户的沟通效率。

（6）标准化的图纸输出

国家机械制图标准对机械图形的线条宽度、文字样式等均有明确规定，

第二章 机械制图软件

利用 AutoCAD 则完全能够满足这些标准要求。AutoCAD 的图纸集中包含了很多图纸格式,如国际标准和国家强制标准等,确保了设计图纸的规范性。在传统手工绘图中,绘制符合国际标准或国家标准的图样是非常困难的,而AutoCAD 则能轻松实现这一目标,使得我们设计的图纸与国际标准接轨,推动了设计全球化。用 AutoCAD 设计的图形,可直接打印到图纸上,不再需要描图员描图,无论绘制的图形有多少,均可以利用磁盘、光盘等存储介质,图纸保存质量高。

（7）图块的创建与插入

AutoCAD 提供了便捷的"块"编辑、创建、插入功能。我们在传统的手工绘图中,经常会遇到一些问题。如我们在绘制一些大型的机械零件设计图的时候,需要绘制大量的标准件、粗糙度代号等,这些零件的形状都是相同的,换言之我们不得不进行大量的重复性的绘制工作,而 AutoCAD 却给我们提供了理想的解决方案,也就是将重复使用的多个对象组合在一起,定义成一个"块"（多对象定义成"块",就成了一个单独的图形）,并且按指定名称保存起来,以便随时可插入其他图形中,不必再重新绘制。

（8）视图控制与缩放功能

AutoCAD 提供了便捷的控制图形视图的功能。我们在传统的绘图中,会在稿纸上留下各种痕迹与标记、辅助线等,这不仅不属于对象的部分,而且会让全图看起来杂乱无章,同理我们在计算机上绘制图形也会产生这样的问题,而 AutoCAD 提供了便捷的"图形重画与重新生成"功能,使我们在绘制机械零件的同时,不必为那些因为绘制零件而留下的无关标记的清除而烦恼了。同样,我们在传统的绘制机械零件的时候,无法在图纸上完成缩放功能,而 AutoCAD 实现了这一功能,能够随意以各种角度来观察我们绘制的图形。

3. AutoCAD 在机械制图中的重要作用

随着计算机的发展,AutoCAD 技术在机械制图中得到了普遍应用及推广,推动了计算机图形图像和现代化机械工程的发展,特别是现代机械工业中数控机床及机电一体化技术和计算机精确建模的需求,更需要 AutoCAD 的基础知识和三维立体知识。

AutoCAD 技术不仅是计算机图像类的基础，也是机械制图现代化的体现，更是促进思维发展的工具。它提高了各类设计效率，缩短了工作周期，加速了新产品开发的实用技术。

作为计算机辅助设计软件，AutoCAD 技术具备绘图板的功能，但仍需要机械制图知识的支持。机械制图课程旨在培养学生的识图与制图能力，促进思维发展，并提升学生在三维图形和实际绘图方面的技能。因此，机械制图是学习 AutoCAD 技术的基础。如果没有扎实的机械制图知识，即使会使用 AutoCAD，也只能充当描图员，无法创造出创新的应用图形和机械图纸。

学习 AutoCAD 后，基本上能够熟练地使用 AutoCAD 进行机械零件的设计，但这是远远不够的，相信在我们这一代的努力和奋斗下，一定能够使 AutoCAD 深入现代机械的设计与加工中，使计算机绘图完全代替传统的手工绘图，让我们的机械制图更加精准、更加精细、更加尖端，应用到更广泛的领域中去。

二、SolidWorks

（一）SolidWorks 软件简介

SolidWorks 是全球首个基于 Windows 开发的三维 CAD 系统，凭借其技术创新，迅速符合了 CAD 技术的发展趋势，成为 CAD/CAM 产业中最具盈利能力的软件之一。其良好的财务状况和用户支持使 SolidWorks 每年有数十项技术创新，获得了多个荣誉。1995—1999 年，SolidWorks 曾连续获得全球微机平台 CAD 系统评比第一名。自 1999 年起，美国权威 CAD 专业杂志 *Cadence* 连续 4 年授予 SolidWorks 最佳编辑奖，表彰其创新、活力和简洁。SolidWorks 遵循易用、稳定和创新三大原则，设计师能够大大缩短设计时间，并迅速、高效地将产品推向市场。

SolidWorks 出色的技术和市场表现，不仅使其成为 CAD 行业的一颗耀眼的明星，也成为华尔街青睐的对象。1997 年，达索系统公司以 3.1 亿美元的高额市值将 SolidWorks 全资并购。并购后，SolidWorks 作为一个独立品牌继续运作，成为达索系统公司中最具竞争力的 CAD 产品之一。

第二章 机械制图软件

由于使用了 Windows OLE 技术、直观式设计技术、先进的 Parasolid 内核以及良好的与第三方软件的集成技术，SolidWorks 成为全球装机量最大、最好用的 CAD 软件。资料显示，目前全球发放的 SolidWorks 软件使用许可约 28 万，涉及航空航天、机车、食品、机械、国防、交通、模具、电子通信、医疗器械、娱乐工业、日用品/消费品、离散制造等分布于全球 100 多个国家的约 3.1 万家企业。在教育市场上，每年来自全球 4300 所教育机构的近 14.5 万名学生通过 SolidWorks 的培训课程。

根据招聘网站数据，与 SolidWorks 相关的招聘广告数量已超过其他 CAD 软件的总和，证明该软件在全球范围内具有广泛的应用需求。

在美国，包括麻省理工学院、斯坦福大学等在内的著名大学已经把 Solid-Works 列为制造专业的必修课，国内的一些大学（教育机构）如清华大学、北京航空航天大学、北京理工大学、上海教育局等也在应用 SolidWorks 进行教学。相信在未来的 5—8 年，SolidWorks 将会与当今的 AutoCAD 一样，成为 3D 普及型主流软件乃至 CAD 的行业标准。

SolidWorks 软件功能强大，组件繁多。功能强大、易学易用和技术创新是 SolidWorks 的三大特点，使得 SolidWorks 成为领先的、主流的三维 CAD 解决方案。SolidWorks 能够提供不同的设计方案，减少设计过程中的错误以及提高产品质量。SolidWorks 不仅能提供如此强大的功能，而且对每个工程师和设计者来说，操作简单方便，易学易用。

SolidWorks 提供了全面且用户友好的三维 CAD 功能，以下是其核心功能：

3D 实体建模：创建和编辑 3D 零件和装配体模型，并创建可随设计更改自动更新的 2D 工程图。

概念设计：创建布局草图；应用马达和动力来检查机械装置性能；输入图像和扫描数据以用作创建 3D 几何体的参考。

大型装配体设计功能：创建和管理超大型设计，既可以在详细模式下也可以在简化模式下工作。

高级曲面制作：创建和编辑复杂的实体和曲面几何体，包括美观的 C2 曲面。

钣金：允许从头开始设计钣金零件或将 3D 零件转换为钣金形式。该功能包括自动展开钣金零件，并能够自动进行弯曲长度补偿，极大提高了设计效率和准确性。

焊件：快速设计由结构构件、平板和角撑板组成的焊接结构，包括预定义的结构形状库。

模具设计：设计模制零件和用于制作这些零件的模具，包括型心和型腔、拔模、自动分型面和模座零部件。

管道/管筒设计：生成和记录3D机械系统，包括管道/管筒路径、管线布置、管坡和完整的材料明细表（BOM）。

电力电缆/缆束和导管设计：生成和记录3D电气线路并填写设计BOM。

设计自动化：自动执行重复的设计任务，包括零件、装配体和工程图生成。

SolidWorks Toolbox：包含超过100万个零部件和其他项目，可以添加到装配体中，还包括紧固件的自动装配，方便零部件的快速选择与应用。

在线零部件：使用供应商提供的2D和3D目录零部件，缩短设计时间。

（二）SolidWorks 的特点与应用

无论是在产品设计、仿真分析还是制造过程中，SolidWorks 都展示了其卓越的技术优势。接下来，我们将深入探讨 SolidWorks 的主要特点及其在各类工程领域中的具体应用。

1. SolidWorks 的特点

（1）直观易用的用户界面

SolidWorks 以其直观易用的用户界面著称，大大地降低了用户的学习成本。软件界面布局合理，工具图标清晰易懂，即便是初学者也能快速上手。通过拖拽、旋转、缩放等简单的操作，用户可以在短时间内掌握三维建模的基本技能，从而更加专注于设计本身而非软件操作。

（2）强大的三维建模能力

SolidWorks 拥有强大的三维建模能力，支持从简单零件到复杂装配体的设计。软件提供了丰富的建模工具，如草图绘制、特征生成、曲面建模等，用户可以根据需求灵活选择。同时，SolidWorks 还支持参数化设计，通过修改设计参数即可快速更新模型，大大提高了设计效率。

（3）准确的装配与仿真分析

在装配设计方面，SolidWorks 提供了智能的装配工具，能够自动识别零件之间的配合关系，并自动进行装配。用户还可以通过运动仿真功能，模拟机械系统的运动状态，评估设计的合理性和性能。此外，SolidWorks 还具备强大的仿真分析能力，可以对设计进行有限元分析、流体动力学分析等，帮助用户预测并优化产品的性能。

（4）高度集成的解决方案

SolidWorks 不仅仅是一款三维 CAD 设计软件，还提供了高度集成的解决方案，包括电气设计、仿真分析、数据管理等多个模块。这些模块之间无缝集成，使得用户可以在一个统一的平台上完成从设计到制造的全过程。这种高度集成的解决方案不仅提高了设计效率，还降低了数据交换和转换的成本。

（5）灵活的协作与共享

在团队协作方面，SolidWorks 支持多人同时在线编辑模型，实现实时协作。用户可以通过云存储功能将设计文件保存在云端，随时随地访问和修改。同时，SolidWorks 还提供了版本控制功能，确保团队成员之间的协作有序进行。此外，SolidWorks 还支持与多种设计软件的兼容和数据交换，方便用户与其他团队或供应商进行协作。

（6）持续更新的技术支持与社区资源

SolidWorks 团队一直致力于软件的持续更新和优化，不断引入新技术和新功能以满足用户的需求。同时，SolidWorks 还提供了丰富的技术支持和社区资源，包括在线帮助文档、教程视频、用户论坛等。这些资源不仅帮助用户解决使用过程中遇到的问题，还促进用户之间的交流和分享。

综上所述，SolidWorks 软件以其直观易用的用户界面、强大的三维建模能力、准确的装配与仿真分析、高度集成的解决方案、灵活的协作与共享以及持续更新的技术支持与社区资源等优点，成为工程设计与制造领域的佼佼者。它为企业提供了便捷、创新与协同的设计环境，助力企业在激烈的市场竞争中脱颖而出。

2. SolidWorks 的应用

SolidWorks 作为一款功能强大的三维计算机辅助设计软件，自问世以来，便以其出众的建模能力、易用的操作界面以及广泛的适用性，赢得了全球工程师和设计师的青睐。从机械制造到航空航天，从电子产品到建筑工程，SolidWorks 的应用领域很广泛，为各行各业的产品设计和制造提供了强有力的支持。

机械制造与自动化。在机械制造领域，SolidWorks 是不可或缺的设计工具。它允许工程师快速创建复杂的机械零部件和装配体，并进行详细的装配设计和仿真分析。通过 SolidWorks，工程师可以轻松地设计各种机床、生产线设备、液压和气压传动设备等，确保设备的高性能和可靠性。此外，SolidWorks 还支持强度分析、运动模拟等功能，帮助工程师优化设计方案，提升产品性能。

汽车设计与制造。汽车设计是 SolidWorks 应用的另一个重要领域。从车身造型到发动机设计，从底盘结构到传动系统，SolidWorks 都能提供全方位的支持。工程师可以利用 SolidWorks 快速创建复杂的汽车零部件，并进行碰撞分析、空气动力学分析等，以确保汽车的安全性和性能。同时，SolidWorks 还支持与 CAM（计算机辅助制造）系统的集成，实现设计与制造的无缝对接，提高生产效率。

航空航天。在航空航天领域，SolidWorks 同样发挥着重要作用。它支持工程师对飞机、卫星、火箭等复杂结构进行准确的设计和仿真分析。通过 SolidWorks，工程师可以模拟和分析各种飞行状态下的结构应力、振动和温度分布等，确保航空航天器的安全和可靠性。此外，SolidWorks 还支持与风洞试验数据的集成，为工程师提供更加全方位的设计依据。

电子产品设计。在电子产品设计领域，SolidWorks 也展现出强大的实力。它提供了专门的电路板设计、线束布线、机柜设计等功能，帮助工程师完成电子产品的整体设计。通过 SolidWorks，工程师可以更加直观地了解产品的内部结构和布局，确保各个部件之间的连接和配合准确无误。同时，SolidWorks 还支持与电子仿真软件的集成，为工程师提供更加全方位的性能评估和优化建议。

第二章 机械制图软件

建筑与土木工程。尽管 SolidWorks 主要专注于机械设计和制造，但在建筑和土木工程领域也展现出广阔的应用前景。通过 SolidWorks，工程师可以设计和模拟建筑结构、管道系统、道路设计等，进行结构分析、碰撞检测等工作。这些功能不仅提高了建筑设计的准确性和可靠性，还降低了施工风险和成本。

除了上述主要领域，SolidWorks 还在模具设计、家具设计、医疗器械设计等领域得到广泛应用。无论是注塑模具、压铸模具、挤出模具的设计制造，还是各种家具和家居用品的创新设计，SolidWorks 都能提供强大的支持。其丰富的插件和附加模块更是满足了不同行业和应用的需求，为工程师和设计师提供了更多的选择和可能。

综上所述，SolidWorks 作为一款功能强大、易于上手的三维 CAD 软件，在机械制造、汽车设计、航空航天、电子产品设计、建筑与土木工程等多个领域都展现出广泛的应用价值。它不仅提高了工程师和设计师的工作效率，还推动了各行业的创新和发展。随着科技的不断进步和 SolidWorks 功能的不断完善，我们有理由相信，它将在更多领域发挥重要的作用，为未来的产品设计和制造带来更多的惊喜和可能。

三、国产制图软件

（一）中望 CAD

中望 CAD 是完全拥有自主知识产权、基于微软视窗操作系统的通用 CAD 绘图软件，主要用于二维制图，兼有部分三维功能，被广泛应用于建筑、装饰、电子、机械、模具、汽车、造船等领域。中望 CAD 已成为企业 CAD 正版化的最佳解决方案之一，其主要功能包括以下五个方面：

1. 绘图功能

用户可以通过输入命令及参数、单击工具按钮或执行菜单命令等方法来绘制各种图形，中望 CAD 会根据命令的具体情况给出相应的提示和选项。

2. 编辑功能

中望 CAD 提供各种方式让用户对单一或一组图形进行修改，可进行移动、复制、旋转、镜像等操作。用户还可以改变图形的颜色、线宽等特性。熟练掌握编辑命令的运用，可以提高绘图的速度。

3. 打印输出功能

中望 CAD 具有打印及输出各种格式的图形文件的功能，可以调整打印或输出图形的比例、颜色等特性。中望 CAD 支持大多数的绘图仪和打印机，并具有极好的打印效果。

4. 三维功能

中望 CAD 专业版提供三维绘图功能，可用多种方法按尺寸精确绘制三维实体，生成三维真实感图形，支持动态观察三维对象。

5. 高级扩展功能

中望 CAD 作为一个绘图平台，提供多种二次开发接口，如 LISP、VBA、.NET、ZRX（VC）等，用户可以根据自己的需要定制特有的功能。同时，用户已有的二次开发程序也可以轻松移植到中望 CAD 中。

1998 年，中望软件公司（ZWSOFT）成立，总部设在中国广州，最初主要从事通用行业软件的开发和销售。公司成立之初，专注于国内市场，为各类行业提供解决方案。2001 年，中望开始将目光转向计算机辅助设计（CAD）软件领域，并通过引进技术与自主研发相结合，推出了中望 CAD 1.0。这是中望软件在国内市场的首次尝试，也是其进入 CAD 领域的奠基之作。

2002 年，中望推出了中望 CAD 的早期版本，以较低的成本及类似 AutoCAD 的用户界面和命令操作为卖点，迅速获得了部分中小企业的青睐。在这一时期，中望 CAD 以"性价比高、操作习惯类似于 AutoCAD"为宣传重点，吸引了不少用户，尤其是在中国市场。此时，软件功能尚不完善，但凭借本地化服务和价格优势，逐渐站稳脚跟。2004 年，中望 CAD 进入了一个快速发展阶段，逐渐扩展了其在建筑、机械、电子、土木等领域的应用。通过不断更新和升级，中望 CAD 开始在功能上逐步追赶国际领先的 CAD 软件。

2008 年，中望 CAD 开始实施国际化战略，开拓海外市场。通过推出多语言版本并参加国际展会，中望 CAD 逐渐进入东南亚、欧洲、北美等多个地区，成为中国 CAD 软件走向国际化的代表。2010 年，中望 CAD 实现了全球化品牌推广，并进一步提升了软件的兼容性和稳定性，使其在与 AutoCAD 等国际软件的竞争中获得了更多的市场份额。2012年，中望推出了全新一代的中望CAD，并进行了一系列技术升级，如内存管理和文件处理性能的优化。这一时期，中望CAD的发展策略已经不仅仅是模仿，而是逐步迈向创新。

2013年，中望开始重视自主核心技术的研发，推出了基于自主知识产权的CAD核心引擎。这个引擎的推出标志着中望CAD摆脱了对外国技术的依赖，实现了真正的国产化。2014年，中望推出了新的用户界面和增强的设计工具，并进一步优化了兼容性和跨平台应用能力。这使得中望CAD在全球范围内更具吸引力，尤其是对于那些需要寻找AutoCAD替代品的企业。2016年，中望CAD推出了基于自主引擎的3D功能，使其不仅能够满足二维设计需求，还能在三维设计领域进行拓展。此举使中望CAD成为更全面的CAD解决方案。

2017年，中望CAD在全球化战略上迈出了更大的一步，在多个国家设立分支机构，并通过多渠道分销网络进一步扩大了国际市场的影响力。中望CAD还积极参加全球范围内的行业展会，增强品牌知名度。2019年，中望软件发布了中望CAD2020版，这是基于全新内核的版本，具有更高的效率和稳定性。随着全球CAD市场需求的增长，中望CAD不断优化用户体验，并加入更多行业专用工具，如中望建筑CAD、中望机械CAD等。2020年，中望发布了基于云端的设计平台，支持多人协同设计和跨平台操作。这标志着中望CAD在云计算时代的布局和进步。2021年，中望CAD开始向智能化设计、人工智能辅助设计领域扩展，进一步提升了其在复杂设计任务中的竞争力。

2011年，中望成为中国CAD软件市场的主要供应商之一，市场占有率大幅提升。2014年，中望CAD的用户超过90个国家，正式成为国际化的CAD软件产品。2021年，中望CAD推出了首个基于全新核心的3D功能，使其在复杂的三维设计上具有更高的精度和速度。

（二）CAXA CAD

CAXA CAD电子图板是根据中国机械设计国家标准和工程师使用习惯开发的，具有自主的CAD内核、独立的文件格式，支持第三方应用开发，可随时适配新的硬件和操作系统，支持新制图标准，提供海量新图库，能低风险替代各种 CAD 平台，设计效率数倍提升。CAXA CAD 电子图板经过大中型企业及百万工程师千锤百炼的应用验证，广泛应用于航空航天、装备制造、电子电器、汽车及零部件、国防军工、教育等行业。

（三）CrownCAD

CrownCAD 是一款新兴的国产三维计算机辅助设计软件，旨在为用户提供高效、灵活的设计环境，特别适用于机械设计、产品开发等领域。作为一款自主研发的软件，CrownCAD 以其强大的功能和友好的用户界面，逐渐成为国内 CAD 市场的重要参与者。

该软件支持多种设计模式，如三维建模、二维制图和装配设计，能够帮助设计师完成从产品概念设计到详细零部件制作的整个设计流程。CrownCAD 特别注重用户体验，提供了直观的操作逻辑和丰富的工具集，帮助用户快速上手，提升工作效率。

CrownCAD 的一个显著特点是其对国产化需求的支持。面对国内市场对自主设计工具的需求，CrownCAD 针对中国用户的使用习惯进行了深度优化，并遵循国家标准，确保设计成果符合行业规范。此外，CrownCAD 还提供了强大的兼容性，能够与主流 CAD 文件格式进行高效的交互，适应不同设计团队的协作需求。

在性能方面，CrownCAD 具备出色的处理能力，能够流畅处理大型装配体和复杂几何体的设计任务。其高效的计算引擎和优化的图形处理算法，确保了设计过程中的流畅性与稳定性。此外，CrownCAD 还提供了智能化的设计辅助功能，如参数化建模和自动化设计优化，帮助用户快速完成设计迭代。

四、其他制图软件

（一）CATIA

CATIA 是一款功能强大的三维产品设计软件，作为全方位的产品生命周期管理（PLM）解决方案的核心组成部分，广泛应用于众多行业的产品设计与开发。它不仅支持从概念设计、详细设计、分析、仿真、制造到维护的全流程，还能够通过其模块化架构满足不同行业和企业的定制需求。CATIA 的设计范围非常广泛，从机械设计、曲面造型到复杂系统的工程设计，包括但不限于汽车、航空航天、船舶、消费品、工业设备等领域。其卓越的三维建模能力和高度集成的协同设计环境，使得 CATIA 成为全球领先的 3D 设计和工程解决方案之一。

CATIA 主要特点如下：

1. 模块化架构

CATIA 提供了广泛的模块，涵盖了产品设计到制造的全部环节。用户可以根据自己的需求，选用机械设计、装配设计、仿真分析等模块。

2. 参数化设计

CATIA 允许用户通过参数化建模的方式快速调整设计，提高了设计的效率和灵活性，帮助用户快速满足设计变更的需求。

3. 协同设计

CATIA 支持协同设计，多个团队可以在同一个设计平台上工作，实现数据共享，减少设计周期和设计成本。

4. 高精度曲面建模

CATIA 有着极其强大的曲面建模工具，特别适用于对外形要求苛刻的行业，如航空航天和汽车工业。CATIA 可以创建复杂的自由曲面，确保设计精度和美观性。

5. 全生命周期管理

CATIA 可以对产品进行全生命周期管理，用户可以对设计数据进行有效追踪，确保设计及时记录，保证数据的安全性。

CATIA 已经广泛用于航空航天、汽车制造、轮船、军工、仪器仪表、建筑工程、电气管道、通信等方方面面，这里分别介绍其应用：

航空航天。CATIA 源于航空航天工业，是业界无可争辩的领袖。因其精确安全，能够满足商业、防御和航空航天领域各种应用的需要。在多个航空航天项目中，CATIA 被应用于开发虚拟原型机，例如波音公司的波音 777 和波音 737、达索系统公司的阵风（Rafale）战斗机、庞巴迪公司的 Global Express 公务机，以及洛克希德·马丁公司的 Darkstar 无人驾驶侦察机。波音公司在波音777项目中，应用CATIA设计了除发动机以外的100%的机械零件，并将包括发动机在内的100%的零件进行了预装配。波音777也是迄今为止唯一进行100%数字化设计和装配的大型喷气客机。参与波音777项目的工程师、工装设计师、技师以及项目管理人员超过1700人，分布于美国、日本、英国的不同地区。他们通过1400套CATIA工作站联系在一起，进行并行工作。波音的设计人员对波音777的全部零件进行了三维实体造型，并在计算机上对整个波音777进行了全尺寸的预装配。通过预装配，工程师无须制造物理样机，而是可以在数字样机上检查和修改设计中的干涉和不协调之处。波音公司宣布在波音777项目中，与传统设计和装配流程相比较，应用CATIA减少了50%的重复工作和错误修改时间。尽管首架波音777的研发时间与应用传统设计流程的其他机型相比，其节省的时间并不是非常显著，但波音公司预计，波音777后继机型的开发至少可节省50%的时间。CATIA的后参数化处理功能在波音777的设计中也显示出其优越性和强大功能。为迎合特殊用户的需求，利用CATIA的参数化设计，波音公司不必重新设计和建立物理样机，只需进行参数更改，就可以得到满足用户需要的电子样机，用户可以在计算机上进行预览。

汽车工业。CATIA是汽车工业的标准设计工具，是欧洲、北美和亚洲顶尖汽车制造商所用的核心系统。CATIA在造型风格、车身及引擎设计等方面具有独特的长处，为各种车辆的设计和制造提供了端对端的解决方案。CATIA涉及产品、加工和人三个关键领域。CATIA的可伸缩性和并行工程能力可显著缩短产品上市时间。一级方程式赛车、跑车、轿车、卡车、商用车、有轨电车、地铁列车、高速列车等各种车辆在CATIA上都可以作为数字化产品，在数字化工厂内，通过数字化流程，进行数字化工程实施。CATIA技术在汽车工业领域是无人可及的，并且被各国的汽车零部件供应商所认可。从近来一些著名汽车制造商所做的采购决定，如雷诺、丰田、卡曼、沃尔沃、克莱斯勒等，足以证明数字化车辆的发展动态。例如，瑞典的卡车制造商斯堪尼亚（Scania），已成为全球领先的卡车生产商，其年产卡车超过50000辆。通过采用CATIA系统，斯堪尼亚公司已经将卡车零部件数量减少了约一半。现在，斯堪尼亚公司在整个卡车研制开发过程中，使用更多的仿真分析，以缩短开发周期，提高卡车的性能和维护性。CATIA 系统是斯堪尼亚公司的主要 CAD/CAM 系统，专注于卡车系统和零部件的设计。通过应用这些先进的设计工具，例如在发动机和车身底盘部门进行的 CATIA 系统零部件应力分析，以及支持开发过程中的重复使用，公司实现了良好的投资回报。现在，为了进一步提高产品的性能，斯堪尼亚公司在整个开发过程中，正在推广设计师、分析师和检验部门更加紧密的协同工作方式。这种协调工作方式可使斯堪尼亚公司更具市场应变能力，同时又能从物理样机和虚拟数字化样机中不断积累产品知识。

造船工业。CATIA 为造船工业提供了优秀的解决方案，包括专门的船体产品和船载设备、机械解决方案。船体设计解决方案已被应用于众多船舶制造企业，如 General Dynamics、Meyer Werft 和 Delta Marin，涉及所有类型船舶的零件设计、制造、装配。船体的结构设计与定义是基于三维参数化模型的。参数化管理零件之间的相关性，相关零件的更改，可以影响船体的外形。船体设计解决方案与其他 CATIA 产品是完全集成的。传统的 CATIA 实体和曲面造型功能用于基本设计和船体光顺。Bath Iron Works 应用 GSM（创成式外形设计）作为参数化引擎，进行驱逐舰的概念设计和与其他船舶结构设计解决方案进行数据交换。4.2 版本的 CATIA 提供了与 Deneb 加工的直接集成，并在与 Fincantieri 的协作中得到发展，机器人可进行直线和弧线焊缝的加工并克服了机器人自动线编程的瓶颈。General Dynamics 和 Newport News Shipbuilding 使用 CATIA 设计和建造美国海军的新型弗吉尼亚级攻击潜艇。大量的系统从核反应堆、相关的安全设备到全部的生命支持设备需要一个综合的、有效的产品数据管理系统（PDM）进行整个潜艇产品定义的管理，不仅仅是一个材料单，而是所有三维数字化产品和焊接设备。ENOVIA 提供了强大的数据管理能力。Meyer Werft 关于 CAD 技术的应用在业内一直处于领先地位，从设计、零件、船载设备到试车，涉及造船业的所有方面。在切下第一块钢板前，已经完成了全部产品的三维设计和演示。Delta Marin 在船舶的设计与制造过程中，依照船体设计舰桥、甲板和推进系统。船主利用 4D 漫游器进行浏览和检查。中国广州的文冲船厂也对 CATIA 进行了成功的应用。使用 CATIA 进行三维设计，取代了传统的二维设计。

厂房设计。在丰富经验的基础上，IBM 和达索系统为造船业、发电厂、加工厂和工程建筑公司开发了新一代的解决方案，包括管道、装备、结构和自动化文档。CCPlant 是这些行业中第一个面向对象的知识工程技术系统，已被成功应用于克莱斯勒及其扩展企业。通过使用 CCPlant 和 Deneb 仿真，正在建设中的 Toledo 吉普工厂设计进行了修改，显著节省了费用，并对未来企业运作产生深远影响。Haden International 主要为汽车和宇航工业设计涂装生产线。通过应用 CATIA 设计其先进的涂装生产线，CCPlant 显著缩短了设计与安装的时间。壳牌（Shell）使用 CCPlant 在鹿特丹工厂开发新的生产流程，该工厂年处理能力达 2000 万吨原油，能生产塑料、树脂、橡胶等多种复杂化工产品。

加工和装配。一个产品仅有设计是不够的，还必须制造出来。CATIA 擅长为棱柱和工具零件做 2D/3D 关联，分析和 NC；CATIA 规程驱动的混合建模方案保证高速生产和组装精密产品，如机床、医疗器械、胶印机、钟表及工厂设备等均能做到一次成功。在机床工业中，用户要求产品能够迅速地进行精确制造和装配。达索系统产品的强大功能使其应用于产品设计与制造的广泛领域。大的制造商像 Staubli 从达索系统的产品中受益匪浅，Staubli 使用 CATIA 设计和制造纺织机械和机器人，Gidding & Lewis 使用 CATIA 设计和制造大型机床。达索系统的产品也同样应用于众多小型企业，像 Klipan 使用 CATIA 设计和生产电站的电子终端和控制设备，Poly – norm 使用 CATIA 设计和制造压力设备，Tweko 使用 CATIA 设计焊接和切割工具。

消费品。全球有各种规模的消费品公司信赖 CATIA，其中部分原因是 CATIA 设计的产品风格新颖，而且具有建模工具和高质量的渲染工具。CATIA 已用于设计和制造如下多种产品：餐具、计算机、厨房设备、电视和收音机以及庭院设备。另外，为了验证一种新的概念在美观和风格选择上达到一致，CATIA 可以从数字化定义的产品，生成具有真实效果的渲染照片。在真实产品生成之前，即可促进产品的销售。

（二）Inventor

Inventor 是一款专业的 3D CAD 软件，为机械工程师、制造工程师和产品设计师等专业人士设计。其提供了一套完整的工具，帮助用户快速、准确地创建和修改 3D 模型。Inventor 通过多样化功能，帮助各种工业设计、制造高效实现。Inventor 的主要特点如下：

专业的 3D 设计工具：Inventor 提供了一系列强大的 3D 设计工具，包括实体建模、曲面建模、装配、造型等，可以满足不同用户的需求。

多种设计分析：Inventor 提供了丰富的设计分析工具，如结构分析、运动仿真、热分析等，可以帮助用户进行优化和验证设计。

集成的 CAM 工具：Inventor 包含 CAM 工具，支持数控机床的加工，可以将设计文件转换成 G 代码，方便进行加工。

协作与共享：Inventor 支持团队协作和云端存储，用户可以在云端共享设计文件，进行实时协作和版本控制。

多种文件格式支持：Inventor 支持多种文件格式，如 STEP、IGES、STL、DWG 等，可以方便地与其他 CAD 软件进行数据交换。

二次开发能力：Inventor 还提供了 API，支持用户对软件进行二次开发，可以根据自己的需要进行自定义功能开发。

第三节　CAD 软件的未来发展趋势与新技术应用

一、CAD/CAM 软件的发展现状与趋势

近年来，西方国家以重塑制造业竞争优势为目标，不断在工业软件领域实施断供与禁用，工业软件安全问题浮出水面。《"十四五"智能制造发展规划》提出全面推行制造业企业数字化、网络化的建设目标，加速制造业转型升级。CAD/CAM 作为工业软件的核心，被广泛应用于制造业的产品设计、生产加工及仿真验证等关键环节中，是我国制造业数字化转型的重要支撑，对我国制造业高质量发展意义重大。

（一）国内外 CAD/CAM 软件的演变历程与发展策略

梳理国内外 CAD/CAM 软件发展的历史进程，分析国外工业软件的发展策略，对我国 CAD/CAM 软件的国产替代起到重要作用。

1. 国内外 CAD/CAM 软件的发展历程

对精准加工技术的迫切需求，是 CAD/CAM 技术的研究开端，其演变历程可以分为技术准备阶段、初步应用阶段、成熟发展阶段与垄断竞争阶段。20 世纪 50 年代是 CAD/CAM 的技术准备阶段。得益于脉冲控制伺服电机与计算机图形学的长足发展，以麻省理工学院为主的美国高校及企业研发了可显示简单图形的设备、三坐标数控铣床、APT 自动编程、数控设备的自动换刀功能等技术。我国在 1958 年也研制出了国内第一台三坐标数控铣床。图形显示设备、数控加工设备的研制成功，为 CAD/CAM 技术的产生打下了良好基础。20 世纪 60 年代，商业化的 CAD/CAM 系统开始出现。IBM 公司推出了计算机绘图设备，洛克希德·马丁公司推出了商业化的 CAD/CAM 系统，CAD/CAM 软件进入初步应用阶段。此时我国成套引进 CAD/CAM 系统，开始了国产 CAD/CAM 技术的探索之路。20 世纪 70 年代至 90 年代，实体建模技术日趋成熟，CAD/CAM 的核心模块也逐渐成形，进入成熟发展期。欧特克、参数技术等公司经历了从推出商品化软件到实现 CAD/CAM 系统集成的过程。我国也开始了甩图板工程，CAXA 电子图板、开目 CAPP 等众多 CAD 软件开始涌现，并开始直面众多功能强大的国外软件的竞争。2000 年以来，国外 CAD/CAM 软件进军国内市场，逐渐形成了垄断局面。国内工业软件发展甚微，技术代差逐渐形成。以欧特克、达索系统及西门子为主的国外企业占领了我国 95% 的工业软件市场。二维 CAD 领域，中望软件、数码大方等公司在技术方面做到了国产替代，但规模小，市场占有率低。面对国产研发设计类软件突破现状的迫切需求，有必要对国外工业软件的发展策略进行研究。

2. 国外 CAD/CAM 软件的发展策略

国外公司以其强大的资本为后盾，形成了相对稳定的竞争优势。其发展策略兼具前瞻性与残酷性。首先是以高校为市场，培养后备目标客户。在国外 CAD/CAM 软件进军国内市场时期，我国高校、科研院所在人才培养过程中恰逢存在相关知识载体的巨大缺口，国外公司以赞助或捐赠等方式，积极争取在教学与科研中捆绑其 CAD/CAM 软件。利用其软件产品构建高校教学平台，并提供教材支持，从而培养学生对其软件的使用习惯。此营销策略一方面使目标客户前移，从学生阶段开始挤压国产软件用户市场，另一方面也转移了广大高校对工业软件算法、程序设计等基础性教育的工作重心。其次是放任盗版行为，压缩国产软件生存空间。长期以来国外软件以极低的使用成本抢占国内市场，形成倾销式市场挤压，迫使国产软件厂商失去生存空间；在培养用户使用习惯后，将软件嵌入我国制造业研发、生产等关键环节中，实现技术资料与工业软件的捆绑。回顾国外工业软件在我国的发展之路，其经营策略对国产软件造成了极大影响。如今，数码大方、中望软件等公司都在重视学校市场，积极参与学校课程建设，协办各级各类职业技能大赛，培养潜在客户。

（二）国产 CAD/CAM 软件的行业现状与发展趋势

在经历了 20 世纪甩图板工程带来的国产工业软件小阳春之后，国内市场迎来了三维 CAD 技术。国外 CAD/CAM 软件占领了我国的主要市场份额，我国自主工业软件市场占有率从 20 世纪 90 年代的 25% 萎缩到目前的不足 5%。虽然国产 CAD/CAM 软件面临着诸多现实困境，但也在积极把握新的行业趋势，在国家政策支持下寻求破局之道。在激烈的市场竞争中，国产 CAD/CAM 软件发展较为困难。首先是国内用户长期以来对国外软件的使用惯性，形成了国产替代的强大阻碍。其长期研发设计活动积累的核心技术资料被国外软件牢牢绑定，国产替代将给企业日常经营带来影响；其技术人员也习惯于国外软件的操作逻辑，对使用国产软件具有抵触心理。其次是面对种类繁多的设计与仿真需求，国产软件开发时需要积累大量行业 know-how，并转化为软件功能，研发投入大。而制造企业对工业软件的核心需求受限于自身主营产品，往往不需要大而全，造成国产软件盈利能力与产品研发投入不匹配，无法形成资金回笼快速通道。但近期的工业软件断供凸显了发展自主可控工业软件的重要性，国产替代将成为国家战略重要的发展方向。

CAD/CAM 软件是工业创新设计与仿真分析的核心工具，将在我国制造业转型升级过程中发挥重要作用。近年来国务院、工信部等多家单位发布了指导性文件，强调了 CAD/CAM 软件在智能制造行业中的核心创新能力载体地位，在保护知识产权、优化市场环境的基础上，大力引导国产工业软件攻克行业核心技术，并突破发展一批研发设计类软件，开发一批行业专用软件。

受益于我国制造业转型、国家扶持政策及软件正版化带来的良好市场生态，国产 CAD/CAM 软件将迎来良好机遇。

面对 5G、云计算等新技术的出现，中望软件、数码大方、华天软件等国产 CAD/CAM 软件厂商敏锐把握市场发展趋势，快速朝着云平台、集成化方向发展。他们一方面在二维 CAD 领域改善软件效率与接口，巩固现有市场优势；另一方面在核心技术构建方面取得进步，实现了知识产权的自主可控。中望软件在高端三维 CAD/CAM 领域重构了自主几何建模引擎，实现了软件的健壮性、鲁棒性与效率的兼顾，并在 All-in-One CAx、云平台等方面持续发力。数码大方在二维 CAD、三维 CAD 领域具有较大的市场份额，也形成了自主的 PDM/PLM 软件。苏州浩辰虽然优势在建筑、水利、暖通等行业，但其推出的浩辰 CAD 看图王成功验证了移动端模式的可行性。在强劲市场需求、先进高新技术的合力作用下，我国 CAD/CAM 软件向内追求自主可控技术内核，向外紧密联系市场，国产 CAD/CAM 技术的高速发展期正在到来。

（三）CAD/CAM 软件的国产替代发展策略

目前，多数国内 CAD/CAM 厂商的目标客户仍限于国内市场。在 30 余年的坎坷发展中，国内用户对国产软件形成了"小、弱、差"的偏见，国产替代道阻且长。面对工业软件行业的激烈竞争，国产软件应开好头寻求破局、内强自身起好步、放长远稳步发展。

建立国产替代工程基金，消除用户顾虑。"小、弱、差"的偏见针对的不是一家企业，而是国内 CAD/CAM 行业。应建立并发挥 CAD/CAM 行业协会的作用，筹建国产替代工程基金。在用户开始使用国产软件的一段时期，以基金的形式对其相关日常经营活动风险给予保障，因国产软件造成的日常业务损失应由基金给予补偿。可以扣除基金中相应软件公司投入的资金，倒逼软件企业内强自身。国产替代工程基金不仅可以消除国内用户的顾虑，更有助于国产软件公司突破现有市场格局。

紧抓行业技术发展趋势，做强软件功能。随着 SaaS 云服务、拓扑优化等相关技术的快速发展，CAD/CAM 软件正朝着工业云、集成化、移动端等方向发展。国产软件应积极发展自主几何建模引擎、几何约束求解器，并融合新技术，主动改变 CAD/CAM 软件的呈现形式。软件研发离不开用户的切实需求与痛点，应将功能的完整性作为重点，不断丰富产品功能，简化操作过程，降低用户软件学习成本。面对国外软件的强势竞争，应联合头部用户与云平台企业，建造多维度的网格化行业互助生态。

构建经营技工教育市场，培养潜在客户。教育市场一直是 CAD/CAM 厂商的必争之地。一直以来，国外 CAD/CAM 软件厂商大多将营销重心放在高校领域，技工教育市场处于被忽视状态。我国制造业的设计研发人才一般来自高等院校，但数控加工技术工人主要来自职业技术院校。由于 CAM 软件与数控加工设备密切联系，技术工人反而是 CAM 软件的主要使用者，因此抢占职业技术教育市场，对促进国产 CAD/CAM 软件走向高端化，形成国产替代具有重要作用。

自主可控的 CAD/CAM 技术是我国制造业数字化转型的关键，也关系我国智能制造产业的长远发展。梳理国内外 CAD/CAM 技术的发展历程，研究国外公司在我国的发展策略，在分析国产 CAD/CAM 行业的现实困境与发展趋势的基础上，对我国 CAD/CAM 软件的发展策略提出建议，有助于促进国产 CAD/CAM 行业健康快速发展，并在我国制造业的智能化、高端化升级方面起到推动作用。

二、CAD 技术在现代机械制造与设计中的应用与发展

随着科技的迅速发展和制造业的持续进步，CAD 技术在现代机械制造与设计领域扮演着至关重要的角色。CAD 技术的应用不仅提高了设计与制造效率，还推动了产品创新和品质提升。通过对 CAD 技术的综合研究，可以更好地认识和把握 CAD 技术在现代机械制造与设计中的重要性，为促进相关领域的发展与创新贡献力量。

（一）CAD 技术在现代机械制造与设计中的重要性

CAD 技术在现代机械制造与设计中扮演着至关重要的角色。随着科技的不断发展和全球制造业的智能化趋势，CAD 技术已成为设计师和制造商不可或缺的核心工具之一。首先，CAD 技术实现了设计与制造的数字化转

型，传统的机械设计过程通常需要设计师手绘图纸，不仅要花费大量时间和精力，还容易出现错误并导致生产周期延长。而 CAD 技术能够快速、准确地创建三维模型，制定设计方案以及实现可视化展示，极大地提高了设计的效率和精度。其次，CAD 技术支持设计的创新与优化，设计师可以通过 CAD 软件进行多种设计方案的比较、分析和优化，加快新产品的开发周期，降低产品开发成本。CAD 软件还提供了丰富的仿真分析功能，可以帮助设计师评估产品性能、预测零部件受力情况等，从而实现产品性能的不断优化和提升。最后，CAD 技术也促进了设计与制造的深度融合，通过 CAD 软件，设计师可以直接将设计数据传输至数控机床等设备进行加工，实现数字化设计与制造的高效对接，减少了人为干预和信息传递环节，提高了生产的精准度和效率。

（二）CAD 技术在机械制造中的发展

1. CAD 技术在行业中的发展历史概述

CAD 技术在机械制造领域的发展历史可以追溯到 20 世纪 60 年代。起初，CAD 技术主要用于辅助设计和绘图，帮助工程师将想法转化为可视化的设计图纸。随着计算机技术的不断进步，CAD 软件逐渐发展成为一种强大的工具，能够提供三维建模、仿真分析、数据管理等功能。CAD 技术的发展使得机械制造过程更加高效和精确，大大提升了产品设计与制造的质量和效率。

2. CAD 软件的演变

随着 CAD 技术的不断发展，CAD 软件也在不断演变和改进。最初的 CAD 软件只能实现基本的二维绘图功能，随后研发出三维建模软件，使设计师能够更加直观地呈现设计思路。而今，CAD 软件已经普遍具备了强大的仿真分析功能，如有限元分析和流体力学仿真，能帮助设计师更好地评估产品性能和优化设计方案。CAD 软件的发展不仅提升了设计师的工作效率，也推动了机械制造行业的技术进步。

3. CAD 技术对机械制造效率和精度的影响

CAD 技术在机械制造中的应用对效率和精度产生了深远影响。通过 CAD 软件，设计师可以快速创建精确的三维模型并进行虚拟测试，避免传统手工绘图和样机制造过程中可能出现的误差。CAD 技术还可以实现数字化设计和制造，将设计数据直接传输给数控机床等设备进行加工，实现生产线上的无缝连接，从而提高生产效率和产品质量。总的来说，CAD 技术的应用使得机械制造过程更加智能化和自动化，为制造企业带来了巨大的竞争优势。

（三）CAD 技术在机械设计中的应用

1. CAD 软件在产品设计和开发中的角色

在机械设计过程中，CAD 软件发挥着至关重要的作用。设计师通过 CAD 软件可以将抽象的设计概念转化为精确的三维模型，全面展现产品的外观与内部结构。借助几何约束、参数化建模、组件库等功能，设计师能够更加高效、灵活地完成设计任务并快速进行修改。此外，CAD 软件还支持多人协作设计，设计团队可以实时共享和编辑设计文件，促进团队协作和效率提升。总之，CAD 软件在产品设计和开发中扮演着不可替代的角色，为设计师提供了强大的工具和平台，实现了设计的快速、精确和创新。

2. 使用 CAD 技术改善产品性能的好处

借助 CAD 技术可以显著改善产品的性能。CAD 软件提供了强大的仿真分析功能，包括结构分析、热分析、流体力学等，可以帮助设计师快速评估产品性能，发现潜在问题并进行优化设计。CAD 技术还支持参数化建模和优化设计，设计师可以通过多次迭代优化设计，实现产品性能的最大化。另外，CAD 技术还支持虚拟样机制造和数字样机测试，有助于提前发现生产中可能遇到的问题，降低产品开发成本和缩短周期。因此，使用 CAD 技术可以有效提升产品的性能和质量，为企业带来更大的竞争优势。

3. 使用 CAD 软件成功进行产品设计的案例

许多成功的产品设计都离不开 CAD 软件的应用，以汽车设计为例，通过 CAD 软件，设计师可以进行精细的外观设计和车身结构设计，实现从概念到实际制造的无缝衔接。通过 CAD 软件的仿真分析功能，设计师还能够预测汽车在碰撞、行驶等情况下的表现，进一步优化车身结构和安全性能。另外，CAD 软件还支持汽车零部件的设计和优化，帮助提高整车的性能和燃油效率。因此，CAD 软件在汽车设计中发挥着至关重要的作用，促进了汽车工业的不断发展与创新。

（四）使用 CAD 技术面临的挑战与机遇

1. 设计师和制造商在实施 CAD 技术时面临的问题

实施 CAD 技术虽然带来了诸多好处，但设计师和制造商在实践过程中也会遇到一些挑战。首先，使用 CAD 软件需要设计师具备一定的技术能力，老一辈设计师可能需要花费一定时间来适应这种新的设计工具。其次，CAD 软件通常需要大量的计算资源和存储空间，对计算机硬件的要求较高，这可能增加了实施 CAD 技术的成本。最后，设计师和制造商之间可能存在沟通不畅、数据交换困难等问题，导致设计与制造之间出现断裂。因此，在实施 CAD 技术时，设计师和制造商需要克服技术、成本和沟通等方面的问题，以更好地应用 CAD 技术来提升设计效率和产品质量。

2. CAD 技术的发展趋势和创新机会

在 CAD 技术的应用领域，将出现许多创新机会和发展趋势。首先，随着人工智能、虚拟现实和增强现实技术的发展，CAD 软件将更加智能化和直观化，设计师可以通过虚拟现实技术实时查看设计效果，并通过人工智能辅助设计实现自动化设计流程。其次，CAD 软件将融合云计算和大数据技术，实现设计数据的高效管理和分享，支持全球智能制造合作。最后，CAD 技术还将与先进制造技术（如 3D 打印、机器学习等）结合，推动定制化生产和智能工厂的发展。因此，未来 CAD 技术的发展将更加智能化、协同化和定制化，为设计师和制造商带来更多的创新机会和发展前景。

在现代机械制造与设计领域，CAD 软件已经成为不可或缺的核心工具，为设计师和制造商提供了丰富的设计工具和功能，极大地提高了设计的效率和精度。通过 CAD 技术，设计师可以快速创新并优化产品设计、改善产品性能，从而推动机械制造行业的发展与进步。然而，尽管 CAD 技术带来了诸多好处，但设计师和制造商在实施 CAD 技术时仍面临挑战，需要积极寻求解决方案，以充分发挥 CAD 技术的潜力。未来，随着科技的不断进步和制造业的数字化转型，CAD 技术将迎来更多的创新机会和发展。

第三章

机械制图课程设计

第一节　机械制图课程教学设计

在现代教育理念的指导下，机械制图课程不仅关注学生的专业技能，还应注重综合素质的提升。课程思政的融入，有助于培养学生的社会责任感和家国情怀，而信息技术的应用为教学创新提供了新的契机。信息技术不仅能提高教学效率，还能加强课程思政的实践。在这一背景下，本节将探讨机械制图课程思政教学方案的设计，并结合信息技术支持下的教学设计，分析如何提升学生的学习兴趣和实践能力。

一、机械制图课程思政教学方案的设计

（一）将课程思政融入机械制图课程教育教学过程中的必要性

机械制图课程是工科领域的基础课程，其教学质量不仅直接影响学生对该课程的掌握程度，还影响后续课程的学习效果，如机械原理、机械设计等核心课程的连贯性。因此，机械制图在工科课程体系中占据了重要地位。然而，目前机械制图的教学重点过多集中在专业知识的传授和技能训练，而在人文素养、课程思政以及工匠精神的培养方面则相对较弱。这导致部分工科学生情商偏低、缺乏人文情怀和社会责任感，对自身在未来社会中的角色和

使命认识不足。

事实上，将课程思政、人文素养和工匠精神融入课堂教学中，不仅没有耽误课程教学时间，反而能激发学生的学习热情，帮助他们认识到作为未来社会主义建设者的责任与使命。使学生由被动接受知识转变为主动学习，提高自身自觉力和行动力。这种转变能提高学生的主动性，进而提升整个课程的教学效率。因此，将课程思政融入机械制图课程教学中，不仅十分必要，而且迫在眉睫。这一举措有助于全面提升学生的综合素质，培养既具备专业技能又具备社会责任感的新时代工程人才，为社会发展和科技创新提供人才保障。

综上所述，将课程思政融入机械制图教学中具有重要的现实意义。然而，在实际操作中，课程思政的融入面临着诸多挑战。下文将探讨这些问题和难点，并提出相应的优化策略。

（二）机械制图课程融入课程思政的问题及难点

将课程思政融入机械制图课程过程中虽然具有重要意义，但仍然面临一些问题和挑战。以下是课程思政融入机械制图教学中的主要难点：

1. 机械课程教学内容与课程思政内容关联不紧密，且可能产生突兀感

由于工科课程的特点，课程思政的内容与教学内容的天然联系较弱。特别是一些章节主要聚焦于专业技能，如果强行融入思政内容，容易让学生产生突兀感。例如，在讲解专业制图技能时，过度融入思政内容可能使课程缺乏连贯性。因此，在引入思政内容时，教师应根据每个教学单元的特点，灵活选择是否融入思政内容以及融入的方式。

2. 课程思政的持续性和贯穿性问题

课程思政的融入需要贯穿整个学期的教学过程，确保始终如一。若前期课程思政内容较为充实，而到了学期末出现减少或缺乏，将会影响学生对课程思政的持续印象。因此，如何保持课程思政的连贯性和持续性，特别是在课程接近结束时，仍能与学期初保持一致，是教师设计课程思政时需要重点考虑的问题。

第三章 机械制图课程设计

3. 课程思政方法单一，形式较为单调

课程思政融入时若仅依赖单一的讲授方式，学生可能在初期接受良好，但随着教学的深入，学生对这种单一形式会产生疲劳感，进而影响学习兴趣。为了提高思政教学的有效性，教师应采用多样化思政教学形式，增强学生的学习兴趣和参与感。

4. 对教材内容的挖掘不够深入，课程思政的精神体现不充分

机械制图教材中有许多看似不起眼的小细节，若教师进行深入挖掘，就能很好地引出课程思政内容。例如，在讲解国家标准时，教师可以引导学生思考标准化对国家科技进步和工业化的推动作用；在介绍细节要求时，可以结合工匠精神，强调精益求精的工作态度。通过这样的方式，课程思政内容自然融入教学中，帮助学生在学习专业知识的同时树立正确的价值观和责任感。

（三）机械制图课程思政融入点的设计与优化

在机械制图课程中融入课程思政是提升教学效果、培养学生社会责任感和工匠精神的重要举措。通过合理设计课程思政的融入点，可以让学生在学习专业知识的同时，树立正确的价值观和使命感。以下是机械制图课程在不同章节中融入课程思政的具体设计与优化策略：

1. 从图学发展史的教学内容唤起学生的家国情怀

图学发展史是机械制图课程中为数不多的带有浓厚人文历史教育内容的章节。从新石器时代以来，随着人类绘制简单图形和符号能力的逐步发展，图学成为指导工程建设的重要工具。特别是在中国，秦朝之后的《营造法式》以及近代图学家赵学田提出的投影规律等标志性贡献，充分体现了中国在图学领域的重要地位。通过讲解图学发展史，可以唤起学生的家国情怀，引导学生学习和继承中华民族传统文化，激励他们为民族复兴、国家发展贡献力量。这样的课程思政融入，既与课程内容紧密结合，也能激发学生对课程的兴趣，提升学习动力，达到"润物细无声"的效果。

2. 从机械制图国家标准的规定画法章节引出工匠精神的培养

机械制图的国家标准要求严格的绘图规范，如图纸大小、图框类型、图

线线型等，这些标准虽显得枯燥烦琐，却是工匠精神的体现。教师在讲解这些标准时，应该引导学生认识到严谨的重要性。通过强调"枯燥是为了严谨"，教师可以将这一过程比作工匠铸剑的"千锤百炼"，激励学生耐得住枯燥，坚守工作中的细节，培养严谨、求实的工匠精神。这样的融入不仅能提升学生的技术能力，更有助于学生形成健全的人格和坚毅的品质。

3. 从三视图的投影规律引出赵学田教授的生平事迹

三视图的投影规律是机械制图中的基础内容之一，教师可以通过讲解赵学田教授的生平事迹来增强课堂的思政性。赵学田教授不仅是我国著名的图学专家，还在青年时期经历了艰难的求学过程，为我国工程图学做出了卓越贡献。通过讲述赵教授在艰苦环境中坚持学习的经历，学生可以深刻感受到自律与刻苦精神的力量。这不仅激发了他们的求知欲望，还能改变他们的学习态度，鼓励他们将这些品质付诸实践，应用到自己的学习和未来的工作中。

4. 从标准件和常用件的规定画法引入"螺丝钉精神"

在讲解标准件和常用件的画法时，特别是螺栓连接的画法，教师可以强调每个小零件在机械系统中的重要性。尽管螺栓等标准件看似不起眼，但在机械运作中不可或缺，缺少它们，整个系统将无法正常运转。通过讲解这一点，教师可以引导学生认识到每个岗位和角色的重要性，培养学生具备"螺丝钉精神"，强调做好本职工作，坚守岗位，并为国家建设和社会发展做出贡献。

综上所述，将课程思政教育融入机械制图课程教学中，有助于提升学生学习兴趣和制图课程教学效果。通过持续深入挖掘机械制图教材的知识点，能将更多课程思政教育实例融入其中。在学生进行专业理论知识学习的过程中，将传道、授业与解惑融为一体，潜移默化地培养学生的综合素养。

二、信息技术支持下的机械制图教学设计

随着信息技术的不断发展，教育领域也在逐步迎来深刻的变革。在工程类专业中，机械制图是基础而重要的学科，传统的教学模式面临着一系列挑战。传统机械制图教学存在诸多问题，包括课堂主体颠倒、手动制图耗时耗力、传统模型单一以及教学难点难以解决等。这些问题不仅制约了学生对机

械制图理论的深入理解，也影响了他们在实际工程项目中的应用能力和创新潜力。信息技术为教育提供了新的可能性，通过引入先进的技术手段，我们可以打破传统制约，构建创新性学习环境，实现个性化学习路径，提升学生的实践操作能力，并将跨学科的知识融入机械制图的教学中。

（一）传统机械制图教学中存在的问题

1. 课堂主体颠倒

在传统机械制图教学中，课堂主体颠倒是一大显著问题。这一问题体现为教师主导的教学模式过于显著，学生扮演被动接收的角色。教师通常将大量知识灌输给学生，学生的学习过程更像是被"填鸭式"地灌输信息。这种模式导致学生缺乏自主学习的动力和兴趣，他们可能更倾向于死记硬背而非深入思考机械制图的理论。因此，课堂主体颠倒使得学生对机械制图的学科理解过于表面，难以建立深厚的知识体系。同时，由于缺乏自主思考和实践的机会，他们在课堂之外较难将所学知识应用到实际中，从而影响了他们对机械制图理论的深刻理解。这种单一的信息传递方式使得学生的学习过程缺乏互动性和参与感，可能导致学习动力的下降。

2. 手动制图耗时耗力

另一个显著的问题是手动制图耗时耗力。在传统机械制图教学中，学生通常需要使用纸张、尺规等工具进行制图，这种方式不仅效率低下，而且容易使学生对整个学科失去兴趣。手动制图的复杂性使得学生更注重绘制的过程，而忽略了对制图原理的深刻理解。这可能导致对学生机械制图的学科应用和实际操作能力的培养不足。同时，手动制图的烦琐过程可能会使学生感到枯燥乏味，从而降低他们学习的专注度。这可能阻碍学生对机械制图理论的全面把握，影响他们在实际应用中的表现和创新能力的培养。

3. 传统模型较为单一

在传统机械制图教学中，依赖有限的传统模型也是一个值得关注的问题。教学时往往侧重于传统的机械制图模型，缺乏多样性的教学案例和实例。这使得学生对于不同领域的实际应用了解不足，难以将所学知识灵活运用于不同工程项目中，这种单一性可能导致学生对机械制图多样性和广泛应用领域的认识偏狭。由于传统模型较为单一，学生可能仅限于熟悉特定的机械制图范式，而忽视了学科的多样性和实际应用的复杂性。这种教学模式可能限制了学生对机械制图学科全景的理解，阻碍了他们在未来工作中的创新和应变能力。

（二）信息技术支持下的机械制图教学优势

1. 创新性学习环境的构建

在信息技术的支持下，创新性学习环境的构建成为机械制图教学的一项重要优势。引入计算机辅助设计软件、虚拟仿真工具等先进技术，学生不再局限于传统的纸笔制图，而是可以在数字化平台上进行实时操作。这种创新性学习环境激发了学生的学科兴趣，让他们能够更直观地理解机械制图的原理和应用。学生通过实际操作，不仅更好地掌握了技能，还培养了解决实际问题的创新思维和团队协作能力。

2. 个性化学习路径的实现

信息技术为机械制图教学带来了个性化学习的可能性。通过智能化教学系统，学校和教师能够根据学生的学科水平、兴趣和学习风格制定个性化学习路径。这种个性化的教学方式有助于满足每个学生独特的学习需求，使他们在适合自己的学习速度和深度下进行学科学习。个性化学习路径的实现不仅提高了学生的学科成绩，还激发了他们的学习兴趣，培养了自主学习的能力。

3. 实践操作能力的提升

在信息技术的支持下，机械制图教学能够更好地提升学生的实践操作能力。通过引入虚拟仿真技术，学生可以在模拟环境中进行实际的制图操作，模拟真实工程项目的情境。这样的实践操作不仅使学生熟练掌握了制图工具，还培养了他们在实际工程项目中解决问题的能力。通过与真实情境接轨，学生更容易将理论知识转化为实际操作技能，为将来的职业发展提供更为全面的支持。

（三）信息技术支持下的机械制图教学设计策略

1. 数字化绘图工具的引入

信息技术的迅猛发展正在深刻地改变传统机械制图的面貌，纸质图纸逐渐被数字化绘图工具所替代。在机械制图教学中，引入 CAD 软件成为不可或缺的一环。CAD 软件为学生提供了学习和应用最新数字化绘图技术的机会，极大地提高了图纸的精度和绘图效率。通过 CAD 软件，学生能够参与实际的数字化绘图操作，深入了解制图过程，并通过实践掌握数字化绘图的基本技能。这种教学方法不仅帮助学生适应了现代工程设计的要求，同时也激发了他们对信息技术的浓厚兴趣。在课堂中，教师可以设计实际案例，引导学生运用 CAD 软件解决实际问题，从而将理论与实践相结合。CAD 软件的引入旨在培养学生的创新意识和团队协作能力，使他们能够更加灵活、高效地应对未来工程领域的挑战。这种教学设计方法将学生置于信息技术的前沿，为其提供了更广阔的职业发展空间，使其成为具备现代工程设计思维和技术娴熟的优秀工程师。

2. 虚拟仿真与实际应用的结合

在机械制图教学中引入虚拟仿真的目的在于丰富学生的学习体验，提供一个安全且高效的实践环境，促使他们将理论知识与实际应用相结合。这种教学设计方法旨在培养学生解决实际工程问题的能力，提高其对机械设计原理和技巧的深刻理解。要实施这一教学设计，学校需要配置适当的虚拟仿真软件和硬件设备。选用能够模拟机械装配和运动仿真的专业工具，确保学生能够在虚拟环境中进行真实感十足的实践操作。教师需要结合课程内容和实际工程案例，设计相关的虚拟仿真实验项目。这可以包括机械零部件的装配过程、运动分析、性能测试等，使学生通过虚拟仿真软件进行全面而深入的学习。在实施过程中，教师可以引导学生在虚拟环境中进行团队合作，模拟真实工程场景。通过共同参与虚拟仿真项目，学生能够学会协作、沟通，培养团队精神。此外，定期进行实时的学习反馈和评估是关键的一环。通过分析学生在虚拟仿真中的表现，教师可以及时发现并解决问题，帮助学生更好地理解和掌握机械设计的原理和技巧。通过这样的实施方式，学生不仅能够在虚拟环境中应用理论知识，还能够通过模拟真实场景解决问题，从而更好地为未来工程领域的实际挑战做好准备。

3. 在线资源的充分利用

在信息技术时代，实施开放式的学习环境是为了适应学习方式的多样性和提供更为广泛、深入的学习资源。在机械制图的教学中，引导学生通过互联网获取相关资源的设计方法旨在打破传统学习的空间限制，让学生能够更灵活地获取知识、拓宽视野。为实施这一方法，学校需要提供良好的网络基础设施和在线学习平台，确保学生能够便捷地访问互联网资源。教师可以为学生推荐优质的教学视频、开放式在线课程，以及机械设计模型库等资源，以满足不同学生的学习需求。教师在课堂中可以引导学生使用互联网资源进行课外拓展学习，如制定相关任务、布置课外作业，或者提供学生参与在线论坛和社群讨论的机会。通过这样的方式，学生可以分享学习心得，互相启发，形成学习共同体。为了培养学生的自主学习能力，教师还可以在教学中注重培养学生的信息获取、筛选和应用的能力。通过引导学生主动查找和评估互联网资源的可信度，他们能够更好地运用所学知识解决问题。

4. 实时反馈与个性化辅导

实施在线学习反馈和个性化辅导的教学设计方法旨在充分利用信息技术，以及时、有针对性地支持学生学习过程，提高学习效果。在机械制图的学习中，特别是在 CAD 软件操作方面，学生常面临一些技术难题，及时发现并纠正这些问题对于提高学生的技能水平至关重要。学校需要建立一个在线学习平台，该平台应支持学生上传 CAD 操作记录、提出问题，并能够提供教师实时查看学生学习数据的功能。这可以通过使用专业的在线教育工具或学习管理系统来实现。教师可以利用这一平台对学生的 CAD 软件操作进行监测和分析，通过收集学生在实际操作中的数据，能够识别出学生可能存在的错误或困惑，并及时给予反馈。这种反馈可以包括文字、音频或视频形式，以更全面、直观地指导学生。在个性化辅导方面，教师可以根据学生的学习数据和反馈信息，为每个学生制定个性化的学习计划。通过在线沟通工具，教师可以直接回答学生的问题，提供额外的教学材料或安排额外的辅导时间，以确保每个学生都能够充分理解和掌握 CAD 软件操作技能。

第三章　机械制图课程设计

5. 跨学科融合与应用拓展

实施跨学科融合的机械制图教学设计旨在充分发挥信息技术的支持作用，拓展学科边界，提升学生的综合素养，以更好地适应信息技术时代机械设计不断演进的需求。实施这一教学设计的原因在于机械设计领域正逐渐与计算机科学、工程学等领域相互渗透，形成新的交叉学科。为使学生能够在未来应对复杂的工程问题，教学设计需要融合不同学科的知识，使其具备更广泛的视野和更丰富的专业知识。可以引入与机械设计相关的计算机科学和工程学知识，例如，通过课程模块介绍物联网技术如何与机械设计相结合，以了解智能制造领域的最新发展。这可以通过引入专业领域的专业人员、组织现场参观或进行虚拟实验等方式，让学生深入了解并体验跨学科融合的实际应用。此外，教学设计可以通过项目式学习，将学生组织成跨学科的团队，从事涉及机械设计、计算机编程和工程管理等多个方面的项目。通过团队合作，学生能够更好地理解和应用不同学科领域的知识，提高解决实际问题的能力。

6. 持续跟踪与反馈机制

建立持续跟踪学生学习情况的机制是为了更全面地了解他们在机械制图方面的学习进展和技能掌握程度。通过定期的小测验、作业和项目评估，教师能够及时了解学生的学习成果和存在的问题。这种教学设计方法的实施有助于个性化地指导学生，更好地满足他们的学习需求。学校可以借助在线学习平台或学习管理系统建立一个便捷的学生学习档案系统，教师可以通过这一系统收集和记录学生的学习数据，包括小测验、作业和项目的成绩、完成时间等，形成全面的学生学习档案。通过定期的小测验，教师能够对学生的基础知识和技能水平进行评估。这有助于发现学生在具体知识点上的薄弱之处，及时进行有针对性的辅导和指导。作业和项目评估则能够全面地了解学生在实际应用中的表现。通过观察学生的设计过程、检查图纸的准确性，教师能够发现学生在机械制图中可能存在的问题，并及时给予指导。

第二节　机械制图电子教案设计

一、机械制图电子教案的优化设计

（一）机械制图教学与电子教案设计

1. 机械制图教学

现代机械制图课堂教学是基于多媒体的现代化教学。教师课前准备好电子教案，讲课时进行计算机操作，通过投影仪将教案内容投射到屏幕上，将教学信息传递给学生。因此，精心设计一份集实用性、审美性、宜人性于一体的电子教案是讲课前的一项重要工作。机械制图电子教案的优化设计是提高现代化教学课堂质量的关键。

2. 电子教案设计

计算机技术发展到今天，给教师准备电子教案带来了许多方便。教师准备教案打破了传统的纸和笔的备课形式，取而代之的是利用计算机开发电子教案。采用图形展示软件 PowerPoint、绘图软件 CAD 及三维动画软件 3D MAX 来设计机械制图电子教案，将图形、文本、色彩、动画、声音等集成于一体。就像设计一件产品一样，电子教案的设计也是一个系统工程，进行电子教案设计首先要做好准备工作。准备工作做得好坏，直接影响整个制作的成败。①准备教案脚本：脚本是贯穿电子教案制作全过程，保持教案整体效果统一以及保证教案制作快速有效的依据。因此，制作电子教案之前，编写脚本是非常重要的。脚本以课堂教学内容为主线，以教学大纲为依据，使用图形、文字、动画、色彩、声音等诸多媒体形成教案内容。②准备素材：电子教案是一个包含各种对象的多媒体作品，其前期的准备工作必不可少。文字素材方面，标题、概念和定义可以直接在 PowerPoint 的文本框中插入，或制作成艺术字后进行编辑。图形素材方面，机械制图电子教案的特点是图形多。对于复杂的二维图形和三维实体，可以在 CAD 中提前绘制好，准备好图形库，随时调用所需图形，然后根据需要粘贴到 PowerPoint 中。以截交线与相贯线部分为例，首先在 CAD 中绘制好图形，复制到剪贴板，再粘贴到 PowerPoint 中。此时，图形会作为一个整体对象被粘贴，为便于操作，可选择取消组合命令，将对象拆分为多个部分，以便为图形设置不同的动画，模拟传统教学中教师在黑板上的作图过程。动画素材方面，简单的二维动画可直接在 PowerPoint 中制作，复杂的三维动画则可用 3D MAX 制作，并嵌入到 PPT 中，如装配体的拆卸顺序演示。声音素材可来自计算机、网络或光盘，并可进行简单的音效处理。通过 PowerPoint 和其他软件的协同作用，可以将各种多媒体素材按照预定脚本组合成电子教案。

（二）电子教案视觉审美原则

1. 形式美规律

电子教案属于视觉传达产品，形式美法则对于任何视觉艺术都具有指导意义，因而运用形式美法则对电子教案进行加工，便可以整合出凝聚着形式美的艺术版面。如对称与均衡、变化与统一、节奏与韵律等美学法则的运用，将图形与文字、色彩有机组合，构成具有视觉流动感、节奏感的版式，形式美法则决定着版面的美感度，吸引了学生的注意力，对接收信息有着不可忽视的影响。

2. 版面格局

视觉是人获取外界信息的最重要的途径之一，生理机能、视觉习惯决定了画面的视觉中心点。视觉中心的聚集点使人们对所传递的信息有了第一印象。心理学家葛斯达认为，人们阅读时，版面的上部比下部的注目价值高，左侧比右侧的注目价值高。因此，版面的左上侧位置最为引人注目。基于这种主动、有方向而又有选择性的阅读心理，电子教案的版面视觉应该在具体的设计中，通过线型方向、形状方向、排列组合、运动趋势来实现对观众的视线诱导。

3. 视觉元素表现

机械制图电子教案中的视觉元素的主要表现形式是图形，辅助表现形式是文字。图形作为整个版面的主要组成部分，占据了整个版面空间的大部分，区分为块状的图形阵列则能使空间在视觉上构成一种秩序美。文字说明穿插在图形之间，略带动态的图像丰富了版面的趣味并使重点得到强化，对称而均衡的版式成为版面空间美感的主要来源。

4. 色彩的应用

色彩本身具有影响人们心理、唤起人们情感的作用，电子教案的背景、文字、图形、边框、超链接等色彩的应用、搭配，可以很好地表达出电子教案的情感内涵。图形、文字作为主体元素，色彩要突出，背景色不能喧宾夺主。一般情况下，页面上方的颜色较重，下面的颜色较浅，整个版面的色彩设计不能太杂，色彩设计要满足生理和心理需求。

（三）电子教案人性化设计原则

多媒体教学与传统教学相比，具有很大的优越性，但也存在着不足。主要表现在，教师与学生之间心灵交流的阻隔，淡化了师生之间的个性化交流，学生易于疲劳。因此，我们在电子教案的设计制作中要考虑到"人性化"这一原则，要注意以下几点：第一，教师应结合自己的教学风格和学生的认知能力，深入钻研教材，总结教学经验，精心筛选讲稿内容，进行创意设计，制作一个个性化的演示文稿，提升教学效果。第二，教案设计要注意启迪性，留给学生思考的空间。电子教案应避免单纯的信息灌输，要通过随堂选择题或判断题鼓励学生思考和互动，既帮助教师考查学生的听课效果，又为学生提供深度思考的机会。第三，界面设计要简洁清爽，布局合理。教案界面应清新简洁，布局合理，避免过多的文字堆砌，应更多地使用图形、图表等直观元素说明问题。教学内容的设计应符合认知心理学的原则，营造新颖的教学氛围，增强学生的学习体验。第四，合理使用多媒体技术，避免"为技术而技术"，不应过度追求多媒体效果或为展示技术而使用技术。教师应时刻关注学生的反馈和交流，设计时注重拟人化，借鉴传统教学中的有效互动方式，增强师生之间的互动。第五，背景画面设计应简约舒适。电子教案背景画面不宜多变，注重赏心悦目，颜色不能过于刺眼，否则学生在视觉和心理上易产生疲劳。视觉设计应保持简洁，帮助学生集中注意力。第六，根据教学内容适时加入声音文件，能有效吸引学生的注意力，缓解疲劳，并促进记忆和理解。声音效果应与教学内容和画面氛围相协调，提升学习体验。

电子教案是多媒体教学的重要组成部分，其设计所涉及的范围广泛，包括技术、艺术、人机工程等诸多领域。工业设计的理念、设计思维及设计方法同样对电子教案设计具有指导意义。一个优秀的电子教案必须是实用、美观、合理、高效的信息载体。

二、机械制图课程 CAI 电子教案的设计

（一）CAI 电子教案教学的基本特点

计算机辅助教学（computer assisted instruction，CAI）是一种以计算机多媒体技术作为教学手段的教学系统。随着计算机多媒体技术在课堂教学中的广泛应用，CAI 电子教案授课已成为一种常见的教学方式。与其他助教型 CAI 课件及录像教学不同，电子教案授课不仅是课堂教学中的辅助工具，而是完全取代了传统的黑板和粉笔，实现了全程的计算机辅助教学。电子教案授课工具即多媒体电子教案，是由任课教师根据学生的实际情况和课程教学要求，自己制作并使用的课堂演示型多媒体教学软件。上课时，教师通过计算机操作，借助视频投影仪等设备，将教案内容展示给学生。教师根据教学进度和思路调整教学节奏，逐步详细地呈现经过多种媒体包装的教学内容。从整体来看，计算机辅助教学不仅取代了部分传统教学手段，还能实现传统教学方式无法达到的效果。它通过多媒体和网络通信技术，使课堂讲授更加直观清晰、富有吸引力，有助于学生更好地理解和记忆课程内容。具体到课堂教学中，电子教案教学的优越性显而易见：

保留传统教学的精华。与传统授课方式一样，电子教案体现了教师个体的教学风格和创造性劳动，因为教案是教师根据对学生特点的把握以及自己的教学经验和教学风格亲自编制的。在课堂教学中，由教师自行讲解、自行控制演示过程。因此，教师在课堂上能完全模仿传统教学方式中循序渐进的传授知识过程，启发学生思维，及时获取学生的反馈信息，随时调整讲课的方式、节奏和进度；师生之间思想互动、情感交流，更利于教学呼应、教学相长，这正是课堂教学的精髓所在。因此，电子教案授课能有效发扬光大传

统教学方式中的精华。

发挥多媒体信息资源的优势。电子教案授课效果的优劣与教案本身的质量高低密切相关。电子教案融文本、图形、动画等多种媒体信息于一体，通过图文并茂的画面、形象逼真的动画，使得一些抽象难懂、枯燥无味的教学内容变得生动、形象、具体，并着力对课程的重难点内容进行渲染和剖析，拓展了学生的思维空间，活跃了课堂的气氛，使学生积极主动地参与学习过程，有利于达到最佳的教学效果。例如，通过大屏幕动画演示，可以模拟传统教学方式的板书作图，整个过程高效、生动且有趣，并且可以无限次"重做"。这种计算机多媒体教学的效果是传统教学无法比拟的。通过多媒体的辅助，教师能够以更直观、互动的方式传达知识，极大地提升了学生的学习兴趣和理解能力。

提高课堂的教学效率，解放教育生产力。电子教案授课完全甩掉了传统的黑板、粉笔，节省了教师课堂板书、画图的时间，在相同的时间内使得课堂信息容量增大，丰富了授课内容，提高了教学效率。同时，教案中的教学素材，如文字、图表等用电子教案制作出来后可以永久保留，不需每次上课都重新设计、重新绘制。因此将教师从机械、烦琐、重复的劳动中解放了出来，能把更多的精力和时间用于富于创造性的教学和科研活动中，有利于保证教学质量和促进自身业务水平的提高。

电子教案制作方便，修改容易。教学过程是一个动态的过程。教师在教学中，随着知识的不断更新和教学经验的不断积累，需要不断地补充、修改教案。在传统教案中，修改很困难，尤其是大幅度的修改，往往需要重写教案，耗时费力，使教师不胜其烦。而电子教案修改容易，教师可根据具体情况，对内容做局部的修改，对相应的教学素材做适当的调整，经"保存"后，即可形成一份新的教案，使教案常用常新，不断完善。另一方面，与传统教案相比，电子教案制作技术难度不大，制作周期短，技术要求低，依托目前流行的多媒体制作工具软件，普通学科教师可独立编制完成。

（二）CAI 电子教案教学设计中的几个问题

机械制图课程的主要任务是培养学生绘制和阅读工程图样的能力，以及三维形状和空间逻辑思维能力。长期以来，传统的"黑板＋粉笔"教学模式存在局限性。CAI 电子教案可以弥补传统教学在直观感、立体感和动态感等方面的不足，通过多媒体技术将教学内容生动呈现，提高学生的理解力和参与感。

电子教案必须注重"意义构建"，打造好 CAI 与机械制图课程教学整合的基础。CAI 技术的发展为教学的改革提供了先进的物质条件，要充分发挥 CAI 的多种优越功能，在教案设计时必须首先充分注重教学的意义构建。现代教育理论强调，学生是认知的主体，是学习意义的主动构建者。整个学习过程的最终目的是完成学习者知识意义的构建，因而整个教案都要以"意义构建"为中心去设计和实施。

电子教案应该与课程内容深度整合。机械制图课程教学是由多个要素所构成的一个复杂的系统。大量 CAI 课件进入课堂，使得原本就复杂的教学系统构成要素发生了变化，也使得教学系统的操作更加复杂化。要使 CAI 与机械制图课程教学达到和谐统一，就需要对 CAI 与机械制图课程进行整合，使课程内容的各要素相互渗透、整体协调，使系统各要素及整体发挥最大效益。课程整合的目的是减少知识体系的分割及学科间的隔离，把不同的知识体系有机联系起来。CAI 与机械制图课程的整合，不是简单地把 CAI 技术仅仅作为辅助教师课堂教学的演示工具，而是把它作为教与学的工具和培养学生各种素质的载体。要在现代教学理论的指导下，把 CAI 作为促进学生自主学习的认知工具、丰富教学环境的创设工具，并将这些工具全面地应用到教学过程中，使课堂教学资源、各个教学要素和教学环节经过整理、融合，在系统优化的基础上产生聚集效应，从而使传统的教学模式得到根本的变革。

电子教案要注重设计与结构。电子教案应体现课程的内容体系，它既不是文字教材的翻版，也不是传统教案的电子移植。电子教案的内容就是教师课堂演示的内容。教师在对课程内容深入剖析的基础上去粗取精，提炼出课程各章节的框架体系，将对应的教学内容分解为若干个知识单元，再将每个知识单元细分为若干个知识点，然后以知识点为核心制作电子教案中的微教学单元。例如，将"直线的投影"这部分内容作为一个知识单元，以单元内的"各类直线的投影特性""直线上点的投影特性""用直角三角形法求线段的实长"等知识点为核心，分别制作的"小课件"就构成了电子教案中的多个微教学单元，最后将各个微教学单元按课程的内容体系和教师的讲课顺序编排。这样制作出来的电子教案在内容和结构上都具有相当的柔性，不拘泥于某一特定版本的教材，方便教师根据不同的教学对象和教学要求加工、重组教案。在课堂教学中，电子教案应起到提纲挈领的作用，重点突出、简洁明了而不求面面俱到。细节内容可由教师讲解发挥（或由配套教材体现），有助于形成一个清晰明确的知识结构，有助于教学内容的理解和把握。

电子教案应注意思维特征和创新能力的培养。机械制图学科的思维特征体现在不断完成"空间平面"和"平面空间"的动态思维，即不断地画图和读图，循序渐进地由浅入深。这对于培养学生的空间思维能力至关重要。在传统教学中，由于教学手段的局限，无法对思维的动态转换过程做形象直观的展示，容易使学生陷入极度的思考中。在电子教案中，可以利用计算机强大的动态图形处理功能，充分展示图形的生成和转换过程，使抽象的理论按照它的本来面目形象直观地展示出来，让思维过程变得可视化。例如，在视图表达部分，通过动画和仿真等技术，表现空间立体的平面抽象和平面图形的立体再现过程；在剖视面部分，重点展示剖切面剖切立体的过程，以及断面和断面后剩余部分生成平面图形的过程。这样的设计让学生全面了解和掌握图形的生成和转换全过程，不仅促进了对相关知识的学习，还在潜移默化中培养了学生的空间思维能力。

电子教案应优化教学资源，增强课堂互动。运用 CAI 教案的目的是服务于教与学，提高课堂教学效率和质量，而不是用来为课堂教学做点缀。所以要注意发挥 CAI 技术的力量，去做传统教学器具或手段不能做或做得不完善的事情，从而更合理地优化教学资源，构建互动式、多样化的学习环境，激发和提高学生的学习兴趣和理解能力，领悟机械制图的本质。学生的学习过程就是建立自己的认识和理解的过程，如果 CAI 教案只用来验证知识的结论，就只能巩固学生对知识的理解和记忆，而不能培养学生的创新意识和创新精神。所以，CAI 教案在设计和制作时都要从启迪创新角度出发，围绕教师的主导作用和学生的主体地位来进行。通过提供生动、直观的学习材料，激发学生的联想，激活学生的有关知识、经验或表象，同化新知识，从而培养学生的创新意识。

电子教案应合理地选择和设计教学媒体。机械制图教学的特点在于以图为主，建立概念、说明原理、推导特性和规律，并以图为基础进行实践。从机械制图课程的内容来看，无论是基本理论的阐述、空间立体和构件的图示，还是空间几何问题的图解，都必须依托于图形。因此，图形（包括静图和动画）是机械制图课程的核心元素。在教案中，可以用大量的规范图形直观地展示基本概念、基本原理以及国家标准规定的各种画法及标注方法。文字主要用于基本概念、基本原理、基本方法的表达，以及对知识的总结归纳、对图形的注释和关键提示。文字应简明扼要，切忌连篇累牍。运用 CAI 可以使许多抽象的概念和难以理解的空间逻辑关系变得生动有趣、直观形象，在教学中收到了事半功倍的效果。

将动画应用到电子教案中。动画能通过画面艺术造型和动态模拟，将各种空间几何关系、各种动态的变化过程简要夸张地展现出来，具有很强的感染力和说服力。在教案中，应注意应用动画加强对课程重难点内容的渲染和剖析。例如，选择一些教师用口头和板书难以表达清楚的、学生难以理解和掌握的空间概念，层次复杂或难以想象的立体构造过程及投影作图过程用对应的二维或三维动画表达。

动画的画面设计，是影响动画效果的重要因素之一，好的动画设计应符合学生的认知规律，体现以学生为主体、教师为主导的现代教育观念。例如，对于几何元素的相对位置、投影变换、截交相贯、组合体视图画法等强调作图过程和步骤的内容，用二维动画表达，动画的设计就应与作图的思路和手工作图步骤相一致。上课时，教师通过计算机键盘或鼠标手动控制，在投影大屏幕上一步一步地进行动画演示，模拟传统教学中教师在黑板上一笔一画地作图示范，效果惟妙惟肖。在演示过程中，根据学生的反馈信息，教师可以随时停下来讲解，并可以无限次地通过"重做"再现作图过程。三维动画设计应着眼于展示生动清晰的空间概念和形象直观的动态过程，以拓展学生的思维空间。比如，在讲组合体三视图这部分内容时，设计了这样一组三维动画：在对组合体进行形体分析的基础上，制作出组成该组合体的各个基本形体的立体图，并将它们以不同的角度展示出来，然后像搭积木似的逐个组合在一起，最后将组合体慢慢地转动，让学生从不同的角度去观察——从组合体的内部到外部，从一个面到另一个面。栩栩如生的动画效果使学生直观地了解了组合体的构成、各形体之间的相对位置和表面过渡关系，并且印象深刻，为下一步学习主视图的选择和三视图的画法创造了良好的条件。实践表明，在电子教案中，合理选择和精心设计的教学媒体，能够帮助学生克服思维的"瓶颈"，减轻学生的认知负担，使教学内容更充实、更真实可信，强有力地激发了学生的学习兴趣，提高了课堂的教学效率，优化了课堂教学过程。

（三）CAI 电子教案的界面设计

良好的界面设计应做到主题突出、图形清晰、文字简练、视觉明确、色彩和谐、整体协调。

画面要直观。电子教案是用于课堂演示的，因此，画面一定要直观，即文字、图形、图像、动画等各种媒体信息应视觉清晰、准确无误、含义明确，不应有多义性。考虑到一部分学生距离屏幕较远，因此，教案正文部分的文字应设计得稍大些，整个画面颜色的对比可设计得稍强些，确保计划范围内的学生都能看得清楚，否则会影响课堂教学效果。

集中学生注意力。为保证主题突出，每一画面应只设置一个概念及与此相关的教学信息。课堂演示时，画面上的各种信息应随着教师的教学思路和讲课的节奏逐步呈现，使学生的注意力始终集中在当前的教学内容上。

画面信息的分布结构符合人的视觉心理规律。视觉心理学研究表明，人眼对画面的左上方区域总是最先注意到，而且观察频率最高，而画面右下象限为最低观察区域。因此，界面设计时，应尽可能将主要的教学信息或需要重点观察的对象放在画面的左上方区域。如果画面内容本身的特点决定了重点内容恰好落在观察频率低的区域，则可通过色彩对比、明暗变化或其他提示手段来吸引学生的注意力，保证学生对主要的教学信息优先、充分地感知。

合理设置标题和关键字。标题通常对内容起到概括和提纲挈领的作用。在教案中，如果将正文的大小标题用不同的字号加以合理的间隔（至少应相差两个字号），使标题与内容区分开来，会使学生在学习过程中自然注意到这些标题，以便于对教学内容的脉络结构有一个清晰的认识。同理，将正文中的一些关键字（不可太多），用不同的颜色或不同的字体区别开来，也可起到画龙点睛的作用。

防止媒体应用中的负效应。连篇累牍的文字，拥挤、杂乱的画面布局，强烈的色彩对比，各种媒体信息呈现大幅度的快速跳跃，令人眼花缭乱的动画效果等，都会耗费学生有限的注意力资源，使处于被动接受状态的大脑和眼睛不能持久适应，容易疲劳，造成媒体应用中的负效应。

成功的计算机辅助教学离不开高质量的电子教案的设计与应用。在计算机多媒体技术日益普及的今天，教师自己开发制作多媒体课堂教学软件已逐步成为日常教学工作的一部分。如何利用好现有的 CAI 课件，编写适用于课堂教学的多媒体电子教案，应是我们在新形势下教学改革研究的重点课题。

三、PowerPoint 与 AutoCAD 相结合制作制图电子教案

（一）电子教案的基本制作要求

在多媒体课堂中，教师组织教学电子教案不仅要反映教学基本要求和教学方法，教学内容的重点及要点还应成为方便学生再自主学习的一种资料，因此，在电子教案的制作上要考虑如下几点：

从传播形式上要考虑与网络教育技术的发展相适应，使电子教案可挂在自建的辅助教学网站上，供学生自主学习、浏览且方便内容更新。

从组织结构上应以一堂课或一个知识点为单元。每一单元内容的单一性，便于学生在学习时进行选择；又由于相应文件的容积小，便于传输和交流；在网上浏览时，不影响下载速度；对于有 PC 的学生，也可用软盘复制后在个人的电脑上学习。

在内容上不要搞简单的教材文字搬家而是以知识的要点、重点、基本要

求、注意问题等提纲挈领的形式组织内容，使之重点突出清晰明了。

由于制图课教学的特点，作图举例必不可少。对投影图的空间分析时，作图过程最好以动画的形式分步进行。以图解时的规范性步骤进行层次教学，以达到示范效应。

（二）PowerPoint 与 AutoCAD 的结合

为制作高质量的制图电子教案，将 PowerPoint 和 AutoCAD 结合可以充分发挥两者的优势。PowerPoint 作为演示工具，具有文字编辑、动画功能和 Web 发布能力，适合制作教学演示文稿。AutoCAD 则以其精确的二维绘图和三维实体造型功能，为电子教案提供高质量的图形和制图内容。通过 PowerPoint 和 AutoCAD 的结合，教师可以将精确的绘图与直观的教学演示相结合，制作出既符合教学要求又便于学生理解的高质量电子教案。这种结合使得教学内容更加生动、易懂，并能在教学过程中实现人机互动，帮助学生更好地理解复杂的机械制图原理。

第三节 机械制图教学对学生设计能力的培养

创新不仅是各民族进步的重要源泉，也是国家繁荣富强的不竭动力。因此，培养创新型人才是我国高等教育改革的根本目标之一，同时也是高校课程教学的重要目标。机械制图作为工科类学生参与工程实践的技术课程，要求学生应掌握基本的绘制图样技能，拓宽自身的思维空间，培养设计想象能力以及增强综合素质。高校机械制图教学凭借新颖的思维方式、独特的实践环节逐渐成为培养机械专业人才的最佳路径。近年来，很多机械制图教师侧重培养学生的实践能力和创新意识，遵循"夯实基础、注重创新、增强能力、着眼发展"的培养原则，运用多种教学方式或手段，推进高校课程教学改革与发展。

一、当前高校机械制图教学现状

课程定位高，目标不明确。许多高校为了方便管理，频繁整合教学资源并扩展课堂内容，导致机械制图课程的定位过高，教学目标不明确。这种状况使得课程无法真正聚焦于培养学生的核心能力，尤其是实践能力。尽管课程注重理论知识的传授，但如果学生仅仅停留在理论层面，缺乏实际动手能力和创新意识，就容易培养出无法应对复杂工程挑战的管理型操作人员，不能满足未来技术发展的需求。

教学模式单一，实践环节缺乏。尽管现代化教学工具和方法日益增多，但目前部分高校仍然采用传统的教学模式，如"板书 + 挂图"。这种方式无法有效展示机械机构、零件和系统的复杂性，限制了学生对课程内容的深度理解。单一的教学模式使学生陷入被动学习，缺乏自主思考和创新的机会。虽然部分高校已引入多媒体技术，但由于教学安排不合理和体制改革不充分，实际教学效果并未达到预期。特别是缺少实践环节，导致学生的实际操作能力、创新思维和解决工程问题的能力未能有效培养，这对学生未来在机械行业的成长产生负面影响。

课时较少，学习积极性不高。测绘是机械制图教学的重要组成部分，通常包括零件测量和绘图环节。然而，由于课时安排有限，教师往往只能在课堂上集中演示测绘过程、讲解设计方法，而无法确保每位学生都能亲自进行操作。这导致了学生的实践机会不足，影响了教学效果。在机械制图的学习过程中，部分学生存在应付心态，缺乏对制图内容和设计方法的兴趣，未能有效激发他们的学习积极性和主动性，甚至出现抄袭现象，未能达到预期的教学目标。

二、基于学生创新设计能力培养的教学改革策略

（一）转变教学目标，建立新的培养机制

1. 遵循教学目标，注重创新意识的培养

各大高校应结合高等教育人才培养要求以及机械制图教学现状，立足于调研论证，积极转变教学目标，即要求学生具备扎实的基础知识、课程理论和实践技能，通过理论结合实践的方法，侧重培养学生的操作能力和创新意识，进而提高他们的专业素质和道德修养，为日后步入机械行业奠定了良好

的技术基础。所以，在机械制图教学过程中，应遵循课程教学目标，注重实践能力、创新意识的培养，逐渐推动教学改革与发展，提高工科类学生的机械综合素质。

2. 采用导师培养机制，重视科研能力的提升

当前，在我国高等教育体系中，只有硕士研究生、博士研究生可以在导师培养机制下开展一系列科研工作，而本科生鲜有机会参与那些学术性、创新性较强的项目研究。所谓"导师培养机制"，就是指学生在导师的指引下参与学术研究，目的是让学生快速进入专业领域中学习，提升他们的科研能力与创新能力。因此，在机械制图教学中，可采用这种培养机制，通过师生双向选择的方法来配备相应的导师，安排学生参与科研项目；待每学期末要求学生上交机械制图研究报告或论文，完成预期的科研任务和目标。可见，导师培养机制将高校学生从纯粹的课堂学习转入浓郁的科研学术氛围中，引导学生敢想、敢思、敢悟和敢做，一定程度上提升了学生的科研能力与创新思维。

（二）创新课程内容，丰富教学知识

1. 构建以机械制图为核心、以创新培养为目标的课程体系

机械制图课程的主要任务是培养学生掌握机械零件的几何表达方法、制图规范和图样表达技能。课程内容通常涵盖传统的投影理论、视图表达、剖视图、断面图、尺寸标注等制图基础内容。这些内容彼此独立，涉及的知识点较为分散，学生在学习过程中容易迷失方向，无法形成系统的知识结构。因此，需要对课程内容进行合理的模块化划分，以帮助学生逐步构建整体的制图体系，提升他们对制图的理解和应用能力。

鉴于此，高校应构建以机械制图为核心、以创新培养为目标的课程体系，从系统角度将课程内容划分为五个模块，即"投影理论与基本视图""剖视图与断面图""尺寸标注与公差配合""零件图的绘制"和"装配图与零件图的关系"。通过这种模块化的教学设计，学生能够逐步掌握从基本视图绘制到零件图、装配图的完整制图流程。这种系统化的课程结构有助于学生在学习过程中形成清晰的逻辑主线，并在实际制图中具备整体的图纸表达概念。相比

于单纯的绘图技能训练，这种课程体系更加注重培养学生的图学思维和综合能力，为后续的专业课程学习打下坚实基础。

2. 基于实践应用，不断丰富教学知识

为解决高校机械制图教学中理论与实践脱节的问题，任课教师应根据专业特点，采用实例教学法，调整原有的教学内容。通过基于实际应用的教学，不断丰富教学知识，提升学生的知识水平。通过引入实际装备（如发动机附件、主减速器、起落架等），让学生直观地了解机械机构，激发他们的学习兴趣，并帮助他们更好地适应社会发展的需求。此外，教师还应利用课外时间带领学生到生产现场参观学习，实施理论与实践相结合的教学理念，深化学生对课程内容的理解，增强他们的创新和实践意识。

（三）改革教学模式，创新教学手段

1. 运用启发式教学模式，强化学生创新思维

强制性灌输教学模式是一种落后的教学形式，其弊端在于学生很难有机会参与到课堂活动中，大部分时间都处在被动状态，无任何独立思考空间，不能调动学生的能动性与积极性，既不利于创新能力的培养，又不利于复合型人才的发展。而启发式教学模式作为一种新型的教学方法，注重学生的主体参与地位，旨在引导学生积极参与教学活动，发散学生思维，不断激发他们的学习兴趣与求知欲望，充分发挥他们的创造性和主动性。所以，在机械制图教学过程中，应运用启发式教学模式，创设一些有价值的启发性问题，鼓励学生独立思考，探索其中的答案。事实证明，启发式教学模式的应用，不但提高了学生的思维逻辑能力、分析研究能力、总结整合能力以及问题处理能力，也在无形之中推动了高校机械制图教学发展，为培养学生创新能力奠定了稳固的基础。

2. 创新教学手段，激发学生学习兴趣

机械制图课程的最大特点在于信息量巨大、内容抽象难懂、与工程实践联系密切、无法以语言形式来描述，所以很多学生对机械制图的概念缺乏具象化、直观化的认识，自然学起来就感到枯燥无味，很难真正消化那些知识点。因此，在机械制图课堂教学过程中，教师应首先考虑学生对该课程的认

知水平，结合各部分知识的特点，采用三维动画、多媒体技术、视频和模型演示等诸多教学手段，创造出形象生动的视听教学氛围，引导学生快速获取机械制图知识，调动学生的学习兴趣，帮助学生掌握、理解并运用机械理论，从而进一步提高创新能力。通过现场观摩，学生对机械制图产生强烈的猎奇心理，了解应用机构的特性，实现特定的机械功能。这样一来，不仅深化学生对制图的认识，而且一定程度上增强学生的创新意识。

综上所述，大学生创新意识的提高，涉及高等教育的方方面面。因此，在机械制图教学过程中，应积极转变教学目标，建立新的培养机制；创新课程内容，丰富教学知识；改革教学模式，创新教学手段，从而进一步推动高校课程教学改革与发展，提高学生创新能力、实践意识和动手能力。

三、以培养学生理论联系实际能力为目标的机械制图教学

国内应用型本科院校在人才培养上更注重学生的动手能力及理论联系实际能力的培养，无论是课程设置还是教学大纲，都非常强调培养学生分析问题和解决工程实际的能力。但是，教学中还是沿用之前的教材，虽是最新版，却较老版改变不大；同时，大多数教师缺乏工程实践经验，还是沿用多年的教学习惯按照教材讲解，因此，教学效果和培养要求有一定差距。虽然很多高校要求教师到企业锻炼，成为"双师型"教师，但是教师的教学习惯短期内无法转变。对于学生而言，大部分时间学生身处校园而接触不到工程实际，体会不到理论知识的应用价值，因此感觉工程专业知识枯燥，被动学习，缺乏兴趣；即使记住了理论知识，但是由于理解不深，遇到实际问题无法与理论知识相结合，不知道如何下手，毕业后到企业工作时往往很难快速上手。学生自学能力很强，加之中国大学慕课中课程很丰富，教师如果在课堂上照本宣科，学生必然不能认真听讲，课堂效果不好。因此，如何设计和组织课堂教学，尤其是如何将理论知识与实际工程问题相结合，是实现教学目标的关键要素。

（一）教学案例设计探究

在机械制图中关于螺纹这一章节，传统课堂是对照图片讲解螺纹各个要

素，让学生认识和记忆。而对照图片讲解缺乏趣味，只是空洞记忆，印象不够深刻。其实螺纹结构不仅应用于工业，日常生活中学生所用的笔、保温杯、矿泉水瓶子等上面都有螺纹结构，就以学生手里能看得见、摸得着的日常用品为教具，让学生观察、触摸、比较、思考，理解螺纹的定义及结构就非常容易。课堂上以学生所用的笔和水杯为例，让学生通过旋转笔的连接部位和水杯的杯盖，观察中间的连接关系，引出螺纹连接；水杯的杯盖和笔套的作用是不一样的，从而引出螺纹作用——连接、密封。螺纹的其他作用可以通过播放螺纹使用视频加以补充，因此，螺纹的概念、作用、应用等知识点不需要死记硬背就能掌握。根据学生手里的螺纹（不同的笔或不同的杯盖）引领他们进一步观察：螺纹有大小之分；盖子拧紧需要按照一定旋向旋转，旋转方向由螺纹的旋向决定，不同瓶盖有的还可以互换。学生对此现象充满疑问，很容易产生兴趣，此时告诉他们认识螺纹的六大要素就能明白其中的原因，解释此现象。六大要素具体是牙型、螺距、导程、直径、旋向、线数，每个要素通过让学生观察笔或杯子盖上的螺纹结构一一对照讲解。学生从熟悉的物体上能看到摸到体会到所学知识，感受到所学知识与实际结合在一起，不需要教具和虚拟教学，就能真切地感受到自己学的是什么，必定会把身边见到和接触到的物体与所学理论知识相结合。

由于对螺纹概念和结构的认识比较深刻，学生自然感到学习比较轻松，再进一步和他们讨论螺纹绘图：螺纹的螺旋线怎么画？用什么工具？用什么方法画？学生可能会有各种想法，最终引导他们认识机械制图有规范，不同结构有不同要求，线型有粗实线和细实线两种，能用手轻松摸到的螺纹牙顶用粗实线，不容易用手摸到的部位是牙底用细实线。在轻松的环境中为学生讲重点和难点，才能达到更好的课堂效果，让学生在不经意间学会理论联系实际并接受新鲜知识。

类似的案例也可以用于零件图和装配图的教学。在讲解零件图和装配图内容时，可以从学生用的笔和水杯讲起，那些不能继续拆解的是零件，笔或者杯子实际上是由许多小零件组成的，笔可以分为笔芯、笔盖、笔头等零件。观察每一部分的结构特点，发现笔筒轴向尺寸比径向尺寸大得多，即是轴套类零件，杯盖直径方向比轴向大是轮盘类零件，教室里的凳子、桌子支持架是叉架类零件，家里的行李箱是箱体类零件……案例与生活息息相关，学生更容易接受新知识。在初步认识后可以讲解书中的例子以及更复杂的图，学生对知识的认识是由浅入深的过程，更利于对知识的理解和掌握。

（二）教学语言探究

在机械制图课程中涉及大量专业术语，很多术语往往用词生涩，学生理解颇为困难，继而对专业知识学习心生畏惧。其实，教师在授课过程中往往解释不够，这样造成学生对知识理解得不够深入。比如在机械制图尺寸标注部分中有工艺基准和设计基准，不理解这两个概念会导致不能准确把握尺寸标注。工艺指加工过程，设计是产品的创造，那什么是基准？这里关键是对基准的理解。例如两个人比较身高时，要站在同一平面上，这个平面就是统一的起点，就是基准。这样学生理解基准就是起点的意思，工艺基准就是在加工过程中测量某一部位的起点，设计基准就是产品设计时确定某一部位的起点。因此，在尺寸标注时要考虑为什么要以某个位置为起点标注尺寸。明白标注起点的原因与加工测量和产品设计要求相关，学生就会将尺寸标注与工程实际相联系。在课程中一定要把教学语言通俗化，尽可能消除学生学习的畏难情绪，引导学生一步步将理论知识与工程实践相结合，从而达到较好的教学效果。

（三）教学课堂转换探究

机械制图课程大部分是课堂理论知识的讲解，一般安排在大学一年级。刚刚从高中升入大学的大一新生，对新的环境和知识充满好奇，求知欲强，虽然有自学能力，但是如果还用高中的学习方法和思维模式学习应用型的工科知识，肯定是不可取的。由于缺乏实践和应用认识，学生在课堂中很难想象教师讲授的知识的实际使用场景。即便努力记住知识点，他们也往往囫囵吞枣、一知半解，这在一定程度上打击了他们的学习热情。比如在尺寸标注这部分内容的学习过程中，学生虽然在课堂上听懂了，知道了基准的概念，但是在图中标注尺寸时又不知道基准在哪儿。因为没有见过加工过程，不知道实际工程如何操作，学生在作业中还是无法下手，会产生很多疑问：为什么不能那样标注？到底怎么标注才合理？尺寸标注很多，如何避免遗漏和重复标注？形位公差该如何标注？无论是作业还是考试，学生普遍反映关于尺寸标注这部分内容下了很大功夫，但还是感觉没有真正掌握。

其实学习专业知识和学习游泳类似，不动手练一练，不下水游一游，很难真正掌握。机械图是生产加工和技术交流的资料，因此可以把课堂调整到实训车间，以轴的零件图为例，让学生认识车床加工轴的过程。轴在车床一端用卡盘夹紧，另一端用机床尾座顶住轴的中心孔，轴在加工过程中围绕机床卡盘中心旋转。轴是回转体，回转中心线是轴的基准，轴的各个轴径需要保证同轴度，也就是各轴径的回转中心要一致，轴在使用中才能运转平稳，这样学生就可以认识并理解形位公差中同轴度相关知识。在轴加工过程中可以停下来让学生亲自动手测量，操作尺子，看看哪些部位能直接测量，哪些部位不能直接测量，就明白了能直接测量的尺寸一定要标注出来。需要标注而没有标注出来的尺寸让学生现场计算，感受工作的不便。在生产现场让学生亲手摸一摸零件表面，从而理解表面粗糙度知识。让学生对照零件图去看零件实物，锻炼学生识图读图。让学生观察工人操作机床的过程，对零件的工艺结构要求有所认识。这样一来，在课堂上需要通过图片、视频等资料展现的内容以及教师费力解释的内容在实训车间一目了然，只需教师稍加引导，学生的认识和理解就会非常深刻，教学效果明显。机械制图理论联系实际就是将课堂与工程现场相结合，根据课程特点及学生接受能力，实时改变教学环境，让学生在观察中学、在接触中认识、在感受中反思。严谨的制图精神、精益求精的工匠精神只有在实践中才能深入骨髓，只有在潜移默化中才能真正地消化吸收知识，才能将知识转化成能力，才能锻炼和提升动手能力、理论联系实际能力。

（四）教学情境设计探究

课堂设计只是完成教学任务的第一步，仍需关注如何调动学生的积极性。课堂是学生的课堂，学生是课堂的主角，要以学生为中心，调动学生的积极性，引领学生主动深入思考，才能达到教学目标。教师是导演，学生是演员，课堂上如何让学生演好学会，需要导演对剧本也就是教材做适当调整。① 教材的知识点不变，设置工程案例教学场景，每个学生都扮演工程师，是机械图的设计者，让课堂变成工程技术交流会。机械制图读零件图部分不再是教师空洞讲读图的方法和步骤，而是让学生以工程师的身份讲解机械图中的结构及技术要求。分成多个技术小组，讨论对图纸的认识。当遇到识图瓶颈时，总工程师也就是教师出场，引领学生深入认识与理解，层层剥茧、细细抽丝，在工程探讨中进行识图方法和步骤等知识讲解，学生没有被说教的感觉，只有解决问题的渴求，在润物无声中达到对知识的消化和吸收。

教学情境引入让学生初步体会机械制图的应用，很多制图基础的学习更多是在绘图过程中得到强化。因此，可以采用项目驱动式教学，在课程中采取分组分项目讨论绘图，每个小组5—8名学生，分别担任项目中绘图方案视图分析人员、投影方向及视图数量确定人员、图纸绘制人员、各部分细节审查人员、绘图标准规范人员、尺寸标注方案及技术要求的确定和审核人员、总体评判人员等，大家既有自己的任务，也要参与相关问题的讨论，在多次课程中角色要多次调整。每次任务清晰、目标明确，学生和教师共同讨论，学生全心参与教学，渴望探求知识。每次要完成任务，对基础知识认识深刻并做出评判，因此，学生课前会对相应的知识点有意识地主动学习，也能在讨论中发现认识偏差，没有说教的情况下更容易接受对偏差的矫正，这样既锻炼了自学能力，又锻炼了团队协作能力。项目案例的设计是理论与实践结合的重要方式，为学生提供了最好的训练机会。通过这种方式，学生不仅能学到基础知识，还能在实际讨论中更好地理解并掌握制图技能。

（五）教学资源整合探究

随着互联网和大数据的兴起，庞大的资源体系给教师传播知识带来很大帮助。在资源共享方面，教师可以给学生挑选一些网络精品课程，让学生利

---

① 黄春秋,蒋瑜,方良材,等.基于现代学徒制《机械制图》课程教学探索与实践[J].装备制造技术,2019(7):160-162,165.

用零碎时间认真学习。同时，慕课的兴起也大大拓展了学生的知识面，进一步拓展了教学内容的广度、深度，提高了质量。手机既是人们生活的必备品，也是很好的学习工具，教师可以充分利用微信平台创建订阅号，讲授课程内容、思考题、课后习题以及实际案例等；也可以将课程资源做成短小精悍的短视频，学生随时随地都能学习。教师把教学任务放到互联网上，让学生提前翻阅，做好课前预习。如果内容比较难，学生可以有针对性地反复观看。丰富的精品资源和方便的网络渠道使学生学习更加灵活，因此，可以将课堂纯粹说教讲解的时间压缩，给学生更多的练习时间。针对每节课知识点做出不同的作图安排，课堂中10%的时间用于归纳总结知识点，60%的时间让学生作图，30%的时间解决学生作图中遇到的问题，让学生动手作图，在加深对知识的理解和掌握的同时发现自己的薄弱之处。动手做不仅使学生记忆更加深刻，还能确立学生的主体地位，教师根据学生特点因材施教，学生的主动性和内动力才能被激发。教师的教不再是填鸭式的教，做也不再是重复性的没有新意的做，每个学生的认知和薄弱点不同，教师需要调动更多思维解决个体差异，这会激发教师的创新能力，提高教师的教学水平。资源合理布局，精准因材施教，课前课中课后才完美。

（六）教学空间拓展探究

机械制图课一般是64—88学时，学生要在1—2个学期内完成学习，在大二、大三、大四会有相关的课程设计内容，要用到大量的机械制图知识。很多学生毕业时机械制图、读图能力依然比较薄弱，然而毕业后进入企业，2—3个月就能轻松掌握绘图并能读懂非常复杂的零件图。主要原因是在企业每天都接触生产现场和图纸，而机械制图课程中识图章节非常少且例子有限，学生没有强化绘图和识图的知识与能力。既然机械图是工程语言，在学校就要多设场景让学生运用这些工程语言去交流，只有多看多绘图，才能提高识图和作图能力。知识只有多接触多实践才能熟悉，因此，可以在课程设计和作业上调整，每周布置1—2个工程图让学生看，每周课堂花费5—10分钟让学生交流，通过量变的积累达到质变的结果，多读多练可以让学生扎实地掌握制图知识。很多学校有实验室和开放实验，教师也有很多科研任务，可以让学生多参与，把课题留给学生，让学生参与设计和绘图；还可以举办制图比赛，学生通过这些活动自然会增加动手实践的机会，熟能生巧，快速掌握制图技能，同时会更加认识到学习的重要性并提高学习兴趣。

以学生为本，探究培养学生理论联系实际能力的教学方法：结合生活案例，让知识贴近生活；走进实训车间，让理论与实际融合；搭建工程案例场景，以任务驱动教学，化教学为工程技术交流；利用互联网资源，完美设计课程全阶段；重在用、落在实，给学生提供更多知识应用的机会，培养具有实践动手能力的应用型人才。

第四章

机械制图课程教学

第一节　机械制图课程教学内容和方法

一、机械制图课程教学内容

（一）非机械类工程制图课程教学内容

在非机械类工程制图课程体系的构建工作中，教学内容的合理设计与教学方法的合理选择，对于工程制图课程教学成效有着不容忽视的影响，因此，非机械类工程制图课程教师需要在明确课程教学目标的基础上，对教学内容与教学方法改革优化策略做出探索。

1. 非机械类工程制图课程教学目标的重构

在非机械类工程制图课程教学中，教学内容与方法的确定和改革，需要以非机械类工程制图课程教学目标为依据。随着人才培养环境以及社会人才需求的发展与变化，非机械类工程制图课程目标也需要重新构建，从而确保教学过程、学生素养能够适应时代的发展。具体而言，在非机械类工程制图课程教学中，教学目标的重构主要强调两个方面，即学生能力本位以及教学与社会人才需求的对接。二者具有相辅相成的关系，其中，学生能力本位理念指导非机械类工程制图课程教学工作的开展，是确保学生工程制图素养与社会人才需求实现良好对接的保障，而强调学生工程制图素养与社会人才需求的对接，则是贯彻学生能力本位理念的重要路径。

明确了非机械类工程制图课程的教学目标，非机械类工程制图课程教学也就具有了明确的方向。具体而言，从非机械类工程制图课程教学内容来看，重视提升实践教学比重，推动学生工程制图理论素养与实践素养协同提升，是确保非机械类工程制图课程教学目标得以实现的重要基础；从非机械类工程制图课程教学方法来看，重视引导学生接触真实的工程制图案例、工程制图工作环境、工程制图工作流程以及工程制图工作任务，能够有效推动学生工程制图素养发展适应社会人才需求。

2. 非机械类工程制图课程教学内容改革策略

非机械类工程制图教学内容改革工作，需要以职业为导向，以实现教学内容与社会人才需求对接为目标，因此，一方面，非机械类工程制图课程教学内容改革需要以满足社会人才需求为前提，而另一方面，非机械类工程制图课程教师需要围绕社会人才需求对校本课程进行开发。

从社会人才需求调研工作来看，首先，非机械类工程制图教学工作的人才培养方向需要与社会人才需求方向呈现出一致性，因此，了解社会人才需求是开展非机械类工程制图课程教学内容改革的重要前提。在此过程中，学校需要重视围绕非机械类工程制图课程学习主体的专业，明确社会人才需求调研对象，充分了解社会单位对非机械类专业人才工程制图素养所提出的岗位要求。与此同时，学校需要以已经参与工作实践的毕业生为重要的调查对象之一，在了解他们工作状态的基础上，对他们在工程制图工作中存在的不足以及继续学习需求做出调查，从而为非机械类工程制图课程内容的完善提供依据。其次，学校需要围绕社会人才需求确定非机械类工程制图教学目标，并从职业导向视角对学生所应掌握的职业能力进行分解。针对非机械类专业学生的就业岗位，学校需要对学生在未来实践中的工作任务以及如何更好地完成工作任务等问题进行分析，从而明确特定就业方向中的工程制图素养发展目标，进而对非机械类专业学生通过工程制图课程教学应当掌握的能力与素养进行细分。具体而言，职业能力主要包括三个部分：一是基本能力，即学生的团队协作能力、交流沟通能力等最为通用、最为基本的岗位能力。二是专业能力，即学生将自身所掌握的工程制图理论知识和实践技能应用于自身专业问题、岗位问题解决中的能力。三是特色能力,即学生所具有的超越职业本身且可迁移的能力。围绕这三个层面对学生的工程制图素养发展目标进行分解,对于推动学生工程制图素养与社会人才需求实现良好对接具有重要意义。

从校本课程开发工作来看,校本教材开发工作能够确保非机械类工程制图课程教学内容更好地适应学生的学习特点、学习需求,也能够确保教学内容呈现出与时俱进的特点,从而最大化地避免教学内容与非机械类工程制图发展产生脱节。具体而言,在校本教材开发过程中,要以技能提升为主线,并对教学内容进行模块化的呈现,当然,不同专业的工程制图教学内容模块需要体现出一定的差异性,但所确定的内容模块之间要呈现出紧密的关联。另外,在成果导向下开展校本教材开发,使用反向原则与倒推方式确定校本教材内容,有利于确保教学目标的实现,彰显出校本教材在人才培养中的服务功能。与此同时,在校本教材的使用过程中,学校需要重视收集师生对校本教材的反馈信息,从而为校本教材的持续优化提供依据。

3. 非机械类工程制图课程教学方法改革策略

非机械类工程制图课程的教学方法设计与选择,需要体现以能力发展为本位、以学生为主体的理念。这意味着在教学方法的设计与选择上,必须考虑到社会企业的岗位要求和人才需求的适配性。同时,重视激发学生的学习兴趣与热情,引导他们深度参与到教学过程中也至关重要。

为此,教师应尽可能将真实的工作情境和工作项目引入教学,这不仅可以提升工程制图的教学效果,还能丰富学生的工作经验,为他们的专业能力提升奠定良好的基础。具体而言,在非机械类工程制图课程的教学方法改革中,教师可以尝试多种有效的教学策略,如案例教学法、任务驱动法和合作探究法等。

从案例教学法在非机械类工程制图课程教学中的应用来看,案例教学法是依托实际案例开展教学活动的教学方法,相对于传统的教学方法而言,案例教学法更为重视教师所开展的设计以及学生所参与的讨论,与此同时,案例教学法也能够透过实际问题呈现出工程制图课程知识,并在一定程度上将真实的工作情境引入教学过程中。由此可见,案例教学法不仅具有生动直观的特点，而且能够激发学生在教学过程中的参与性，更为重要的是，案例教学法有利于实现师生之间的教学相长，从而有效提升教师的理论素养与教学能力。在运用案例教学法开展工程制图教学的过程中，教师不仅需要围绕教学重点与难点开展案例设计与选择，而且需要确保案例呈现出普遍性、代表性与多样性的特点，从而促使学生能够通过了解案例做到触类旁通、举一反三。另外，教师需要鼓励学生针对案例开展思考、分析与交流，并重视与学生开展双向交流，做好指导与启发工作，从而确保学生能够对案例中包含的工程制图知识做出更为深入的挖掘与掌握。

从任务驱动法在非机械类工程制图课程教学中的应用来看，任务驱动法是学生围绕教师所设计的任务开展思考与探究，并在完成任务的过程中掌握工程制图知识与技能的教学方法。[①] 以教师为主导、以学生为主体、以任务为主线，是任务驱动法的主要特点，而设计工程制图任务、创设任务探究情景以及引导学生参与到任务完成过程中，则是任务驱动法的关键。对于学生而言，任务驱动法能够帮助学生通过一些相对简单的实际问题掌握工程制图理论知识，并激发学生思考与探索工程制图问题的兴趣，同时能够在完成任务之后产生成就感与满足感，从而进一步激发学生的学习热情。对于教师而言，相对于传统教学方法，任务驱动法要求教师做好任务设计工作并要求教师能够在学生完成任务的过程中做好指导工作，有效提升教学效率，构建更为开放的教学氛围。当然，在运用任务驱动法开展工程制图课程教学工作的过程中，教师也需要注意在任务设计中避免出现简单化与难度过大的倾向。[②] 过于简单的任务不利于激发学生的求知欲，而难度过大的任务则容易令学生产生挫败感，因此，教师需要对任务难度做出合理把控。

从合作探究法在非机械类工程制图课程教学中的应用来看，合作探究法是引导学生通过合作学习理论知识或者合作解决实际问题的方式来提升学习成效的教学方法。在非机械类工程制图课程教学中，引导学生开展自主思考

---

① 张小粉,刘雯,张娟荣.任务驱动教学法在"机械制图"课程教学中的教学效果分析[J].科技风,2023(8):146-148.

② 侯俊芳.基于任务驱动法的机械制图课程教学研究[J].造纸装备及材料,2024,53(4):182-184.

与自主探索固然重要,但组织学生使用合作方式开展探索与学习,则不仅能够有效提升学生学习效率,而且可以培养学生的合作精神与协作能力。在教师使用合作探究法开展工程制图课程教学的过程中,教师面临的首要问题就是组织学生做好分组工作,需要在学生自愿的基础上遵循异质分组原则,即针对非机械类专业学生在工程制图课程中的学习态度、学习成绩差异开展分组活动,确保每个小组中的成员都具有不同的个性、成绩以及优点,从而确保学生能够在合作探究中形成优势互补以及共同进步。另外,在学生围绕工程制图教学重点与难点开展合作探究的过程中,教师需要充分发挥自身的监督与指导作用,其中,监督工作主要体现为对学生合作探究过程中的课堂纪律进行监督,而指导则主要体现为对学生合作探究中遇到的问题或者存在的偏差进行指导。

综上所述,在非机械类工程制图课程教学内容与方法的改革优化过程中,要以职业能力、社会人才需求为导向,在做好人才需求调研、校本教材课程开发工作的基础上,重视使用多元化的教学方法将真实的工作情境、工作项目引入教学中,从而为非机械类工程制图课程教学成效的提升奠定良好基础。

(二) 机械类工程制图课程教学改革

1. 现有机械类专业制图教学中存在的主要问题

机械大类包含专业内容广泛,就笔者学校而言包含机械设计制造及其自动化、车辆工程、机械电子工程等多个专业。课程由机械专业专任教师讲授,因此教学过程中教学大纲的设置、教材及习题集的选用均以机械专业为主导,教学和实践内容中缺乏与相关专业密切相关的教学内容,针对性较差。

制图课程基本在大学一年级完成,学生缺乏基本的专业知识和实践经验,现有教材的教学内容设置直接从几何元素开始,学生对投影基础知识与工程制图的关系不明了。

现有教材都沿用传统的制图教学内容,其中一些复杂的线面关系求解方法、复杂交线画法等如果采用三维辅助设计的方法很容易就能完成,学生将过多精力放在尺规作图学习上,会导致过分注重画图过程而创造性思维无法得到充分训练和提高。

随着计算机绘图技术的发展，尺规绘图逐渐被计算机绘图所取代，但目前对学生严谨认真的工作作风的培养力度不够，学生创造性思维不足，工程素质有下滑的趋势。

2. 教学内容改革

教学内容改革的核心在于精简和优化，注重实用性，精选和更新有利于学生能力培养的内容和知识，删减重复和烦琐的部分，增加当代科技发展的相关内容。这一改革侧重于"工程应用"，力求将画法几何、机械制图、机械设计、计算机绘图、三维实体设计、计算机辅助设计等相关课程有机融合在一起，形成以图学和设计为一体的课程体系。以设计为主线，将课程内容重新组织。课程内容应以工程实例为基础，以机械设计合理性为依据，以掌握学习机械制图国家标准为前提，达到制图与用图一体化的目的，可有效克服学生学制图而不知"图"为何用的弊端。在具体实施上，课程内容应侧重培养学生的工程技术应用和创新能力，减少纯理论分析的内容，如直角投影定理、直角三角形法、轴测图画法等，增加机械工程实例分析和组合体三维构形设计等内容。通过减少传统尺规绘图的比例，增加二维和三维计算机辅助制图的内容，以便学生在实践中更好地掌握制图技能。手绘和计算机绘图相结合，不仅避免了手绘与计算机绘图脱节的问题，也增强了学生对制图技能的全面掌握。

课程改革应贯彻"少而精、理论与实践相结合"的原则，紧密结合机械设计过程，应用实例从组合体到装配图与机械设计制造方面的知识相结合，具有较强的针对性和实用性。整合、优化机械设计基础课程内容，如将 CAD 基础课程中的螺旋千斤顶、机械设计课程中的一级齿轮减速器等有关内容中的典型零部件穿插到制图各章学习实例中，突出知识的连贯性，每章后配有工程训练题目，方便学生动手能力的培养。与旧课程体系相比，新的课程体系注重通过工程实际来强化学生的理解。传统课程中，零件图和装配图教学后会进行金工实习，但由于学生缺乏生产实践经验，往往无法理解零件加工、制造过程及测量方法。这使得学生的思路停留在组合体投影的基础上，对于铸造零件和加工零件的工艺结构、技术要求部分，学生很难掌握。通过优化课程内容和结合更多的实际操作，学生的工程理解和技能掌握将得到显著提升。

3. 教学方法改革

现行工程制图教学以我国工科教学模式为主，课程内容以机械专业为蓝本讲授。但不同的专业人才培养需求不同，专业特点各异，完全照搬机械专业的教学内容和教学模式不利于后期专业的需求，也无法调动学生学习的积极性。因材施教，改善传统教学模式与专业教学要求的不适应性势在必行。

增强徒手绘图，以美学教育激发学生学习兴趣。随着计算机二维和三维建模技术的发展，将计算机制图的内容融入制图课程中的情况越来越多，造成学生空间建模想象能力不足，三维以二维图形为基础进行拉伸、旋转、扫掠等操作，生成三维产品模型的前提是二维解构，徒手绘图尤其是徒手绘制轴测效果图变得越来越重要。通过增加轴测图等具有立体效果的手绘练习，能够培养学生的形象思维和灵感思维等发散性思维。这种技能对于工程师至关重要，因为工程制图首先作用于视觉感官，工程师需要具备一定的美学素质，以确保设计的产品既实用又美观。在教学过程中，应渗透美学意识，关注图面上的各种视觉因素，如线条、符号、图形、字体和尺寸等细节的审美标准。通过增强学生的美学意识，可以更好地满足现代工业生产建设的需求，从而提升他们的综合素质和专业能力。

实践教学注重专业性，培养学生创新思维。根据专业特点，机械类工程制图主要有两种类型，一类是纯工科类，如机械、农机；一类是侧重艺术类，如工业设计。每个专业后续专业课程不同，对制图的要求也不同。纯工科类注重逻辑推理与抽象思维，侧重艺术类注重形象思维和灵感思维等发散性思维。现行机械制图的图例多取自机械部件，如发动机、齿轮油泵等，机械以外的专业大多复杂难懂。因此在"机器测绘""工程制图综合训练"等实践环节增加专业性强的对象，工程应用实例也选取专业性强的典型实例。如针对农机专业的特点，与农业机械教研人员协作，将农机中的犁体曲面测绘、谷物联合收割机的切割装置装配、链轮的测绘等引入到制图实践教学中，增强学生的动手能力，不仅图样表达能力和读图能力有了明显提高，而且增加了对本专业的学习兴趣和信心，为把学生培养成"知识、能力、素质"型的具有创新精神的高素质人才摸索了一条道路。又如，将工业设计基础课程的工程制图教学与产品设计专业课相结合，以与日常生活紧密相关的物品如宿舍小家电、工具手柄、手机壳体等造型和功能相对简单的产品为基础展开作图训练，对应制图方法即按照箱体类零件、轴套类零件、支架类零件的制图规则来绘制。

课内课外相结合，培养学生自主动手能力。目前制图主要采用教师课内精讲细练，课外加强辅导，学生课内认真听讲，课外完成教师布置的习题的方式。学生既没有积极性，课业负担又重。针对这种现状，提出一种以赛代练、以赛代学的学习方式。具体做法是将学生分成若干个小组，每个小组模拟"大学生先进成图技术与产品信息建模创新大赛"主题内容，根据完成的情况给每组进行打分，选拔优秀的队伍代表学校参加全国的比赛，其主要目的是鼓励学生在掌握课堂教学内容的同时，积极参与各类重大赛事，并通过参赛开拓学生的视野，因材施教，增强团队合作意识，促进创新型人才的培养。"大学生先进成图技术与产品信息建模创新大赛"包括尺规绘图和计算机绘图两部分。通过这项赛事，学生可以全面锻炼自己的读图、看图、设计等综合能力，从而增强对制图的兴趣与应用能力。

（三）CDIO 视角下机械制图教学内容的改革与创新

机械制图在机械工程专业中具有举足轻重的地位，是工程设计、制造和维修等领域的基本工具。然而，传统的机械制图教学模式注重理论知识的传授，忽略实践技能的培养，无法满足现代工程领域的需求。CDIO（构思—设计—实现—运作）教育理念作为一种新型的教育理念，强调实践性、创新性和团队合作，已成为推动机械制图教学改革的重要力量。通过将 CDIO 教育理念与机械制图教学内容相结合，打破传统教学模式的束缚，帮助机械工程专业学生更好地掌握机械制图的实践应用技能，提高学生的实践能力和创新素养。

1. 研究背景与意义

（1）机械制图课程的重要性

机械制图是一门涉及机械工程领域的基础课程，是培养学生专业技能和创新思维能力的重要课程。在工程设计、制造、维修等领域，机械制图扮演着至关重要的角色。在设计阶段，机械制图可以帮助工程师将创意转化为具体的工程设计；在制造阶段，机械制图可以作为加工、装配和维修等操作的依据；在维修阶段，机械制图可以帮助技术人员准确判断故障部位和原因，提高维修效率。

（2）CDIO教育理念在高等教育中的应用

CDIO教育理念强调"构思—设计—实现—运作"的主线，注重培养学生的工程实践能力和创新精神。在机械类专业教育中，CDIO教育理念的应用可以有效地促进机械制图教学的改革与创新。在机械制图教学中，教师需要注重学生的主体地位，通过引入真实的工程项目，让学生在实践中掌握工程项目的构思、设计、实现和运作的全过程。同时，教师还需要引导学生发现问题、分析问题和解决问题，培养学生的创新精神和创业能力。CDIO教育理念强调学生工程实践能力的培养，因此教师可以通过实践操作等方式，注重学生的技能训练和能力培养，让学生在学习过程中逐步提高自己的工程实践能力。教师还可以采用分组合作的方式进行教学，让学生在小组中担任不同的角色和职责，共同完成工程项目的学习任务。这种教学模式可以培养学生的沟通协调能力、团队合作能力和领导能力。总之，CDIO教育理念在机械制图教学中的应用可以促进教学内容的改革与创新。通过引导学生进行自主探究和实践操作，可以激发学生的学习兴趣和创新精神，提高机械工程专业学生的工程实践能力和综合素质。

（3）机械制图教学内容的改革与创新

引入CDIO教育理念对机械制图教学内容进行改革和创新，能够有效提升机械制图课程的教学质量，对于培养具备实践能力和创新素养的机械工程专业人才具有重要意义。具体来说，可从以下四个方面入手：

首先，改革传统的机械制图教学内容，强化实践性教学环节，确保理论知识与实际应用紧密结合。通过增加实际工程项目的练习，学生不仅能学到理论知识，还能将其应用于解决实际问题，从而增强他们的实际操作能力。

其次，课程中应加入创新性培养元素，激发学生的创新意识。通过项目驱动式教学、问题导向式学习等方式，培养学生的创新能力和解决复杂工程问题的能力，使学生在工程实践中具备独立思考和创新设计的能力。

再次，强化团队合作意识，培养学生的沟通协调能力、团队合作精神和领导力。在小组合作的项目中，学生能够在实践中学会如何与他人有效合作，提升团队协作能力，为将来在工程团队中的工作奠定基础。

最后，评估CDIO视角下教学内容改革对学生实践能力和创新素养的影响。通过系统的评估，及时了解学生在实际操作和创新思维方面的进展，以便调整教学策略，确保学生在机械制图课程中获得所需的技能和能力。

通过这些改革和创新，机械制图教学能够更好地适应现代工程教育的需求，培养出既具备扎实基础知识又具备实践操作能力和创新思维的高素质机械工程人才。

2. CDIO教育理念在机械制图教学中的应用

CDIO教育理念是为了培养具备创新精神和实践能力的工程专业人才。该理念注重实践性、创新性和团队合作，强调学生通过实践操作掌握技能、发展创新思维，并通过小组协作增强沟通与合作能力。自其提出以来，CDIO教育理念已被广泛应用于全球工程教育中。在机械制图教学中，将CDIO教育理念与课程内容结合，能够有效地打破传统教学模式，帮助学生掌握实际应用技能，提高实践能力和创新素养。

（1）CDIO教育理念的内涵与特点

CDIO教育理念的核心在于实践性、创新性和团队合作，这些要素贯穿整个工程教育过程。首先，实践性是CDIO教育理念的基本特征，强调通过实际操作让学生掌握知识和技能。实践导向的教学模式能够帮助学生通过动手操作加深对机械制图的理解，并提升其操作能力。其次，创新性在CDIO教育理念中占据重要地位，注重培养学生的创新思维和解决问题的能力。通过实践中的不断优化与提升，学生能够更好地运用创新思维，解决实际工程问题。最后，团队合作是CDIO教育理念的重要组成部分，强调学生之间的协作与交流。在小组合作完成任务的过程中，学生不仅能够互相学习、分享经验，还能培养沟通能力和团队精神，这对于未来在工程领域的工作至关重要。通过这三大核心要素，CDIO教育理念旨在全面提升学生的综合素质，使其在实践中成长为工程领域的创新型人才。

(2) 从 CDIO 视角看机械制图的教学模式存在的问题

从 CDIO 视角可以发现，当前机械制图课程教学模式存在一系列问题，如教学内容陈旧、教学方法单一、实践教学不足等。首先，教学内容偏向传统机械设计，缺少现代技术的引入，不能充分反映当代工程领域的最新发展。其次，教学方式方法单一，现有教学方法往往以讲授为主，缺乏互动性和趣味性，这使得学生的学习兴趣不足，创新意识难以得到有效激发。最后，传统教学模式更多注重理论知识的传授，而忽视实践操作的重要性。学生缺少通过实际项目来提高综合能力的机会，导致在实际工作中缺乏足够的技能积累。

(3) CDIO 教育理念在机械制图教学中的实践应用

为了解决上述问题并贯彻 CDIO 教育理念，我们对机械制图教学进行了全面的改革和创新。首先，重新规划教学内容，不仅引入了现代计算机辅助设计和三维建模技术，还将理论知识和实践技能紧密结合，旨在提升学生的综合素质。其次，采用多元化教学方法，包括项目式教学法、问题式教学法、合作学习法和案例教学法等，激发学生的学习兴趣和创新意识。这些教学方法的引入极大地提升了课程的趣味性和学生的参与度。通过项目式教学，学生能够在真实的设计任务中体验从构思到实现的全过程；而问题导向教学则帮助学生在解决实际问题的过程中加深对知识的理解。此外，更加重视实践教学环节，通过实际操作项目提高学生的实际操作能力和创新意识。最后，通过校企合作等方式，为学生提供更加真实的工程实践环境，让他们更好地了解和适应现代工程领域的需求。这些改革和创新措施的实施，使机械制图教学更加符合现代工程教育的理念和要求，有助于培养学生的创新能力和实践能力，提高他们的综合素质。

这些改革措施的实施显著提高了机械制图课程的教学质量。笔者学校实验班学生的学习效果得到了显著提升，学生的平均成绩普遍高于对照班。同时，学生对新的教学方式持有积极的态度，认为它能够提高自身的学习兴趣和能力。这表明新的教学方式能够更好地激发学生的学习兴趣，培养他们的自主学习能力和创新思维。教师对于 CDIO 教育理念的认知和应用也有了明显的提高。大多数教师认为，新的教学方式能够更好地帮助学生掌握机械制图的应用技能和提高自身的实践能力。这也说明了 CDIO 教育理念在机械制图教学中的实践价值和应用效果。因此，将 CDIO 教育理念应用于机械制图教学中，通过教学内容的改革、教学方法的创新和加强实践教学等措施，不仅可以显著提高学生的实践能力和创新素养，同时也能够更好地激发学生的学习兴趣和自主学习能力。这为机械工程专业教育的改革提供了有益的借鉴和参考。

二、机械制图课程教学方法

（一）机械制图教学与育人

1. 大学生角色意识及相关能力培养

大学阶段是青年成长发展的关键时期。学生入学后能否较快构建大学生角色意识，养成符合大学学习生活需要的行为方式和思维方法，对个体成长有相当大的影响。有研究者做过调查，结果表明，大学生的角色意识不够明晰，多数学生并未真正认同自己的大学生身份。具体表现在对"大学"和"大学生"的理解不到位，相当一部分学生不能区分大学教育和中学教育，仍然固守中学生的思维方式和学习方法，很难适应大学的学习生活。

机械制图作为工科的重要基础课程，通常在大学生活的初期开始教学。这时候学生对"大学生"角色意识还很淡薄，对"大学生"内涵理解得还比较肤浅，对大学生活还充满新鲜感和好奇心。课程一开始就强调角色意识的培养，会有较好的效果，要让学生知悉大学生之"大"和高等教育之"高"的丰富内涵，以此指导自己的前进方向。通过帮助学生理解大学与中学的区别，明确大学教育的独特性以及作为大学生应承担的责任和义务，能够帮助学生更快地适应大学的学习和生活环境。

形成良好的大学生角色意识，加强自学能力的培养至关重要。在现代社会，各学科、各行业知识总量都急剧暴增，知识内容不断快速更新。加之，不少人在毕业后可能从事专业领域之外的工作。教育家吕叔湘说："教学的目的首先是培养自学能力。"自学能力包括阅读理解能力、多途径查找资料的能力、熟练使用各种工具书的能力、"存疑""解疑"的能力及总结归纳能力

第四章　机械制图课程教学

等，是一种综合能力，其中也涵盖了分析、比较、综合、推理等思维能力。帮助学生充分认识到培养自学能力的重要性，也是制图教师应该做到的，这样才能让学生平时有意识地加强这方面的训练。学生具备了较强的自学能力，就掌握了独立打开知识宝库的金钥匙，就能不断获取新知识，做到与时俱进。因此，提高自学能力不仅是完成学业的需要，更是步入社会之后做好工作、事业发展的需要。

机械制图教学方法的运用可以灵活多变，以促进学生自学能力不断提高。传授知识是教师的主要任务之一，但很多情况下，教师也应是学生自主学习的组织者和自觉锻炼各方面能力的引导者。从某些角度看，组织和引导方面的工作或许比传授知识更重要。就机械制图教学来说，一般内容可安排预习，并且提醒学生思考如何抓住学习内容的要点；有些章节以学生自学为主，然后课堂教学过程中就关键知识点进行提问并着重讲解难点问题，如轴测图这一章；有些内容则完全以学生自学的方式完成，并要求完成一定量的习题，如展开图、焊接图等章节。同时，教师应经常提醒学生培养自信心，鼓励他们在遇到未学过的知识时，能通过查阅资料并独立完成任务，这不仅是完成学业的需要，更是未来进入社会后独立工作的关键能力。通过这些方法，教师能够激发学生的自主学习动力，帮助他们逐步养成独立思考和解决问题的能力，这对于他们的学术和职业生涯具有深远的影响。

2. 教制图就是设计启蒙

传统观念认为，制图课就是教学生投影基础理论及读图绘图技能，教设计是后续机械设计等课程的任务。然而，机械制图不仅为后续专业课程、课程设计和毕业设计做准备，它与这些课程有着密切的关系，也应当视为设计的启蒙课程。清华大学童秉枢教授认为，工程图学属于设计范畴，图学教育不仅要教制图，还要教设计思想。机械类的学生不一定从事本专业的工作，以后可能参与设计笔记本电脑、专业摄像机等物品，也可能设计桥梁高楼或参与更大的项目设计。所以，在制图教学中进行设计启蒙也是非常重要的工作。

首先，在绪论课中就应明确指出制图课也是设计启蒙课，让学生意识到已经是在学做设计。认真学习本课程之外，平时也应在日常生活中勤观察多思考多积累，以期能有跬步千里之效。处处留心皆学问，比如等公交车，可观察各式各样的车辆；在城市中心区域，可以观察造型各异的高楼；在江边河边散步，可留意每座桥独特的造型；看到某款车漂亮或某高楼、桥梁造型新颖，可以思考：如果让我来设计汽车外观或高楼造型或大桥结构，如何出新意？此外很重要的一点是，还应让学生认识到博览群书、广泛涉猎专业之外的知识，非常有益于自身的发展。以巴黎埃菲尔铁塔为例，设计者古斯塔夫·埃菲尔是一名工程师，若不具备宽广的知识面和深厚的艺术素养，他设计的铁塔即使能被遍地古迹的巴黎保留下来，也不可能成为世界名胜。课堂上以经典案例来授课，会给学生留下深刻印象，对于活跃课堂气氛也很有帮助。

截交线、相贯线及组合体等章节都是本课程的重点内容，授课过程中自然应融入一些设计知识。部分制图教材已经开始在这些章节中引入设计思想，尤其在讲解零件结构工艺性和装配结构合理性时，可以顺便提到设计过程中的难易程度和可行性问题。另外，还可布置课外拓展性的设计题，如台灯、手机座、钥匙扣、显示器支座、小玩具、休闲椅、创意笔筒、创意花盆、造型新颖的摆件等，要求简单、实用、美观且有新意。鼓励学生在设计过程中大胆创新，并将设计成绩直接计入期末总评成绩。这既是设计启蒙的训练，同时让学生认识到专业与专业之间并不存在明显的界线。做这些设计也激发了学生的兴趣，引导学生发现自身长处、挖掘自身潜能，为将来的职业发展打基础。

3. 注重培养学生良好的习惯和工程素养

严谨细致认真的工作态度，是任何事情取得成功的必要条件。尤其在工程设计领域，这方面要求更加严格。"差之毫厘，谬以千里"，工程史上因小差错造成重大事故的教训不在少数。机械制图教学过程也是帮助学生培养严谨细致好习惯及良好工程素养的过程。平时上课要强调这些，教师根据检查批改作业情况也要对相关学生进行经常性的、有针对性的教育，进步的要适当表扬，原地踏步或时有退步的要加强督促。当然，身教重于言教，教师首先应做好表率。备课、课堂教学的每一个细节，都应该特别注意；批改作业，应该做到认真、细致，每一处线型不规范，每一个字符不工整，都应该耐心

第四章　机械制图课程教学

地、不厌其烦地帮学生指出来。指导学生绘图的过程也是纠正坏习惯的好机会，教师严格要求学生，自然要重点关注与图纸质量直接相关的细节，如图纸固定、工具用法、绘图步骤等。对于与图纸质量非直接相关的细节也要注意，比如在绘图室削铅笔，有些同学很自觉地让铅笔屑落在卫生纸上，削完包好扔进垃圾桶；有些同学则直接让铅笔屑散落在地。对前者应予以表扬，对后者则提出批评并责令改进。如此，较长时间后能看到较明显的成效。多数情况下，被持续关注的学生心里还是会清楚教师的付出，会积极配合改进。养成了严谨细致的好习惯，不管将来从事哪一行，不论做什么事，学生都会终身受益。

4. 重视徒手绘图技能

徒手绘图是技术人员必备的一种工程素质和技能，其优点是不拘形式、灵活便捷，不受工具限制，是现场创意构思、技术交流、测绘零件常用的绘图方法，是缩小思维与表达的最佳方式，同时还能够激发思维并不断产生新的思维表述。尽管随着计算机绘图的普及，手工绘图的精确性已被计算机绘图所取代，但是徒手绘图仍然在手、脑与计算机之间扮演着重要的桥梁角色。美国的工程图学教材强调徒手绘图的基础性和重要性，认为徒手绘图是设计的起点，是快速交流设计思想的基本功。因此，美国的工程图学教材高度重视徒手绘图能力的培养。相比较而言，我们在这方面重视不够。

部分制图教材虽有章节讲到徒手绘图方法，但篇幅较短，习题较少，一般不纳入期末考试范围，因而大多数学生不予重视，认为只有尺规绘图和计算机绘图才重要。在绪论课中就应充分强调，正如虽有各式交通工具但步行永远是最重要的移动方式，徒手绘图具有不可替代的优点和重要性，鼓励学生平时挤出时间适当多学多练。同时，徒手绘图不仅仅是草图，它要求图形正确、线型清晰、比例匀称、字体工整、图面整洁。因此，学生在进行徒手绘图时，应摒弃"草图"的随意性，提升自己的绘图标准。此外，教师的示范也非常重要。对于一些知识点，例如尺寸标注的基本规则或立体表面找点补线等，教师可以通过在黑板上徒手绘图进行示范，这比尺规绘图节省时间并更具实际操作性。在讲解截交线和相贯线等难点时，教师可以临近下课时示范徒手绘图，要求学生在课后进行徒手抄画，进一步加深对知识点的理解和掌握。根据组合体模型画三视图以及二级圆柱齿轮减速器测绘实训，都要求先测实物或模型画出达标的徒手图，然后再完成尺规绘图，要求徒手图与尺规图一同上交，打分时综合考虑徒手图和尺规图的质量。这样，不但锻炼了学生徒手绘图能力，对于尺规图质量的提高及学生良好工程素养的形成也很有帮助。此外，前述的拓展设计题，同样要求学生先徒手绘图打草稿，然后再尺规绘图或计算机绘图完成设计。总之，徒手绘图技能是学生工程素养培养的重要内容，教师应通过课堂教学、示范、课后练习等多种方式，重视学生的徒手绘图能力训练，并将其纳入课堂评估体系中，以此提升学生的整体设计能力和工程素养。

5. 培养不畏难的精神

人生的旅途中，无论是事业上的挑战还是生活中的难题，我们都会遇到。在面对这些困难时，应该知难而上，勇敢迎接挑战。对于许多大学生来说，制图这门课可能是他们在大学期间遇到的一个难题，由于在中学阶段形象思维能力和空间想象能力的锻炼较为不足，很多学生觉得学好制图具有一定难度。然而，青年学生具有较强的可塑性，遇到难事反而能成为他们成长的契机，也为教师提供了培养学生不畏难精神的机会。截交线和相贯线，以及组合体和机件表达方法这两章，算是制图课中比较难的部分，这时可以与学生谈谈不畏难精神对自身发展的重要性。首先，一定要让学生认识到，无论遇上什么难事决不能退缩，加倍努力克服困难必有回报。比如，足球是世界第一运动，比赛过程中进球很难，正式比赛90分钟平均每场才进2.5个球，有些场次甚至全场0进球；但每个进球都可能改变场上局势，因而进球难其实是增强了足球运动的魅力和吸引力。遇上难事不退缩努力做得漂亮，自己会进步更快，心理成就感也会越强，将来事业也会有更大成绩。引导学生学好制图课中的难点内容，同时在教学过程中培养学生知难而上勇往直前的精神品质，对于他们的进步和发展是大有裨益的。

教书不忘育人，机械制图教学与育人工作密切相关。作为制图教师，除了教授学生尺规绘图和计算机绘图技能，还应着重培养学生的工程设计思维、徒手绘图技能以及工程素养。在教学过程中，教师要帮助学生树立积极向上的大学生角色意识，培养他们独立思考、解决问题的能力，同时注重引导他们培养不畏困难、勇往直前的精神。这样的教育不仅有助于学生在制图课中的进步，也对他们的未来发展产生深远的影响。

（二）项目驱动法在高校机械制图教学中的应用

传统的机械制图教学方法较为注重理论，而对实践的重视不够，导致学生的学习兴趣不高。为了解决这一问题，项目驱动法应运而生，通过将实际项目引入课堂，帮助学生通过动手实践来学习和巩固制图技能。项目驱动法通过实际的机械零配件案例，要求学生使用机械制图软件标注尺寸和技术要求，从而深入理解机械部件的结构和装配关系。这种方法不仅能激发学生的学习兴趣，还能培养学生的自主学习能力和实践操作能力。通过将课堂学习与实际项目相结合，学生不仅掌握了机械制图的基本技能，还能够提升问题解决和创新的能力。

1. 项目驱动教学法简介

项目驱动教学法最早诞生于德国。德国教育将教学内容分解为若干个相互独立的教学模块，要求学生独立完成这些教学模块。通过项目驱动教学法可以让学生独立完成教学任务，能激发学生的学习兴趣，培养学生的实践应用能力。在机械制图中，项目驱动法通过选择特定的机械零配件作为项目，让学生自主学习并完成配件的设计与制图。学生在完成项目的过程中，不仅掌握了相关的制图理论知识，还熟悉了常用的机械制图技能。该方法以学生为主体，强调教师与学生的互动，让学生独立处理问题，培养创新能力和探索问题的能力。通过这种方法，学生的综合能力得到了全面提升，不仅有助于他们在课堂上取得好成绩，还为将来进入社会和职业生涯打下坚实的基础。

2. 项目驱动法的实施步骤

项目驱动法最核心的内容是项目的实施步骤，不同规格的项目实施步骤不尽相同，但关键的步骤一致，包括项目的设计、项目的实施和项目的评价。最关键的是项目的设计，教师应该根据教学知识点和技能要领，设计适合学生实际情况的项目，以学生为本，体现学生知识水平和个性。

(1) 项目的设计

合适的项目是保证项目驱动法能否成功的关键环节。机械制图教师应该选择合适的项目，选择项目时不仅要体现机械制图的课程教学内容，还要覆盖课程的重点，既要考虑基础好的学生，也要考虑基础不好的学生，项目的可行性、难易程度都要适中。项目要能够激发学生的制图兴趣，吸引学生自主完成。项目的任务划分和分配也是项目设计的主要工作，要根据项目任务的大小、学生人数等将一个项目划分成多个子任务，每个子任务应该有细化的任务，必须有实际产品。机械制图设计项目一般是一个机械配件，将该配件拆分成多个零配件，每个零配件为一个子任务。这种项目设计适宜指导，有具体的任务，可以设计预期目标，让学生带着任务和目标同时进行，有利于培养学生自主探究的能力，也有利于学生的个性化发展。

(2) 项目的实施

为了项目能够顺利实施，首先要确定小组成员和小组长。小组成员的组成应考虑项目子任务的大小，选择个性化且具有互补差异性的成员组成小组。每个小组5—8人，由教师指定或通过小组成员选举产生一名小组长，负责小组内事务处理和与教师的沟通。教师根据每组成员的特点制定不一样的任务，分配给每个小组一个项目。小组内成员进行资料查阅、课堂讨论、组间讨论等，分析项目任务内容，制定详细的任务实施方案，实施方案要做到细致、可行，具体细化为不同的小项目，设计执行顺序、执行时间。小组长根据每个成员的个性特点，分配不同的任务，每一成员完成各自的任务后，组内汇总交流，提交任务材料。

(3) 项目的评价

为了评估项目实施的效果，应该制定一套项目评价体系，科学合理地评价项目实施的质量。项目评价体系应该充分考虑组内各成员的答辩情况、组内成员提交材料的完成质量、学生的实践实训能力。通过项目的评价，小组内每位成员的情况得到清晰展现，确保成绩公平、公正、公开。课堂教学离不开教学评价，正确的教学评价会让学生引起重视，是项目设计实施完成的外在驱动力。

3. 项目驱动法的应用效果

项目驱动教学法以学生为主体，以项目为驱动，通过学生的自主探究，实现课堂理论知识、实践技能、职业道德三者的有效结合，为学生未来找到理想的工作做准备。在机械制图教学中，项目驱动法将理论与实践紧密结合，通过若干小项目，学生能够完成具体的任务，掌握机械制图的基本技能，同时理解机械零配件的结构和装配关系。具体而言，机械制图课堂教学通过设计项目，并将多个教学点贯穿其中，激发学生的学习兴趣，调动他们的积极性。学生在完成项目的过程中，能够加深对机械制图知识的理解，并提高问题解决和创新能力。通过这种方式，学生不仅能掌握必要的制图技能，还能提升自己的实践操作能力和独立处理问题的能力。

总之，机械制图课程教学应该围绕应用型实践性人才的目标，将项目驱动教学法应用到机械制图课程教学，有利于培养创新型人才和学生的自主学习能力。项目驱动教学法以学生为中心，教师只是项目驱动的监督者，学生通过自主探究，实现项目的学习、制作等，充分发挥学生的创造潜能。项目驱动教学法对教师的教学能力、课堂组织能力以及项目设计、实施、评价等都提出了更高的要求。项目驱动教学法真正实现项目驱动教学，通过项目提升学生的制图能力和机械制图的课堂教学质量。

（三）基于雨课堂的机械制图翻转课堂

随着科学与信息技术的高速发展，教育信息化愈来愈受到广泛关注和重视。《教育信息化十年发展规划（2010—2020年）》指出，要求在信息技术与教育深度融合的基础上，建立新型信息化教学环境，优化教育模式，推动教育改革。这为机械制图课程教学模式的改革指明了方向。

1. 机械制图课程新教学模式——翻转课堂

翻转课堂也称颠倒课堂，它起源于2007年美国的两位高中化学老师在化学课上的尝试。2011年，萨尔曼·可汗和他创立的可汗学院将翻转课堂推向了世界。翻转课堂是完全不同于传统教学的一种教学法，其特点是将学生学习知识与教师教授知识的顺序进行了颠倒，从而调整了学生在课堂学习与课外获取知识的流程。翻转课堂相较于传统的课堂教育，有效地改变了传统教学过程中学生被动学习的状况，将知识传递过程放在课前让学生自主学习，利用课堂学习活动帮助学生实现知识内化，使学生成为整个教与学过程的主体。[①] 翻转课堂实现了传统课堂中知识学习与知识内化两个阶段的颠倒，重塑了教学任务，使学生对知识的简单搬运转变为学生对知识的理解和运用。机械制图课程作为一门实践性强的专业基础课，如何优化机械制图课程的教与学，一直都是制图教师非常关注的重要课题。[②] 随着教学改革的推进，机械制图课程的教学模式也由模型、挂图和黑板的传统方式，演变为采用多媒体技术的教学模式。但这两种教学模式在整个教学过程中，仍然以教师为中心，知识还是靠教师的讲授来传递，学生还是在被动接受知识。步入互联网+时代，学生获取知识的途径多样化，教学不再是单纯的知识传递，而是更注重学生的自我知识构建。教师的教学方式也应与时俱进，转变教育理念。翻转课堂教学模式的提出和应用，迅速成为当前教育信息化的热点和各校教师研究的热门方向，也将成为机械制图课程教学的一种新模式。

2. 翻转课堂实施的有效支撑——雨课堂

2016年6月，清华大学推出智慧教学工具雨课堂，它将微信和教师上课常用的PowerPoint软件有机结合，将信息技术融入其中。这为翻转课堂教学模式提供了十分便捷的信息交流的学习平台和应用空间。教师可以通过雨课堂的微信公众号创建课程和班级，然后借助雨课堂将教学内容、素材、PPT课件等资源及时地以语音、视频、图片、文字等形式，通过微信推送到学生的手机上，学生则可以通过手机随时、随地、随身地进行移动学习，不受地域和时间的限制。教师还可以利用雨课堂的数据统计分析功能，获取教学信息，及时掌握学生的学习情况。雨课堂积极利用信息推送、实时互动等移动互联网手段，将师生和教学内容的距离拉得更近，使师生之间的互动交流变得更加人性、便捷、准确，这给翻转课堂的顺利实施提供了有效的信息技术支撑。

---

① 王蕊,杨楠.基于翻转课堂的机械制图课程教学探索与实践[J].科技风,2018(35)：58-59.

② 任清."互联网+"时代机械制图课程教学模式创新研究[J].中国多媒体与网络教学学报(中旬刊),2021(5):22-24.

3. 基于雨课堂的机械制图翻转课堂教学模式构建

信息技术和学习活动是翻转课堂的关键因素，它为学习者构建个性化、信息化的协作学习环境创造了条件。基于雨课堂的机械制图翻转课堂教学模式，可以分为课前知识获取阶段、课中知识内化阶段和课后知识升华阶段，每个阶段可以以 PowerPoint 和微信为基础，借助雨课堂实现翻转课堂的全面互动。[①]

（1）课前知识获取阶段

教师在做课前准备时，需要使用雨课堂制作手机课件，向学生手机端推送课前学习资源。因为雨课堂是内置在 PowerPoint 软件中的一个插件，所以教师需要先在电脑上安装雨课堂插件，然后在手机端进入微信搜索"雨课堂"并关注公众号。教师首次使用雨课堂需要填写相关信息，并创建相关课程和班级。教师打开 PowerPoint 软件用手机微信扫码登录后，根据教学内容的重难点来设计制作适用于手机屏幕观看的课前学习任务单，将课前学习微视频插入雨课 PPT 中，并将课前学习的知识点制作成手机 PPT 课件，还可在手机课件中添加多条语音讲解，制作相关知识点的课前自测题；制作完成后将手机课件上传同步到教师的手机端，并保存在手机端的课件库中，教师可以随时调取将之推送到学生的手机端。学生在课前通过手机雨课堂查看教师推送的课前学习任务和学习资料，通过观看课前预习微视频、雨课 PPT 课件，提前进行新知识的学习，并通过课前自测题了解自己对新知识点的掌握程度。同时，学生遇到不能理解的知识点，可以通过微信与教师沟通，及时获得教师的指导、建议，这样可以有力地激发学生的自主能动性，教师也可以在手机端随时查看学生对课前知识的预习情况及自测题的完成情况。雨课堂将会对自测题中的客观题型自动给予评分；对于主观题，教师可以在手机端对学生提交的作业进行直接批改，学生也可以通过手机雨课堂查看自己自测题的完成情况，从而了解自己对课前知识的掌握情况。

---

① 沈启敏.机械制图课程多维进阶式教学模式探索[J].农业技术与装备,2024(4)：95－97,100.

(2)课中知识内化阶段

课中教师开启雨课堂进行授课，学生通过手机扫描课程二维码进入课堂。教师根据课前雨课堂微信平台反馈的学生预习、测试完成情况，对需要掌握的知识点进行分析、精讲、拓展。挑选一些视图绘制过程中容易犯错的题型，组织学生进行分组讨论，让学生找出题中的错误，并进行正确图形的绘图实践；还可以给出一些零件模型，让学生结合课前环节的学习，分组讨论确定零件视图的表达方法，并进行零件图的绘图实践。教师根据各组的学习讨论、图形绘制情况进行点评，对要进一步掌握的知识点进行必要的补充和总结，帮助学生梳理知识脉络和消化吸收知识难点。课堂中学生还可以通过雨课堂中的"弹幕"功能，发送自己的学习观点，开展课堂互动；教师也可以参与其中，与学生进行双向沟通与交流。针对课堂学习中遇到的不懂知识点，学生可以通过点击手机端接收的PPT中的"不懂"按钮反馈给教师，教师根据收到的"不懂"数据，及时调整课堂节奏，有针对性地进行重点讲解。教师还可以在课堂中向学生发送随堂限时测试题，对学生的学习效果、知识掌握程度进行课中实时测评，学生的答题情况可在教师的手机端以柱状图显示。教师可根据学生的答题情况，对错误率较高的题进行重点讲解。

(3)课后知识升华阶段

课后教师通过雨课堂向学生推送课后复习任务单和拓展学习资源。学生通过手机端雨课堂及时完成课后复习任务，学习拓展资源，还可以根据各自的学习情况，回顾已完成的课前、课中学习资料，对知识点进行复习巩固，温故而知新，进一步强化对知识点的掌握和升华。为增强师生间、同学间的互动交流，学生可以通过雨课堂的讨论区与教师交流，向教师提问，或在微信交流群中与同学进行学习讨论。课后雨课堂还会向教师手机端及时推送"课后小结"，教师可通过雨课堂中的教学数据分析，清楚地知道每位学生的学习情况，包括课堂中的优秀、预警学生名单，课堂中的习题作答情况及学生学习不懂反馈详情，从而掌握学生的学习动态，及时进行教学总结和对学生的学习行为、学习效果、测试成绩做出综合评价。

（四）机械制图课堂中小组合作学习的应用

机械制图作为工程类专业的重要基础课程，对学生的综合素质提升具有重要意义。然而，传统的机械制图课堂教学方式往往注重个人学习，缺乏互动和合作的元素。随着信息技术的发展和教育观念的转变，小组合作学习逐渐成为一种被广泛关注和应用的教学模式。①

1. 小组合作学习在机械制图课堂中的应用价值

第一，提升学生学习兴趣与积极性。在传统的课堂教学中，学生往往是被动接受知识，容易感到沉闷乏味。通过小组合作学习，学生可以参与实际的制图项目，与同伴一起探讨问题、解决问题，这种实践性的学习方式能够激发学生的主动性和热情。他们在这个过程中可以互相交流、分享经验、共同讨论，从不同的角度思考问题，培养合作能力和团队精神。小组合作学习提供了一个积极的学习氛围，学生可以相互激励、相互帮助。他们可以在小组内部互相分享自己的理解和方法，从而更好地理解课程内容。同时，他们也会通过与其他小组交流竞争，激发出更多的学习热情和兴趣。

第二，培养学生团队合作精神与能力。在机械制图实践中，学生必须与他人密切合作才能圆满完成任务。通过小组合作学习，学生不仅可以学会倾听他人的观点，尊重他人的意见，还能够协同努力追求共同目标。这样不仅有利于提高学生的团队合作能力，还能为他们未来的工作和生活打下坚实的基础。此外，小组合作学习也能培养学生的问题解决能力和创新思维。在合作过程中，学生可能会面临各种问题和挑战，需要积极主动地寻找解决方案。同时，与他人的交流和碰撞也能激发出新的想法和创意，促进学生创新思维和团队协作能力的发展。

第三，促进学生创造性思维的发展。在机械制图课堂中，学生需要面对实际问题并进行创新和设计。通过小组合作学习，学生可以分享自己的想法和观点，从而激发彼此的创造力。② 首先，小组合作学习提供了一个交流和分

---

① 杜娟,姚洁.机械制图课程教学改革探索与实践[J].知识文库,2019(24):46,48.
② 高倩,刘德成.机械制图课程教学改革实践[J].学园,2024,17(3):25-27.

享的平台。学生可以互相讨论和交流各自的想法，这有助于拓宽他们的思维路径，从而产生更多的创造性想法。通过倾听其他人的观点和意见，学生能得到启发，并能够从不同的角度思考问题，形成更为广阔和开放的思维方式。其次，小组合作学习可以提供多样化的解决方案和方法。每位学生都有自己独特的思维方式和见解，他们可以通过小组合作学习将不同的观点和想法汇聚在一起。这种多元化的思考方式可以使学生在解决问题时尝试不同的方法，从而培养他们的创造性思维能力。

2. 小组合作学习在机械制图课堂中应用时面临的挑战

尽管小组合作学习在机械制图课堂中具有诸多优点，但在实际应用中也面临一定的挑战。首先，在小组合作学习中，不同学生的参与程度可能存在差异。一些学生可能更加积极主动，而另一些学生可能相对消极。这可能导致一些学生承担过多的工作量，而另一些学生则较少参与课堂学习。其次，在小组合作学习中，学生之间的沟通和协调可能存在困难。如果学生缺乏良好的沟通技巧和协作能力，可能会导致合作过程中出现误解、冲突等不和谐的情况，不利于学生合作能力的培养与高效课堂的构建。这些挑战虽然存在，但通过合理的课堂设计、教师的引导以及适当的支持措施，仍然可以克服并充分发挥小组合作学习的优势，进一步提升学生的学习效果和团队合作能力。

3. 小组合作学习在机械制图课堂中的应用策略

第一，设计合适的小组合作任务。充分利用团队成员的优势，设计合适的小组合作任务，对于提高学生的团队合作能力非常重要。首先，确定适合小组合作的任务内容非常关键。例如，机械制图练习或解决实际问题都是非常合适的任务。这些任务通常需要团队成员之间的协调和合作，可以有效地培养他们的沟通、协作和解决问题的能力。其次，在设计任务时，需要注重任务的实践性和互补性。任务应该与实际工作或学习相关联，这样可以提升团队成员的动力和参与度。[1] 同时，任务应该能够充分发挥每位小组成员的优势，并促进彼此之间的互补和协作。这样可以激发团队成员的创造力和思维

---

[1] 史宏霞.机械制图课程教学改革实施策略研究[J].造纸装备及材料，2024，53(7)：237-239.

方式，提高整个团队的绩效。再次，设计小组合作任务时，需要考虑任务的难度和时间限制。任务的难度应该适中，既不过于简单以至于失去挑战性，也不过于复杂以至于无法完成。同时，应该合理限制任务时间，既不过长以至于无法保持团队成员的专注度，也不过短以至于无法完成任务。合适的难度和时间限制可以激发团队成员的积极性和主动性，促进任务的顺利完成。最后，设计小组合作任务时，应该为团队成员提供必要的资源和支持，包括所需的工具、设备和信息等，以及相应的培训和指导。这样可以确保团队成员在任务中能够充分发挥自己的能力，并有效地完成任务。[1]

第二，创设良好的合作环境。创设良好的合作环境对于学生的学习和发展起着至关重要的作用。一个舒适、友好和鼓励合作的课堂氛围可以让学生感到安全和被尊重，并促使他们更积极地参与合作学习活动。首先，提供一个温暖、明亮和整洁的课堂环境至关重要。这包括舒适的座位以及足够的空间，让学生可以伸展身体并进行机械制图。此外，教室应确保良好的照明和通风条件，使学生在学习时保持专注和集中注意力。其次，为了促进学生之间的交流和合作，座位的安排也非常重要。教师可以布置成小组座位或圆桌座位，让学生能够面对面地交流。这种座位安排可以鼓励学生之间的互动和合作，帮助他们更好地分享想法和经验。再次，教师可以根据学生的兴趣和需求，组织小组活动和合作项目，使学生有机会在小组中共同学习和合作。最后，教师还应该鼓励学生分享想法和经验，互相学习和借鉴。这可以通过鼓励学生发表个人观点、提出问题、讨论课堂内容、分享学习心得等方式实现。教师可以营造一个开放性的学习氛围，鼓励学生从多个角度思考和探索问题，促进他们批判性思维和解决问题能力的发展。

第三，提供有效的指导与反馈。首先，确立明确的任务要求和学习目标是指导和反馈的基础。通过明确的任务要求，学生可以清楚地知道他们需要完成什么任务，以及任务的重要性和意义。这可以帮助他们更好地理解自己的工作，并为此付出努力。同样，明确的学习目标可以帮助学生明确自己需

---

[1] 孙轶红,丁乔,李茂盛.任务导向的分组教学在机械制图课程中的探索与实践[J].科技创新与生产力,2017(12):51-52,55.

要掌握的知识和技能，从而更有针对性地进行学习和工作。其次，教师要给予小组成员足够的指导和支持。在完成任务的过程中，小组成员可能会遇到各种困难和挑战，教师可以提供相关的资源和信息，帮助他们解决问题和克服困难。同时，还可以提供一些实用的技巧和建议，让他们更加高效地完成任务。最后，无论小组成员表现如何，教师都应该及时给予反馈。对于他们的优秀表现，教师要给予肯定和表扬，以鼓励他们继续努力；对于需要改进的地方，教师要提出具体的建议和指导，帮助他们找到问题所在，并提供相应的解决方案。通过及时的反馈，小组成员可以迅速调整自己的工作方式，提高工作效率和质量。

（五）基于思维导图的机械制图教学应用

机械制图课程内容抽象，知识点繁多，单节课程容量远远比高中课程容量大，对学生的发散思维和空间想象能力要求高。在实际教学中，教师为了节省有限课时，完成课时知识点体量的输入，往往采用传统的机械式、填鸭式的单向思维灌输教学模式。这种模式使得教师只负责教，学生只负责学，缺乏双向互动、实践性、知识梳理和趣味性的教学方式，导致学生的思维逐渐僵化，从而失去兴趣，无法拓展思维空间和知识视野，也无法培养操作实践能力，教学效果不尽如人意。如果运用思维导图将整个课本的重要知识点以图文并茂的方式呈现，则对于引导学生有效思考，培养学生分析、概括、表达能力和良好思维品质，激发学生学习兴趣，活跃学生的工科思维和空间想象等颇具成效。

1. 思维导图简介

思维导图又叫心智导图，是一种借助于图形表达发散性思维的实用有效思维工具。它运用图文并重的技巧，把各级主题的关系用相互隶属与相关的层级图表现出来，把主题关键词与图像、颜色等建立记忆链接。思维导图充分运用左右脑的机能，利用记忆、阅读、思维的规律，协助人们在科学与艺术、逻辑想象之间平衡发展，从而开启人类大脑的无限潜能。思维导图的设计过程模仿了大脑对事物的反应过程。首先确定一个主题关键词，其次以它为中心，像树干发散树枝一样向四周逐级发散，同时以恰当的文字、符号、颜色、图片等使枝干饱满，形成完整思维树。这些层次分明且相互关联的组织，可以生动形象地展示大脑的思维过程。因此，借助于思维导图的相关软件如 Mindmaster、Xmind、Processon 等，可以记住这种思维过程，一方面方便展示，另一方面方便记忆。对于机械制图这样的课程，思维导图的应用可以帮助学生理清复杂的概念、结构和关系，促进他们理解和吸收知识，同时增强空间想象力和创意思维。

2. 思维导图在机械制图教学中的应用

机械制图的重点和难点是培养学生的空间想象能力。利用思维导图一方面可以给师生创造交流空间，使彼此思维碰撞，增强学生的想象力；另一方面，运用思维导图提炼总结课程内容，用"思维树"展现所学知识点的头脑风暴，有助于学生快速把握知识脉络，找寻学习领会知识的钥匙。

（1）思维导图在整体课程框架架构中的应用

传统的机械制图教学是线性的，导致学生在学习过程中对于所学的知识点没有一个系统性、关联性的整体印象，在理解学习这门课时往往是事半功倍，效果差。而基于思维导图建立整体课程的思维学习框架，将课程内容逐级梳理研究，绘制出完整清晰的知识网络架构，既可以开拓学生思维，又可以完善知识框架，方便定期进行教学反思和优化。

（2）思维导图在画法几何解题中的应用

机械制图中的基础部分——画法几何，主要培养学生的空间想象能力，以及理解立体空间中点、线、面在投影体系中的关系。由于学生的思维模式尚未完全从高中阶段的线性思维转变到大学阶段的空间思维，很多学生在学习过程中会感到困惑。实际教学中发现，造成这种情况的主要原因是学生没有建立一个空间体系中点线面的具体表示和在投影体系中点线面是如何相对应表示的良好习惯。在运用很多耳熟能详的相关定理时，只知道有这个定理，思维固化地把它停留在具体的几何图形中，不能很好地将几何图形中的相关定理衔接到几何图形相对应的投影体系。比如，定比定理、正方形的相关定理、菱形的相关定理等如何在投影体系的图中应用。实际教学中，学生学习思维方式没有转变，解题过程中思维不够发散，知识点不会迁移，解题条件不会应用。因此，引入思维导图教学模式，意在帮助学生建立一个良好的画法几何的解题思维模式，帮助学生整理混乱的头脑风暴，清晰明了地、有步骤地解决画法几何学习过程中遇到的难题。

（3）思维导图在组合体的识读和绘制中的应用

在机械制图的学习过程中，主要有画法几何、组合体、图样画法、零件图以及装配图等模块。其中，组合体的学习既是对前面的画法几何的总结，又给后续的画法图样的学习打基础，因此学好组合体的识读与绘制显得很重要。组合体的常用方法有形体分析法和线面分析法。其中，形体分析法是根据组合体的组合特征，把它分解成几个组成部分，再依次判断各部分的形状和相对位置关系，从而确定组合体的具体形状；线面分析法是对视图中已有的线条进行分析，结合空间立体图形的投影特性推断出组合体的整体形状。利用思维导图可以帮助学生在解题过程中以基本体的类型以及结构和投影的特性为切入点，根据投影规律绘制出组合体的三视图。

（4）思维导图在零件图与装配图学习中的应用

传统的零件图和装配图的教学是分散式和模块式的教学模式。这部分的课程内容抽象，知识点繁多。在实际教学过程中总的课时有限，教师为保证理论知识完整讲解，大多讲解的进度很快，导致学生对于知识点掌握零碎，没有形成系统化和结构化，后续的工程实操绘图课程问题百出，没有养成良好的绘图习惯，影响学生的图纸绘制能力。利用思维导图将零散的知识点系统化和结构化，可帮助学生直观地、不遗漏地消化理解知识，为学生后续工程图样的实际绘制奠定牢靠的基础。

在零件图的绘制中，一般按照"确定零件结构形状大小—确定表达方法—选择画图比例、图幅—绘制视图—标注尺寸—标注公差与表面粗糙度—书写技术要求—填写标题栏"的流程进行。结合这个流程，运用思维导图梳理每一个环节包含的知识点与所注意的事项，帮助学生建立系统化的知识框架，建立良好的绘图习惯，确保以后在绘制零件图的过程中对每一个细节不遗漏，思路清楚，有的放矢。对流程中每一个环节进行整理分类，对每一个知识点的难点与重点进行梳理，帮助学生理解与记忆。在装配图的绘制中，一般按照"绘制一组视图—标注必要尺寸—书写技术要求—填写零部件的序号、明细栏、标题栏"的流程进行。结合这个流程，运用思维导图梳理每一个环节所包含的知识点与所注意的事项，帮助学生建立系统化的知识框架，建立良好的绘图习惯，确保以后在绘制装配图的过程中不遗漏细节，思路清楚，作图规范、整洁。同时，对比零件图的画法，梳理装配图不同于零件图的特殊画法。对于流程中每一个环节进行整理分类，对于每一个知识点的难点与重点进行梳理，帮助学生理解与记忆。

运用思维导图教学可以帮助学生建立良好的思维模式，可以整合零散的知识点形成层次明显、脉络清晰的图文知识，清晰明了地展示每个知识点之间相互穿插的连接关系，锻炼学生的发散思维和知识整合能力，激发学生的学习兴趣，拓宽学生的知识视野，大大提高课堂教学效率，值得在教学中尝试应用。

第二节　机械制图课程教学创新和实践

一、机械制图课程教学创新

（一）机械制图多媒体教学

随着计算机技术的普及与发展，机械制图的教学也逐渐实现了现代化，多媒体教学方法应运而生，它能够为学生提供更加生动形象的学习体验，尤其对于一些复杂的结构图形和模具的教学来说，具有巨大的优势。多媒体教学可以有效地融合动静态教学方式，帮助学生更精准地理解机械制图的复杂内容。

1. 机械制图多媒体教学的优势

在传统的教学模式中，教师难以借助直尺、三角板、圆规等教学工具描绘出机械的动态效果，学生理解起来也比较困难，相对于传统教学模式的单一、枯燥，多媒体教学的优点尤为突出，教学效果比较明显。

动态教学与静态教学相结合，增强感性认识。传统教学以静态教学为主，学生对机械制图难以形成完整的空间理解，而多媒体教学通过动画演示机械的工艺过程，增强学生对机械零件加工工艺的感性认识。例如，利用动画的动态效果将某零件的加工过程展示出来，使学生更加真实形象地了解零件的形成及运转，这是传统的教学模式没有办法做到的。

直观效果明显，利于培养空间想象力。在机械制图教学中，比较困难的就是培养学生的空间思维和想象力，很多学生没有办法理解平面与空间之间的相互转换，使用理论教学比较难理解，如果使用多媒体教学就不同了。在多媒体教学中，用先进的三维制图软件辅助教学，使原来枯燥的空间想象以及机械制图过程变得生动形象具体，学生也能够更加直观轻松地理解，提高了学生的学习积极性，相对于传统的教学模式，其具有直观、高效和容易理解等特点，课堂气氛比较活跃。

板书时间得到节省，信息量得到增加。相对于传统的在黑板上书写文字和绘图，现代多媒体教学将大量的文字、图片、声音等应用于教学，只需要在课前编辑需要展现的内容，在教学时投影在荧幕上就可以，从而节省了很多时间；比如有的课时用传统教学方法授课需要5个课时，然而使用多媒体教学，在课前把全部内容制作成幻灯片，整章内容只需要2个课时就完成了，而且还能储存起来重复利用。

简化了教学过程，减少了教师的劳动量。在机械制图课程教学过程中，需要展示的图形很多。传统教学有大量的板图和板书，在教学过程中，教师经常会携带许多教学模型到教室，课前经常需要画板图，讲课时也需要不停地画，所以教师的工作量非常大。使用多媒体教学的话就不同了，不仅节省了课堂大量板书和板图的时间，而且简化了教学过程，大大减轻了工作量，使教师有更多的时间进行教学方法的研究。

2. 机械制图多媒体教学存在的问题

现在多媒体教学已经在机械制图中得到了广泛的应用，集动画、图像、声音于一体的教学，相对于传统教学而言具有很大的优势，受到了师生的广泛欢迎，但是也存在一些问题。

部分教师过分依赖多媒体课件。机械制图多媒体教学的运用大大减轻了教师的工作量，这就导致部分教师依赖多媒体教学，没有根据自己的授课特点进行备课并与其他教师交流教学经验，课件多是千篇一律，没有特点，没有启发学生理解教学过程和技巧，也没有关注到学生是否了解该课件的内容，是否建立了机械制图的空间概念，这直接导致了学生没办法将多媒体课件内容吸收及深入了解，间接导致了学生尽管听懂了课堂内容，但还是不会做作业的后果，既浪费了机械制图多媒体教学资源，也没有产生跟学生共享知识的作用。

部分机械制图的设计质量不高，没有动静相结合。现代教育强调"以生为本"，但是在机械制图多媒体课件设计中并没有将这点很好地体现出来，仅仅只是将板书做成了电子版，通过幻灯片放映，没有产生动态的效果，文字跟板书没有本质上的区别，没有将图形、声音等内容动态地结合起来，依旧显得枯燥乏味，而且部分教师失去了教学的主动与灵活性，没有与学生进行交流互动，仅仅只是机械图纸多媒体教学的播放员，幻灯片放映过快，不利于学生做笔记。

课件内容多，学生没能理解透彻。部分机械制图的课件内容比较多，信息量也比较大，部分教师注重课件设计的技巧性，忽略了教学大纲及其衔接的合理性，通过动画演示将课件的大量内容讲完，没有注意学生理解能力的不同，完全根据PPT念，忽略了以生为本的宗旨。尽管部分学生高度集中精神去听讲，但是不能在课堂上理解并消化吸收当时所讲授的内容，然后一直顺延，导致学生越来越无法理解机械制图，失去对该课程的信心。

3. 机械制图多媒体教学的思考与改革

机械制图多媒体教学与传统教学相比，有着传统教学无法比拟的优点，但是如何能够扬长避短，将机械制图多媒体教学的优点充分利用起来，应当引起我们的思考，并提出相应的改革措施，充分发挥机械制图多媒体教学的作用。

教师应根据教学大纲的内容修改多媒体教学课件，查漏补缺。机械制图多媒体课件是出版编辑做的，没有根据教学大纲进行灵活的变动，这就要求教师深入研究机械制图相关教材，对教学内容进行设计，并根据教材内容对课件内容进行加工处理，选择适合学生的教学方法和手段，使课件内容与教学大纲相一致，并具有逻辑性与条理性，提高学生对课件的理解与吸收。

机械制图多媒体教学应当与传统教学相结合，动静结合，提高教学的质量。对机械制图多媒体教学与传统教学进行整合，通过将图像、声音等动态的教学模式与板书、讲解等静态的教学模式相结合，加强对学生抽象思维能力的培养。最重要的是，机械制图是一门实践性强的课程，学生需要动手操作才能真正掌握技能。因此，除了课堂教学的动态展示，教师应将课堂教学与学生的实际操作相结合。可以通过给定具体机械零件的测绘任务，让学生动手进行零件设计和绘制，帮助他们在实践中发现问题、提出问题并解决问题。这种实践与理论相结合的方式，可以有效提升学生的动手能力和空间想象力，避免传统填鸭式教学模式。

提高教师的机械制图多媒体教学的方式与技巧，强化课堂设计环节。机械制图多媒体教学是辅助学生理解机械制图枯燥的空间想象力的工具，在教学过程中，应该融入教师的理解与方法技巧，并加强与学生的互动，同时注意机械制图多媒体课件的简洁性、实效性。在多媒体教学过程中，教师应适当听取学生对教学的意见和建议，提高教师制作课件的能力，并对原有的课件进行不断的完善。例如教师可以在多媒体教学中，通过叠加、切割几何体，对三维立体进行旋转、剖切等操作，激发学生的空间想象力，使抽象具体化。

多媒体教学因其独特的教学优势在高校机械制图教学中得到广泛运用，但是要注重学生对于课件内容的理解与掌握。在今后的发展进程中，应不断进行摸索，积累经验，与传统教学相结合，去其糟粕，取其精华，使机械制图多媒体教学的优势得到最大程度的发挥。

（二）基于在线学习的机械制图课堂教学

1. 机械制图课堂中在线学习模式的应用

机械制图作为工科专业中的基础课程，涉及的内容广泛且复杂，尤其是三维图形的理解和二维表达能力的培养，学生在学习中常常面临较大的挑战。在传统的机械制图课堂教学中，教师过度重视理论知识的讲解，忽视了学生的空间思维能力以及想象能力的培养，教师只是借助三维实体模型、二维图形以及三维实体等教学方式让学生感知机械制图的理论，没有给予学生亲自实践和操作的机会，使得学生在机械制图课堂上没有理论感知的体验，对于机械制图课堂感到排斥，对于教师讲解的知识的吸收能力也大大降低。为了改善这一教学现状，机械制图的教师应当借助新型的计算机技术改善机械制图的教学模式，借助多媒体技术制作的课件可以改善机械制图知识的展现方式，让学生直观、形象以及清楚地了解教学内容。此外，通过搭建在线学习平台，学生可以在课后巩固自己的制图知识，并进行实际的绘图练习，从而加强实践能力的培养。[①]

2. 基于在线学习的机械制图课堂教学模式的实践

在传统的机械制图教学中，虽然已经借助计算机技术展示了较为丰富的教学内容，但仍存在课堂互动性不足和学生实际操作的机会较少等问题。为此，基于在线学习平台的机械制图课堂教学模式应运而生，并逐渐成为提升教学质量和学生制图能力的有效手段。机械制图的教师借助计算机技术为学生搭建机械制图的在线学习平台，当前常见的在线学习平台是借助 ASP 平台搭建起来的，在制图语言、画图工具和软件技术的支持下辅助学生练习机械制图，逐步提高学生的制图能力，包括机械制图的需求分析、总体设计、文档设计以及模块的测试和制图的实现。在线学习系统在设计的时候需要囊括机械制图的教学大纲，让学生能够学习基础知识，在计算机系统平台上，教师可以为学生准备动态、三维的学习案例，让学生对理论知识点有一个动态丰满的认识，包括机械结构的静态图片以及三维动态模型。

当学生学完一章节知识的时候，在线学习平台能够为学生提供丰富的练习习题，夯实学生知识掌握的情况，让学生通过自己掌握的知识判断和回答系统提出的问题，不仅调动了学生的思考能力，还让学生发现了枯燥的机械制图理论知识的趣味性，提高了学生对于机械制图知识的研究积极性。在在线平台学习的时候，教师要设计一条完整的教学和考核路线，不仅要将知识点完整地呈现在学生的面前，还要对学生的知识掌握情况进行考核，在线学习平台中必须包括在线考试子系统，子系统中涵盖用户信息管理、试题库管理以及计算机成绩管理的功能，学生在在线考核系统中考核自己的学习情况，教师通过在线学习平台对学生的学习情况进行观察，直接了解学生的学习情

---

① 张炜炜,魏红梅,赵荣荣.《机械制图》课程混合式教学的探索与实践[J].决策探索（下）,2020(2):70.

况，对于学生的机械制图能力教学引导进行下一步的设计，并通过计算机技术分析学生的成绩，记录学生的进步，让学生对于机械制图的学习产生较强的自信心。

在线学习平台为学生创造了良好的练习平台，例如教师根据自己的教学经验，总结典型习题等帮助学生应用实践知识，让学生有更多的机会锻炼自己的机械制图能力，常见的机械制图画图方法有正投影法、截切相贯体、组合体、轴测图、图样画法、标准件与常用件、零件图以及装配图，在在线学习平台上，教师可以有针对性地设计教学方法，逐一练习和掌握机械制图的方法，每一种类型的习题设计都涵盖了不同的技术手段以及展示形式，充分体现了机械制图学习形式的多样性、趣味性，并且在线学习平台的操作形式较为简单，学生可以第一时间看到自己答案的正确性，帮助学生树立机械制图实践锻炼能力的自信心。与此同时，通过在线学习平台的设计，教师对于学生机械制图知识掌握能力的考核更加科学。传统的机械制图考核中教师仅能够从理论知识的角度考核学生的记忆力，对于机械制图的实践技能缺少考核和引导，容易引起学生对于实践技能的忽视。在线学习的考核方式能够给学生创造丰富的考核形式，学生可以在在线学习平台上亲自画图，而不再是传统的选择题或填空题，能真正发现机械制图学习的乐趣。

总体来说，基于在线学习的机械制图课堂教学模式弥补了传统教学中的不足，不仅提高了学生的实际操作能力和制图技能，还增强了学生的学习兴趣，使得机械制图教学更具互动性、趣味性和科学性。通过这种模式，教师可以为学生提供更多的学习机会，推动学生制图能力的全面提升，并促进学生的职业发展。[①]

（三）基于虚拟现实技术的机械制图教学

随着技术的快速进步，尤其是虚拟现实（VR）技术的不断发展，教育领域也在积极探索新的教学方法。机械制图课程作为工科类学生的基础课程，

---

① 张晶,高宇博,董维."机械制图"课程数字化教学模式探索[J].科教导刊,2024(2)：114-116.

一直以来都面临着教学内容枯燥、学生空间想象能力较差的问题。虚拟现实技术作为一种新型的教学工具，能够有效提升机械制图教学的互动性和沉浸感，帮助学生更好地理解和掌握机械制图的难点内容。

1. 虚拟现实技术简介

虚拟现实技术也称灵境技术或人工环境，是一种以沉浸性、交互性和想象性为基本特征的，可以创建和体验虚拟世界的计算机仿真系统。它综合利用实时三维计算机图形技术、广角立体显示技术、仿真技术、多媒体技术、人工智能技术、计算机网络技术、并行处理技术和多传感器技术等一系列先进技术，模拟人的视觉、听觉、触觉等感觉器官功能，使用者戴上特殊的头盔、数据手套等传感设备或利用键盘、鼠标等输入设备，便可以进入虚拟空间，成为虚拟环境的一员，进行实时交互，可以及时地、没有限制地观察三维空间内的事物，获得对虚拟事物的感性认识和理性认识，让使用者如同身临其境一般，从而深化概念和构建新的构思和创意，创建了一种以人为中心的多维信息空间。

2. 虚拟现实技术的特点

虚拟现实技术以其基本的"3I"特征，特别是以人为中心的人机交互特征在国内外各领域得到了广泛应用。这里的"3I"指的是沉浸（immersion）、交互（interaction）和想象（imagination），这三者共同构成了虚拟现实系统的关键特性，且强调人与虚拟环境的充分互动。"沉浸性"使用户全身心地投入到计算机创建的三维虚拟环境中，一切看上去是真的，听上去是真的，动起来是真的，甚至闻起来、尝起来等一切感觉都是真的，如同在现实世界中的感觉一样。"交互性"是指用户对模拟环境内物体的可操作程度和从环境中得到反馈的自然程度（包括实时性）。例如，用户可以直接用手去抓取模拟环境中的虚拟物体，这时手有握着东西的感觉，并可以感觉物体的重量，视野中被抓的物体也能立刻随着手的移动而移动。"想象性"强调虚拟现实技术具有广阔的想象空间，可拓宽人类的认知范围，不仅可以再现真实存在的环境，也可以随意构想客观不存在的甚至不可能发生的环境。通过这三个基本特征，虚拟现实技术为学生提供了一个更加沉浸、互动和富有想象力的学习体验，极大地提升了教学内容的呈现方式，特别是在机械制图等需要空间思维的学科中，虚拟现实的应用能够帮助学生更好地理解抽象概念并提高实际操作能力。

3. 虚拟现实制作常用软件

虚拟现实制作常用的软件有 3D MAX、Virtools、Quest3D、OpenGL 等。3D MAX 是集造型、渲染和制作动画于一身的三维制作软件。通过 3D MAX 软件能够制作出真实的立体场景与动画，是 PC 上最优秀的三维动画制作软件，受到了全世界无数三维动画制作爱好者的热情赞誉。Virtools 是功能非常强大的游戏和虚拟现实开发工具，是一套整合软件，可以将现有常用的档案格式整合在一起，如 3D 模型、2D 图形或音效等。Quest3D 是一个容易且有效的实时 3D 建构工具，能在实时编辑环境中与对象互动，轻松实现虚拟现实的效果。OpenGL 是一个专业的图形程序接口，是一个功能强大、调用方便的底层图形库，主要用来读入标准 3D 模型，然后处理漫游等动画效果。

4. 虚拟现实技术常用硬件配备

完备的虚拟现实系统需要配备许多硬件设备，如数据手套、数据衣、立体眼镜、传感器、头盔显示器、BOOM 显示器和声学硬件等。数据手套是最常见的输入装置。人机交互时，可以看到虚拟手随着真手在虚拟环境中活动，可进行物体的抓取、移动、装配、操纵和控制等。数据衣是一种穿在用户身上，把整个身体中各个部位运动的数据输入到计算机的装置。立体眼镜以其简单的结构、轻巧的外形和便宜的价格成为目前最为流行和经济适用的虚拟现实观察设备。这些硬件设备协同工作，使虚拟现实技术能够为机械制图等领域提供生动的交互式学习体验。

5. 虚拟现实技术应用于机械制图教学

在机械制图教学中，学生通常缺乏空间想象力，并且在学校接触到零部件的机会较少。尤其在面对书本或课件中的二维视图时，学生很难勾勒出物体的正确轮廓，这让他们感到学习枯燥，缺乏吸引力。因此，在机械制图教学中，首先要解决的是学生的感性认知问题。对此，我们可以在机械制图教学中引入虚拟现实技术。利用虚拟现实技术对机械制图中一些典型机构进行模型的创建，并采用虚拟仿真和动态演示的方式，学生可清楚认识机械零件的结构、机构运动规律及其工作原理，更容易理解机械零件的二维设计图，大大提高了学生的接受水平,激发了学生学习的热情和主动性,为后续课程的学习打下了基础。当学生戴上数据手套和头盔显示器等设备时,可以对虚拟环境中的模型进行移动、翻转等动作,这种沉浸式的学习体验让学生仿佛在操作真实的物体,从而帮助他们更准确地建立起各个模型的空间概念。这样就把学生感到头疼难以理解的内容形象、生动、直观地展现在他们眼前,从而解决了由于抽象思维能力不强引起的感性认知不足的问题,帮助学生迅速掌握所学内容。

虚拟现实技术在组合体读图中的应用。在机械制图组合体教学中,已知两个视图求作第三个视图是教学中的重点和难点,它考查了学生的空间想象力和作图技巧。通常对于一些叠加、挖切多处的形体,图形中线条交叉重叠而且虚线较多,求作第三个视图时,学生作图速度会很慢,甚至无从下手或完全想象不出形体的形状。利用虚拟现实技术对组合体进行实体模型仿真,学生可以将虚拟实体和二维视图进行反复对照,培养将各个视图联系起来的读图能力和分析能力,使学生对图中的线框和图线的含义有直观的印象,提高学生对组合体的综合分析能力。表达零件内部结构常常采用剖视图,但在讲解剖视图时,如果形体结构复杂,学生则很难想象出零件的内部形状,甚至弄不清剖视图的形成过程、剖切平面的剖切位置,不知道哪些部分被剖切平面剖切,哪些地方要画剖面线。为此,我们用虚拟现实技术制作零件模型,利用剖切功能,通过设置好的剖切位置和剖切平面,对零件进行全剖、半剖或者局部剖。学生戴上立体眼镜和数据手套后,可以对剖开的两部分模型进行分合、旋转等动作,更直观地观察剖切体。这样就可以清楚地看到零件的内部结构,进而清楚地分辨出视图中各线条所代表的意思。这对教师讲课和学生学习剖视图有很大的帮助,不用费很多课时就能很好地完成教学任务,达到事半功倍的效果。

虚拟现实技术在零件结构方面的认知。机械制图课程通常是针对大一学生开设的。大一学生对机械零件的接触很少,对于零件结构,尤其是零件的工艺结构知之甚少,很多工艺结构学生不认识、不理解。例如倒角、倒圆、铸造圆角、拔模斜度、键槽、砂轮越程槽等,学生光看二维工程图或者三维模型图很难理解并记住这些画法,如果采用虚拟现实技术将这些结构直观地展现在学生眼前,并让他们戴上立体眼镜和数据手套触摸这些结构,必然会加深对这些结构的认识和理解。除此之外,对于各种标准件、常用件以及轴套类、轮盘盖类、叉架类、箱体类零件,学生难以把实际中的物体与之相对应,会出现张冠李戴的现象。利用虚拟现实技术创建一些标准件、常用件和各类零件的模型库,在教学中,当讲到什么零件时就从库里调出该零件,让学生直接观察该零件的结构,分门别类地记忆,这样既可以省去购置大量实体模型的费用,又可以让他们印象深刻,掌握得更扎实,从而加强学生阅读并绘制零件图的能力。

  虚拟现实技术在装配结构方面的认知。对于装配图部分的教学,教师觉得比较难教,学生觉得难以掌握。学生对于装配体的结构、工作原理、零件间的装配连接关系等都缺少感性的认识,无论是阅读还是绘制装配图,都感到非常吃力。为此,可以利用虚拟现实技术构建虚拟装配系统,将机构中的各零件装配在一起形成装配体,并对装配体进行模拟装配和动画演示。在装配过程中不仅可以验证设计和装配的可行性和工艺性,也能定出最优的装配工艺与路径,还可以利用虚拟现实技术的硬件装备,让学生自行完成虚拟装配。这样学生就可以轻松地掌握装配体各零件间的装配关系和装配体的工作原理以及运作过程等,提高了学生阅读并绘制装配图的能力,为后续机械原理和机械设计课程打下基础。

  在机械制图课程教学中,虚拟现实技术直观、形象、生动的模式易于教师的教授和学生的学习,有利于学生全方位感知组合体的内外部结构、零件的工艺结构和装配结构等,使抽象的投影关系与直观的视觉印象能相互转换,有助于提高学生阅读和绘制二维工程图的能力,培养学生现代设计的意识和创新思维,适应当前卓越工程师教育的培养方针,随着虚拟技术的发展,其将在机械制图教学中发挥更大的作用。

(四) 增强现实技术在机械制图教学中的应用

1. 增强现实技术应用于机械制图教学的意义

  随着社会的进步和科技的发展,我们对于教育的投资越来越重视,使教育与时代接轨,将教育活动与当今的科学技术相结合,使教学的推进更顺利、教学效果更显著。特别是在一些需要一定动手能力和思维空间的课堂上，利用计算机技术促使教育的发展和改革，提高教学效率，丰富课堂形式，增强教学内容的多样化和形象化，是一件令教师和学生都喜闻乐见的事情。在机械制图传统教学中，教师通过使用图片、视频和实物模型等方式进行知识讲解，这些方式虽然可以传达信息，但往往缺乏足够的互动和生动性，难以激发学生的学习兴趣。此外，传统的多媒体资源往往无法细致展示机械零件的形状和复杂的空间结构，这使得学生在理解这些抽象概念时遇到困难。因此，寻求更好的教学模式是教育改革的必然进程。增强现实技术的应用，可以将理论和静态内容转化为生动、形象的模型画面，结合真实环境中的图纸，利用互动操作降低学习难度，从而提高机械制图课堂的学习效率。[①]

2. 增强现实技术概念界定

增强现实（AR）技术是虚拟现实技术的延伸，它通过技术手段将虚拟信息与现实环境相结合，使得虚拟生成的对象能够在现实环境中呈现，并允许用户对这些对象进行操作、旋转等交互行为。简单来说，就是通过技术手段，把计算机产生的虚拟信息与我们所处的真实环境进行一定的融合，相关的模型在现实实践中构造出来，而不是仅局限于一定的图像影视画面。一般来说，增强现实技术的定义可以从两个层面来讲。一是广义层面，广义上的增强现实技术是指"增强自然反馈的操作与仿真的线索"；二是狭义层面，狭义上是指"虚拟现实的一种形式，其中参与者的头盔式显示器是透明的，能清楚地看到现实世界"。总体来说，增强现实技术是通过将虚拟物体精确地注册到真实的三维空间中，满足实时交互的需求，从而创造出一个融合虚拟和真实世界的系统。这一技术能够增强用户的感知，提供更直观、更具互动性的学习和工作体验。

3. 增强现实技术的特性以及教育潜力

相较于传统的教学模式和已经被大众广为接受的一般多媒体教学形式，增强现实技术在教学领域还是一个新生的概念，但增强现实技术和一些教育

[①] 李辉,冯巧,赵亚奇,等.增强现实技术在机械制图课程教学中的应用[J].科教导刊,2023(18):69-71.

理念在实际操作中是不谋而合的。例如,在增强现实(AR)学习环境中,学习者能够与环境进行互动,并迅速获得反馈,这正体现了学习是由刺激引发反应的过程。另外,教育最好的方式就是身临其境,这样才能给学生留下最深刻的印象,增强现实技术就是模拟真实的教学环境,符合建构主义学习理论中关于"学习是一种真实情境的体验"的观点。具体而言,通过增强现实技术,学生能够与虚拟模型进行互动,体验身临其境的学习过程,从而更加深入地理解机械制图的知识内容。

AR技术能够将抽象的学习内容可视化,学生能够直观地观察和操作三维模型,增强空间理解和想象力。例如,学生在学习机械零件的结构时,能够通过AR技术将静态的二维设计图转换为可互动的三维实体模型,帮助他们更好地掌握知识点。

同时,AR技术通过提供即时反馈和交互式学习环境,促进了学生的积极参与和思维深化。在机械制图教学中,学生不仅可以通过虚拟实验来实践所学内容,还能通过即时反馈修正错误,进一步加深对知识的理解。

此外,AR技术能够提供沉浸式学习体验,增强学生的学习专注度。通过与虚拟元素的互动,学生能够在模拟环境中进行探索和实践,进而提高学习效率和质量。这种沉浸式的体验,不仅有助于学生在理论知识上获得更深的掌握,还能促进他们的动手能力和创新思维的发展。

总体而言,增强现实技术通过互动性、沉浸感和即时反馈机制,增强了学生的学习体验,帮助学生更好地理解和掌握机械制图的知识,促进了知识的实际应用和创新思维的培养。

4. 基于增强现实技术的机械产品制图流程

一般的机械制图课程,可以利用增强现实技术辅助教学过程,完成教学目标,提升教学效果。根据机械制图的一般流程,可以将其分为以下几个步骤,这些步骤可以通过增强现实技术及相关软件来实现:

(1)绘制三维模型

绘制三维模型是一个机械制作出来的基础,关于绘制三维模型,可以选择的软件很多。目前,较为流行且在各高校机械设计中广泛使用的软件是SolidWorks。一般的操作流程是:首先打开SolidWorks,根据设计要求绘制非标准零部件；其次，设计标准件，可以直接从 SolidWorks 的零件库中调用；最后，将这些零部件组装成完整的装配体并保存。

（2）制作相关变化动画

三维模型只是基础，动画效果是对模型进一步完善的过程，要基于三维模型来进行这一操作。在教学过程中，可以用专门制作动画的软件来进行这一操作，3D MAX 就是一个很好的选择，它是基于 PC 系统的三维动画渲染制作软件。在各行各业都有广泛的应用，比如广告业、影视业、工业设计、多媒体制作、游戏等。它可以和 SolidWorks 相辅相成，各取所长，在增强现实技术的教学中，SolidWorks 可以展示整个机械的内部构造，3D MAX 则可以展示机械内部的运作和具体应用过程。通过这种方式，学生不仅能理解机械部件的静态结构，还能够直观地感受其动态工作原理。

时代在进步，教育改革的步伐也没有停止过，将科学技术与教学活动相结合是教育教学的新趋势，在这种趋势下，寻求更好的教学效果，进行技术的研究是教育工作者不可推卸的责任。机械制图的学科特殊性需要新技术与教学相结合，而增强现实技术能在这一课堂活动中进行较好的辅助工作。因此，我们要重视增强现实技术的发展，积极探究它在教育过程中的应用潜力，结合相关情况的分析，积极发挥它的作用，明确它在机械制图中的应用现状。

二、机械制图课程教学实践

（一）基于智慧教室的机械制图课程教学模式设计

2010 年 5 月，国务院颁布的《国家中长期教育改革和发展规划纲要（2010—2020 年）》提出，要加快教育信息化进程，强化信息技术应用。提高教师应用信息技术水平，更新教学观念，改进教学方法，提高教学效果。鼓励学生利用信息手段主动学习、自主学习，增强运用信息技术分析解决问题的能力。2019 年 2 月，中共中央、国务院印发了《中国教育现代化 2035》，指出要加快信息化时代教育变革，通过建设智能化校园，统筹建设一体化智能化教学、管理与服务平台，利用现代化技术加快推动人才培养模式，实现规模化教育与个性化培养的有机结合。信息化技术能通过改变教学环境、教学方式、教学资源、考核方式等实现教育教学变革,对促进教育教学和管理创新,提高教学质量,实现教育信息化的可持续发展具有重要意义。[①]

智慧教室是基于物联网、大数据、云计算等新兴技术,以辅助教学内容呈现、方便学习资源获取、促进课堂交互开展和实现情境感知的新型教室。目前高校的智慧教室大概分为四种类型,包括研讨型智慧教室、智能录播教室、网络互动智慧教室和功能型智慧教室,其主要由智能教学系统、LED显示系统、学生考勤系统、资产管理系统、灯光控制系统、空调控制系统、门窗监视系统、通风换气系统、视频监控系统九大系统组成。智慧教室作为一种典型的智慧学习环境,可以帮助师生开展多样的教学活动,为高校推进教育信息化变革提供了良好的条件,对促进课堂教学改革具有重要价值。为顺应教育信息化的发展要求,目前国内各高校都在积极建设各类智慧教室,"985"高校100%完成了智慧教室的建设,"211"高校中有96.4%完成了智慧教室的建设,表明高校智慧教室的建设已成为热点。

1. 机械制图课程传统教学模式的局限性与现代教学改革的需求

(1) 机械制图传统教学模式的局限性

传统机械制图教学模式主要依赖教师讲授,学生通过教材、PPT、黑板等方式学习理论知识,注重课堂讲授和理论推导。虽然这种模式能够传授基础知识,但随着技术的发展和学生学习需求的变化,传统模式的局限性日益明显。首先,教学内容较为单一,缺乏互动和实践机会,学生的参与度较低。其次,这种模式注重书本知识,忽视了学生实际动手操作能力和创新思维的培养。

(2) 传统教学模式存在的主要问题与现代教学改革的需求

随着信息技术的不断发展,传统的机械制图教学模式逐渐显现出其无法满足现代教育需求的弊端。具体问题包括以下几点:

学生参与度较低。目前高校机械制图课程主要以教师讲授为主,课堂上

---

① 吴昊荣,孙付春,李晓晓.机械制图课程混合式教学模式设计与实践[J].内江科技,2023,44(10):151-153.

教师与学生以及学生之间互动较少,对学生学习积极性调动不够,教学效果不明显,也不符合以学生为中心的教育理念。

实践能力培养不足。制造业的飞速发展对工科专业学生实践能力提出了更高的要求,机械制图课程需统筹理论教学和学生工程实践能力的培养。然而,现有机械制图教学模式中教学内容过于注重理论知识,未能有效地在理论教学中融入工程实践案例教学,工程实践思维和能力培养不够。[1]

缺乏综合评价学习效果的方法。目前机械制图课程主要通过学生课堂表现、作业完成情况等了解学生知识掌握情况,并不能准确有效地评价学生学习效果,不利于教师根据真实学习效果改善教学方法。在考核过程中主要依据期中考试、期末考试等考试判定成绩,考核方式较为单一,兼具理论性和工程实践性的机械制图课程考试成绩不能很好地反映学生学习效果。

为了应对这些传统教学模式的问题,现代机械制图课程需要与时俱进,融合新的教学理念和技术手段。基于智慧教室的教学模式将成为推动教育改革的重要途径,通过多元化的教学手段和互动模式,有效激发学生的学习兴趣,提升学生的空间思维能力和实践技能,为学生提供更加灵活、互动和实践导向的学习环境。

2. 智慧教室环境下的教学模式特点

基于智慧教室的教学模式是指在智慧教室环境下,借助智慧教室便捷的课堂交互、可视化的信息呈现、即时的教学反馈等功能,为教师提供丰富的教学手段和教学资源,并充分调动学生学习积极性和主动性,形成教学手段多样、课堂互动性强和学生学习主动性高的教学模式,其主要特点包括:①课堂互动性强,学生参与度高。智慧教室环境下师生可以通过互动屏进行知识呈现、在线答疑、在线讨论和结果评价等,极大地提高了学生课堂参与度,促进了课堂互动,符合以学生为中心的教育理念。②教学手段丰富,教学方法创新。智慧教室环境下突破了传统教师以讲授为主的教学方式,可引入讨论式、合作式、任务式、项目化等方式进行教学,创新了课堂教学方法,

---

[1] 肖金,汤启明,梁金辉,等.新工科背景下机械制图课程教学改革探索[J].造纸装备及材料,2022,51(11):218-220.

转变了学生学习方式，有助于提高课堂教学效果。③学习主动性高，激发学习兴趣。智慧教室环境下新颖的知识呈现形式、丰富的教学活动以及师生间的交流互动能调动学生主动性和激发学生学习兴趣，使学生由被动学习转变为主动学习。①

3. 智慧教室环境下的机械制图教学模式设计

基于智慧教室的机械制图教学模式设计，是在考虑机械制图课程特点和传统教学模式不足的基础上构建的一个创新模式。该模式从课前、课中、课后三大部分展开，即课前在线学习、课中小组式学习、课后项目式作业及在线答疑。通过充分利用智慧教室环境的互动功能和信息化平台，旨在提升学生的参与度、实践能力和学习效果。②

课前在线学习。机械制图课程知识点繁杂，章节之间关联性强，学习难度大，大部分学生没有课前预习习惯，而另一部分课前预习的学生由于分不清重难点，预习花费时间长、效果差，并没有通过课前预习的方式提高学习质量。因此，在课前预习环节，教师要梳理教学内容，明确学习的知识和重难点，推荐适合的学习方法，制定需达到的学习目标，并通过学习平台发布学习资源、学习任务和知识测试，以使学生初步了解教学内容、学习任务，从而了解学生学习情况和存在的问题。

课中小组式学习。机械制图课程学习需要较强的空间想象和实践绘图能力，传统教学模式以教师讲授为主，学生分散就座，课堂参与度不高。因此，基于智慧教室的多屏互动、智能研讨、数据挖掘和分析等功能，在课堂教学环节采用分散就座、小组讨论、小组评分的小组式学习方式。课堂上，学生以小组为单位分组就座进行学习、讨论和解答问题，以提高课堂互动性和参与度。

课后项目式作业及在线答疑。传统机械制图课后作业为绘制点、线、面、体的投影，内容较为枯燥，难以吸引学生深入思考，对培养学生解决工程实

---

① 马俊敏,刘丽娜,梅运东,等.以学生为中心的高校《机械制图》课程教学改革探究[J].山西青年,2023(18):18-20.

② 余朝静,沈仕巡,马月月,等.基于智慧教室的机械制图课程教学模式设计与实践[J].现代信息科技,2023,7(6):193-195,198.

践问题能力的作用不明显。为了提升学习效果，课后可以通过项目驱动的方式，让学生根据实际工程任务进行自主探究，应用所学的理论知识解决实际问题。这种项目式作业不仅与工程实践密切相关，还能促进学生的创新思维和实践绘图能力的提高。此外，基于学习通等在线平台，教师和学生之间的互动不再局限于课上，课后教师可以随时通过在线答疑功能与学生沟通，及时了解学生的作业完成情况与知识掌握情况，从而为学生提供个性化的指导，进一步巩固学习成果。

（二）智慧教室环境下机械制图教学模式的实践与效果

通过基于智慧教室的机械制图教学模式设计，笔者学校材料学院2021级开展了智慧教室环境下的机械制图教学模式实践。在实践过程中，学生的学习主动性、积极性以及考试成绩较传统教学模式有了显著提高。图4-1展示了2020级某专业201班（传统教学模式）和2021级某专业211班（智慧教室环境下的教学模式）的成绩分布统计。由图可见，智慧教室环境下的教学模式相比传统教学模式，及格率（60分以上）和优良率（80分以上）分别达到了97%和27%，均有明显提升。通过一学期的教学实践，有效提高了课程的教学质量和教学效果，为笔者学校机械制图课程的教学改革提供了有益的参考和借鉴。

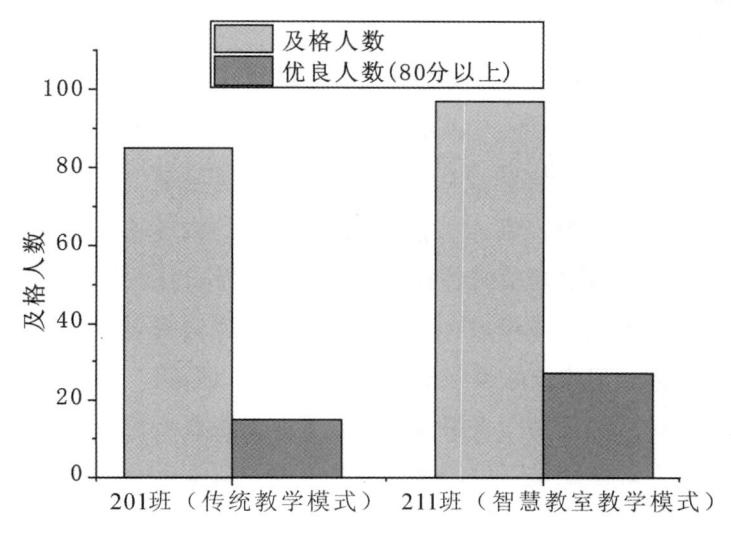

图4-1 传统教学模式与智慧环境下的教学模式学生成绩对比

三、一流课程建设背景下机械制图教学改革与实践

机械类专业是理工科院校的标志性专业,机械制图既是一门单设课程,也贯穿整个培养计划中很多专业课程的学习,此外,其内容体系可进一步辐射到近机类专业,为理工科学生专业能力提升和严谨细致态度培养提供有力支撑。因此,在一流专业、一流课程建设背景下,如何发挥机械制图作为机械专业选修课的重要作用,充分推动毕业要求指标点的达成,是机械制图类课程建设面临的主要问题。

我国高校自20世纪50年代引入工程制图类课程后,诸多图学工作者结合课程教学中凸显的问题先后进行了一系列的课程改革,助推制图类课程的发展,并形成较为完善的课程体系。但是随着近年来大学由精英教育向大众教育转变,传统课程体系在内容编排、教学方法、考核手段等方面整体变动很小,课堂教学滞后于业界对大学生的期望,也严重落后于新兴技术发展态势,尤其在面临"卡脖子"的尖端技术革新对复合型创新型人才的需求时,课程的适应性更显不足。因此,课程体系的深入改革仍是当前图学工作者要重点开展的工作。

1. 课程建设现状

(1)课程内容固化,滞后于业界新技术

第一,传统机械制图教材没有对培养对象做出明确的区分,因而无法体现各自的特点,在内容编排上普遍是先介绍国家标准的基本规定,这项枯燥的内容无法在一开始就激起学生的浓厚兴趣,甚至使学生产生厌学情绪,更影响到后续内容的学习;第二,由点到线再到面的投影基础理论部分,虽然是为后续形体学习奠定基础的必备知识,但因具有较强的理论性,学生难以与实际相联系,因此学习起来感到晦涩难懂,以致失去学习制图的信心;第三,在基本形体学习中,注重强调形体交线的取点画法,而弱化交线自然形成的本质,单纯从理论高度来解释自然现象,无法获得较好的传授效果;第四,在零部件及装配图学习中,其表达仅停留在课堂上,没有与企业实际设计制造过程相联系,忽略了实践的指导作用。

(2) 课程实践薄弱，与培养目标不相符

培养学生的创新能力和解决实际问题的能力，实践教学必不可少，这也是复合型人才培养过程的重要环节。因此，培养复合型人才要兼顾"应用"与"创新"，必须协调好实践与理论的统一性，强化实践环节在课程内容中的重要性，走由实践总结理论再应用于实践的道路。① 认知实践、手工绘图实践、上机实践及测绘实践等是制图课程的重要环节，也是培养学生学习兴趣的有效手段，然而在当前人才培养大背景下，总课时压缩导致制图课程课时削减，难以做到理论与实践的兼顾统一。

(3) 考核方式单一，与素质教育相背离

考核是对学生学习结果的一种反馈，在一定程度上体现了学生对所学知识的理解运用水平。然而，当前机械制图课程的考核方式仍然过于单一，主要依赖期中、期末考试和作业，难以全面反映学生在实践环节中的能力。尽管平时成绩涵盖一定的实践内容，但其比重较小，无法凸显实践环节的重要性。结果是，实践环节成为简单的机械性重复，失去了促进学生独立思考的意义，也未能激发学生的创新思维。当前的考核体系更多关注理论知识的掌握，而忽视了过程评价，导致与当前素质教育理念背道而驰，无法全面评价学生的综合素质。

综上所述，现有的机械制图课程在内容设置、理论与实践的结合、考核方式等方面存在诸多问题。为了使课程教学适应一流课程建设背景下的现代教育发展，对机械制图课程存在的上述问题进行全面深入的改革并付诸实践势在必行。

2. 课程改革探索

近年来，笔者学校在"双一流"建设上持续发力，特别是在本科生人才培养方面进行了系列改革，基层教研室围绕学校办学定位和人才培养目标，积极开展教研，加强课程建设，实施改革探索，为学校"双一流"建设添柴加薪。工程图学教研室承担着全校5000人制图类课程的教学任务，教研室在

---

① 庞东祥.应用型技术人才的机械制图课程教学改革探讨[J].现代职业教育,2021(10):182-183.

机械类专业制图课程的改革中，始终以创新型人才培养为目标，结合一流课程建设开展了系列改革工作。

（1）课程内容体系创新重构

针对现有教材编写普遍存在的"课程内容固化，滞后于业界新技术"这一问题，探索适用于复合型人才培养的机械制图课程内容体系，解决当前高校毕业生的知识结构与行业需求不匹配、培养的人才不适应高新技术发展需求这一突出矛盾。首先从形体入手，通过三维造型设计展现不同类型基本体、组合体及典型零部件的结构，重点培养形象思维能力；然后回归教材，将其与立体的投影表达相结合，继而将计算机绘图融入工程图样绘制；由立体分解出面，继而到线再到点，通过自然过渡形成投影理论基础，逐步探索建立自上而下的学习方法；在学习过程中按照国家标准的基本规定，潜移默化地培养学生贯彻标准的工程意识；将三维造型与二维绘图、3D 扫描与打印融入课程内容体系，在实践环节将课程学习中遇到的典型零件进行建模及 3D 打印，熟悉零部件成形过程，以解决复杂形体空间想象难以及无法判断想象结果是否正确的问题，帮助学生正确理解视图，提高空间想象的准确率。通过实际观察进一步培养学生工程概念，找到与理论基础的紧密联系，为实践环节提供保障。

（2）探索理论实践融合教学方法

针对复合型人才培养的实践性和创新性强这一特点，从课程的理论与实践协调统一方面开展探索研究。首先，依据新的培养计划，增加实践性环节的课时比重，确保实践部分的重要性。其次，我们改变了以大量理论学习为基础再开展实践的传统做法，推行实践先行、结合理论、二次实践的教学方式。具体而言，在零部件表达部分，学生首先通过工厂参观了解零部件表达方法，在轻松的氛围中获得直观体验，然后带着"为什么采用这种表达方式"等问题回到课堂，通过实际操作进一步学习表达方法，交流心得体会。最后，将计算机二维与三维绘图逐步融入投影理论与立体表达的学习中，增强学生绘图能力。通过先进的多媒体教学手段，将静态结构图转换为动态的三维模型演示，插入零部件制造过程的视频，进一步激发学生兴趣，提高课堂参与度，并增强学生独立分析和解决问题的能力。

(3) 实施全程量化考核评价

为了全面、客观地反映学生的综合素质，特别是对复合型人才的培养，机械制图课程实施了全程动态考核形式，替代了传统的单一纸卷结课考试，旨在加强对整个学习周期的考核与评价。首先，考核内容强调实践环节的比重，突出实践的关键作用，并体现立体投影在纸卷考核中的重要性，通过实践部分考查投影理论的掌握程度。其次，强化过程管理，将平时作业、课堂出勤、课堂表现等纳入平时成绩，增加考核的科学性与全面性。最后，在考核方式上，我们实行面试与分组考核相结合的形式，兼顾个人能力和团队协作能力的评价，并设置明确的量化指标。对于在实践环节表现突出的学生，提供面试考核机会，合格者免笔试，不合格者参加笔试，确保考试的公平性。为了进一步增强考试的公正性，纸卷考试题目由同类院校的教师共同命制，避免了不同层次学校在出题过程中可能出现的偏差。

3. 课程改革成效

(1) 学习达成度稳步提升

通过对历年机械制图课程考试成绩的统计分析，近5年考试及格率稳定在85%左右，并呈现稳步上升趋势。同时，优秀率（总评成绩≥90分）从2019级的10%增长到2023级的15%。从成绩数据来看，课程及格率基本保持在85%左右，这表明学生对课程改革的适应性较强，教学过程和考核方式的调整并未导致成绩大幅波动。及格率与课堂表现基本相符：绝大部分学生能够紧跟教学节奏、认真学习并积极参与互动，但仍有极少数学生因课堂注意力不集中、课后学习态度敷衍而无法取得及格成绩。从优秀率的变化来看，课程改革实施后的近3年内，优秀率提升了4%，每年有40余名学生因此受益。这充分说明课程改革的实施有效激发了学生全方位的学习积极性，显著提升了学习成效。

(2) 课外竞赛成果显著

"全国大学生先进成图技术与产品信息建模创新大赛"作为图学领域的顶级赛事，受到了学校各部门的高度重视。笔者学校自2015年参加成图大赛并取得初步成绩以来，逐步将大赛元素融入课程教学中，特别是在理论知识讲授、计算机参数化建模、数字化创新设计等方面，注重培养学生的创新思维与实践能力。教研室围绕赛事内容进行创新项目设计，旨在锻炼学生的创新实践能力与团队协作能力，促进学生知识、能力与素质的协调发展。正因如此，学生参与课外竞赛的热情持续高涨，参赛人数逐年递增，竞赛成果显著。近年来，教研室指导学生参加成图大赛，多次获得机械创新设计、轻量级设计等国家级奖项。这也得益于课程改革中理论与实践融合的教学方法以及自主学习项目设计的有效实施。然而，与部分竞赛实力强劲的高校相比，我们在争取国家一等奖方面依然存在较大提升空间，这进一步坚定了我们在课程教学中坚持理论指导实践、项目驱动教学的改革方向。

（3）创新实践能力增强

过去 5 年，制图教研室共指导大学生创新创业训练计划项目 7 项，其中 3 项为国家级项目。项目申报时，大一阶段的参与者占比较高。在项目实施过程中，大一新生因刚刚完成制图课程学习，掌握了国家标准的规定和绘图技能要点，能够完成机构装置的装配图设计和零件图表达，甚至能够将自己的创新性思维体现在对零部件的优化设计和表达中，展现出极强的创新实践能力。其次，在教师各类纵横向项目的实施中，经师生双向选择后部分本科生承担了重要科研角色，包括文献资料查阅、研究综述撰写、机械图样设计等，通过对各项目的参与和具体实施，学生的眼界变得开阔、思维更加缜密、创新实践增强，表现出的科研热情在大四保研中成为一种独特优势，受到导师青睐。

在一流课程建设背景下，机械制图课程教学改革与实践已经成为适应新时期高等教育发展的必然选择。通过课程内容的改革，重新设计适合新时代人才培养计划的课程体系，将业界前沿技术融入教学内容，在课程内容安排上弱化理论性、突出实用性、体现先进性、培养创新性；通过对教学方法的改革，降低教师的主导作用，突出学生的自主性，以"提升学生学习兴趣、增强自主学习能力"为目标，改进教学方法；通过对考核内容与形式的改革，强化过程管理，创新考核方式，推行面试等考核形式，增强课程考核实践环节比重，提高学生参与课堂的积极性，培养浓厚的学习兴趣。最终，通过这一系列的改革，学生成绩逐步提升，课外竞赛成果显著，创新实践能力显著增强，为一流课程建设奠定了坚实基础，满足了高校复合型人才培养的需求。

第三节　机械制图课程教学改革探索

一、机械制图课程改革的重要性

机械制图课程的改革对于适应社会需求、提高教学质量、培养学生的实践能力和创新能力具有重要意义。机械制图课程不仅是培养学生空间想象能力和绘制、识读机械工程图样能力的核心课程，也是培养工程实践能力和创新能力的关键环节。因此，改革机械制图课程对于适应社会发展、提高学生综合素质具有至关重要的意义。

适应社会需求的变化。随着社会的发展，企业对人才综合素质的要求越来越高，传统的教学方法已经不能满足需求。因此，精选教学内容、调整学时、选择合适的教学方法成为课程改革的必要性与实效性的体现。

提高教学质量。课程改革不仅关注教学方法的更新，更要关注如何提高整体教学质量。通过引入多元化的教学手段，如三维CAI课件和其他现代化教学工具，可以极大增强学生的空间想象力和创新思维。同时，强化理论与实践的结合，不仅能提高学生的学习兴趣，还能有效促进他们对知识的深度理解。

培养学生的实践能力和创新能力。通过项目教学法、边讲边练、理实融合等多种教学方法，可以丰富课堂活动，提高学习兴趣，强化学习效果，增强学生实践应用能力。[①] 此外，通过构建"教学内容"模块，以实践岗位流程为目标，将企业实际工作过程中的典型任务转化为学习模块，有助于将理论与实践相融合，提高学生的主动学习能力和实践经验。

通过课程团队建设促进教学改革实践。通过课程团队的建设与实践，不断提高教师的教学和实践能力，打造一支基本功扎实的教师队伍，对于提高机械制图课程的教学质量至关重要。

---

① 唐斌,刘征宏,郑俊强,等."机械制图"课程理实一体化教学改革路径[J].南方农机,2024,55(5):172–174,178.

综上所述，机械制图课程改革不仅是对传统教学模式的突破，更是为适应社会发展需求、提升教学质量和学生能力所必需的。通过全面改革课程内容、教学方法、考核方式等，能够有效促进学生实践能力和创新能力的提升，为社会培养更多符合时代需求的高素质人才。

二、机械制图课程改革方向和措施

（一）新时期机械制图课程教学改革

随着社会的发展和技术的更新迭代，新技术、新模式、新行业不断涌现，高校的人才培养工作面临前所未有的挑战。特别是新工科理念的提出，要求高校教育更新教学理念，培养能够满足未来社会发展、科技创新需求，具有更强实践能力、创新能力和国际竞争力的高素质、复合型人才。当今世界，科技革命和产业变革正在引发世界格局的深刻调整，催生大量新产业、新业态、新模式，高校的人才培养目标、专业结构和课程体系也应该随之调整。当前高等教育的地位作用、体量规模、结构类型、教学模式、环境格局都在发生改变。课程是高校教育的心脏，是人才培养和教学工作的基本依据，也是影响乃至决定教育教学质量的关键要素。新时期高等教育面临新的挑战，课程作为高等教育的渠道，为满足新时期的人才培养要求，课程教学改革势在必行。

1. 课程教学改革的目的和意义

课程在专业教育中处于核心地位，是实现专业人才培养目标的主要途径，是教师开展教学活动的重要依据，是教学内容和教育思想价值的载体，是学生汲取知识的主要来源。课程教学改革的核心目标是提高学生的综合发展水平。改革措施包括教育教学理念的更新、教学方式的创新、教学评价和管理制度的改进等，所有这些旨在促进学生的全面成长。强国战略、教育先行，人才是关键，人才是培养出来的，课程的教学要跟得上人才培养的需求。机械类专业课程教学改革要解决以往的教学内容滞后于技术发展、理论脱离实际、不能满足工业和技术发展需求，以及学生对机械类专业的发展前景不够了解、学习积极性不高等问题。通过改革，机械制图课程将更加紧密地与技术发展和工业需求对接，提升学生的职业素养和创新能力。

2. 机械制图课程教学改革思考

新时期专业划分和培养目标在变，市场就业需求在变，教学内容、方法和手段也要跟着改革，以适应和满足社会发展的需求。但是教学改革不能为了改而改，应该有依据、有目标、有深度。作为机械类专业的基础课，机械制图课程的教学改革不能脱离以下几点：

（1）新工科理念建设要求

人才、技术和资源是新时期工业革命和国际竞争的关键，要在工业革命中抢占先机，为我国可持续发展和国际竞争提供智力支持和人才保障，为应对新一轮科技革命和产业变革所面临的新机遇、新挑战做好准备。[1] 2017年2月以来，教育部积极推进新工科建设，先后形成了"复旦共识""天大行动"和"北京指南"等新工科建设理念。新工科的新包含理念新、质量新、结构新、体系新和模式新，新工科的建设理念包含"问产业需求建专业，问技术发展改内容，问学校主体推改革，问学生志趣变方法，问内外资源创条件，问国际前沿立标准"六大理念。在新工科建设理念下，专业课程要适应技术发展和满足新工科建设的要求，要摆脱过去和传统的教学内容和模式，以学科前沿、产业需求和技术最新发展推动教学内容更新，以"问技术发展改内容，问学生志趣变方法"为依据进行课程教学改革。[2] 教育是为明天培养人才，面对新一轮科技革命和产业变革，必须面向未来技术和产业发展，提前进行人才布局，培养具有更强实践能力、创新能力、数字化思维和跨界融合能力的"新工科"人才。

（2）成果导向教育理念的本质

成果导向教育（outcome-based education，OBE）是一种以成果为目标导向，以学生为本，采用逆向思维的方式进行课程体系建设的教育理念。成果导向教育理念要求在建立课程教学目标时明确通过课程修习之后学生掌握什

---

[1] 梁刚,孔金超,马雄位,等.新工科背景下地方高校机械制图课程教学改革探索[J].创新创业理论研究与实践,2023,6(12):40-43,64.

[2] 王光艳,李永湘,余欢乐.新时期机械制图课程教学改革的思考与探索[J].时代汽车,2024(14):106-109.

么、理解什么、能用所学知识做什么，教学由以教师为中心向以学生为中心转变，学校和教师尽一切努力帮助学生提高学习成效，引导学生从填鸭式被动灌输学习向主动学习和探索转变。① OBE 理念更注重培养学生对知识的理解与应用、手脑结合解决问题的实践技能、品格与道德素养，更注重学生的产出能力而不是教师的输出能力，更注重研究型教学而不是灌输型教学。遵循 OBE 理念的课程教学改革必须思考如下问题：让学生学什么、掌握什么、学习后能做什么（目标）；为何要学生学习这些内容（需求）；怎样让学生获得这些学习效果（过程）；如何有效确定学生达到这些学习成效（评价）；如何保障学生有效地达到这些成果（改进）。在 OBE 模式下，课程教学目标设置与培养目标及毕业要求是分不开的，三者有效统一、相互支撑；教学设计要以学生的知识、能力、素质达到既定目标而设计；师资、课程等教学资源配备以保证学生学习目标达成为导向；质量保障与评价以学生学习成效为唯一标准。

（3）工程教育专业认证要求

工程教育专业认证是国际通行的工程教育质量保证制度，也是实现工程教育国际互认和工程师资格国际互认的重要基础。工程教育专业认证之下专业课程的培养目标要求学生达到：掌握必要的工程知识，并能将所学知识用于分析和解决实际工程问题；能够查阅文献，使用现代工具和专业知识进行研究、设计和开发；在分析和解决实际工程问题的过程中，关注工程与社会、生态之间的关系及可持续发展问题；具备科学素养、职业规范和社会公德；具有团队协作和沟通能力；具有自主学习和终身学习、适应发展的能力。因此，机械类专业课程教学改革要以学生为中心，以培养未来工程师为目标，让学生具有获取新知识、解决工程实际问题及与他人合作的能力。②

（4）智能制造

当下是工业 4.0 时代，工业发展的突出特点是数字化、网络化和智能化，

---

① 董妍,张磊,赵恩兰.基于 OBE 理念的机械制图课程教学方式研究[J].中国教育技术装备,2021(6):90-91,99.

② 蔡晓娜.以学生为中心的机械制图课程教学探索与实践[J].计算机产品与流通,2020(3):206.

智能制造是工业4.0的标志。在全球工业智能化的今天，中国工业和信息化部等八部门联合印发的《"十四五"智能制造发展规划》提出，到2025年，70%的规模以上制造业企业基本实现数字化网络化，建成500个以上引领行业发展的智能制造示范工厂。智能制造新模式的特点是有定制化产品、数字化设计与仿真、柔性制造、智能装备应用与集成及全流程数字化管理等。中国的智能工厂，分为由传统工厂升级改造而成的转变型智能工厂和一经创建就是原生型智能工厂两种，无论是哪一种，在当下和未来都需要能够支撑企业持续高效、可持续发展的智能制造型人才。为了适应智能制造的发展，课程体系和人才培养要有前瞻性，培养的人才要能够适应工业技术和新时代制造业的发展，要具有创新和多学科交叉融合能力，为实现"中国制造2025"制造强国战略目标提供人才保障。

（5）课程思政建设内涵

工程教育不只是培养专业技能人才，更注重培养德学兼修、德才兼备的高素质工程人才。坚持立德树人、德育与智育并举，厚植和增强工科学生的家国情怀、国际视野、法治意识、生态意识和工程伦理意识等专业能力和素质能力。课程思政建设要求之下，思政教育不再只是思政课程的事，其他各类课程要与思想政治理论课同向同行，形成协同育人机制，实现知识传授、能力培养和价值塑造有机统一、同步同行。专业课程的教学不仅要顺应时代和技术的发展，还要根据世界的变革和社会的发展培养学生的核心素养：培养学生具备支撑终身成长和顺应社会发展所必备的品格和能力，如文化理解与传承、创新、审辩思维、沟通和合作能力；培养学生全面发展，学会学习和健康生活，具有人文底蕴和科学精神，具有责任担当和实践创新能力；培养学生的基本道德规范"爱国、敬业、诚信、友善"。

3. 机械制图课程教学改革探索

机械制图课程教学的主要内容包含制图的国家标准、投影理论、工程图样的表达方法、零件图和装配图的绘制和阅读等，重在培养学生的读图和绘图能力。机械制图的课程地位无论是在专业培养中还是在就业需求中都是举足轻重的。然而，随着社会对工程类人才的要求不断提高，基于传统的教学模式已无法满足今天工程类人才的培养要求，机械制图课程的教学方法、教学手段及教学模式等需要及时调整和革新。新时期，在"新工科"、OBE、课程思政等教育理念的建设要求下，机械制图课程的教学改革可从如下几方面入手：

（1）变革教学模式

互联网和计算机技术的发展为新时期课程教学模式的变革提供了很多可能性和技术支持。首先是课程教学空间从线下延伸到线上，教学过程从定时定点到随时随处，教学评价从单一到多元等。经历了新冠疫情的影响，传统的课堂教学受到了前所未有的挑战，线上教学呈现加速发展的势头，线上、线下相结合的教学模式将成为一种教学新常态。其次是教学资源、教学工具和教学渠道多样化，雨课堂、超星课堂、爱课堂、爱课程、中国大学MOOC（慕课）等教学平台和课程资源的丰富和完善，软件技术和虚拟平台的更新换代，为教学模式的变革提供了技术支持和资源保障。在互联网时代，知识获得已经不存在障碍，但学习动力、注意力和专注力却变成了稀缺资源。基于此，机械制图的教学模式变革可将理论知识、二维图形和三维模型相结合，借助虚拟实践平台、绘图建模软件的投影模块和制图模块，将传统的扁平化、单向输出式教学转换为立体化、可视化的交互式教学，将知识点进行简单化、碎片化、有趣化和可视化处理，以解决学生空间想象力不足、学习兴趣不浓和注意力不集中等问题。[①] 这种新型教学模式不仅能提升学生的空间思维能力，还能够为他们提供更多的互动机会和实践体验，从而增强学习的参与感和效果。

（2）调整教学内容

在课程思政建设要求之下，课程教学不仅要有明确的知识目标和能力目标，还要有具体的思政目标（素质目标），课程的教学内容也要合适地增加思政内容。课程思政和专业知识不是各自为政，思政内容的增加也不是生搬硬套，思政元素和专业知识点应有机融合，思政内容的教学应是潜移默化的。此外，应新工科建设的要求，适当减少理论教学、增加实践和综合训练教学

---

① 任洁,郭志明,李景丹,等.基于立体教学法的"机械制图"课程创新教学实践[J].装备制造技术,2022(10):151-155.

内容势在必行。通过不断的教学分析和学情总结,在机械制图课程的实际教学中,在确保学生能够掌握投影理论和建立多面投影体系的情况下,可以适当缩减画法几何部分的教学学时,增加零件图和装配图部分的教学学时,留更多的时间训练学生进行实际零件和装配体的图样表达。可以增加测绘实践教学环节,通过装拆各种泵体、减速器和主轴箱等部件,测绘其零件图和装配图,分析其工作原理,以训练学生对机械图样知识的综合运用。为跟上智能制造数字化、网络化和智能化的步伐,在手工绘图的基础上更加注重学生的计算机绘图能力。如高等教育出版社出版的同济版机械制图教材就在各章节加上对应的计算机绘图内容,理论教学与计算机绘图相结合,以培养学生的无纸化设计能力。

(3) 增加和融入实践教学

工科教育不能重理论、轻实践,要注重"早实践、多实践、反复实践"这一工科人才培养规律。新时期的人才培养应该注重学生获取新知识、解决问题和与他人合作的能力。对工程类人才的培养教育,除了培养方案中的独立实践教学环节,要结合课程特点,在各专业课程中合理地增加和融入实践教学,加强学生的实践动手能力。机械制图课程开设在第一学期,学生的专业背景知识储备不足、认识有限,需要多见识、多动手。所以,在课程的教学过程中合理增加实践教学,通过三维模型、实际零件、机械零件陈列室和实验室等,引领学生见识常见的传动类、连接类和一般类零件,通过实际零件的测绘、装配体的装拆、拆画零件等,提高学生的手、眼、脑结合能力,为创新设计和动手解决工程实际问题打基础。借助多媒体、仿真技术和虚拟现实技术,练习虚拟装配、零件或组合体的虚拟投影、虚拟剖切等,训练学生的空间想象力。还可以结合学科竞赛、创新创业实践,让学生把所学知识用于解决实际问题或者创新设计,让理论知识鲜活地表达和体现出来。总的来说,要寓教于做、寓教于乐、寓教于赛。通过实践活动加深对知识的理解,进而提高学生的实际操作能力,为未来的工程设计和问题解决打下坚实的基础。

(4) 课程间的交叉融合与渗透

在专业课程体系中,各专业课程之间是交叉融合且相互渗透的,课程建设和课程改革要考虑各课程之间的关联，明确各课程在培养目标中的作用和地位，分析各课程知识之间是互补还是深化关系，以便重构优化课程内容。机械制图作为专业基础课，和其他各专业课程的联系十分紧密。机械制图中的投影理论和制图知识是计算机绘图和三维建模与仿真课程的基础，零件图部分的极限与配合、尺寸公差、形位公差与互换性和技术测量基础课程的部分内容重合，零件材料与材料的热处理要求和机械工程材料基础课程的教学内容有关，零件的结构工艺性、技术要求和机械加工工艺等课程内容关联，零件图和装配体的绘图知识是毕业设计的基础。所以，机械制图的教学内容要结合培养方案中的其他相关课程，做好教学内容安排，避免教学内容的缺失和重叠。在充分考虑学生的认知结构和认识逻辑的前提下，可用串讲的方式处理各课程间教学内容的交叉与渗透，交叉课程的串讲应做好串讲设计，包括串讲内容的选取、教学程序的编制、教学重点的突出、讲授手法的运用等。例如，在讲解轴类零件的零件图时，可根据零件图的内容串讲轴类零件的材料、毛坯、加工工艺、热处理工艺、使用场合及检查测量等内容，让各课程之间的知识点有机融合，在拓展学生专业知识面的同时，为学生学习其他课程打下基础。

（5）课程考核方式变革

OBE 理念从最终成果出发，反向进行课程体系和教学设计，注重学生知识目标和能力目标的达成情况，而评价学生是否达成学习目标的手段是有效的考核和评价方式。成果导向教育特别强调"以学论教"的评价原则，教学评价主要聚焦在学习成果上，而不在于教学内容等其他方面。同时，OBE 理念更加倾向于达成性评价而非比较性评价，即更加强调学生的自我比较，而非学生之间的比较。所以教师要根据每个学生能达到教育要求的程度，赋予从不熟练到优秀的不同评定等级，进行针对性评价。有效的、可测量的、多元化的评价指标的建立，是保证教学质量和促进教学质量评价的前提。课程的考核方式变革除了原有的知识与能力目标考核，还要增加思政目标考核。机械制图的课程考核有期末的终结性考核期末考试和灵活多样的过程性考核。过程性考核可以从考勤、课堂表现、课后作业、章节测试、实践能力及思政教育等多方面进行考核，其中，德育考核（思政教育）是必不可少的。期末的终结性考核应先根据课程教学目标及其分值权重拟定命题计划,并进行命题合理性审核等,然后编制考试试卷。考试结束后,要根据卷面成绩、学生得分情况及失分情况等进行学情分析。最终,结合过程性考核和终结性考核结果对教学目标进行达成度评价,根据目标达成度情况,对课程预期学习成果的整体达成情况进行多方位、多维度评价分析,以"评"促"改",敦促对教学内容和教学方法做出调整、改善,提升教学质量,形成持续改进机制。

党的二十大报告首次对教育、科技、人才进行"三位一体"的统一部署和安排,极具战略意义和深远影响。教育培养人才,人才支撑创新,创新驱动发展、提高社会生产力和综合国力。课程是人才培养的核心,课程教学改革是提升教学质量的手段,好的教学质量是保障人才培养质量和支撑科技创新的前提。根据新时期机械制图课程的教学要求,针对过去存在的问题和传统教学的不足进行课程教学改革思考和探索,为新时期高素质工程科技人才培养提供质量保障。

随着国家对教育和人才培养提出更高的要求,课程教学改革成为提升教学质量和满足社会发展需求的重要手段。特别是在新工科理念的引领下,机械制图课程教学改革不仅要适应技术发展的速度,还需要培养具有创新思维、实践能力以及跨学科融合能力的高素质工程技术人才。[1] 为了支持国家的科技创新和产业发展,课程改革必须更好地服务于行业发展需求,并培养能够应对未来挑战的复合型工程人才。通过课程内容的优化、教学方法的创新、考核模式的改革,我们可以在机械制图课程中实现理论与实践的深度融合,为学生提供更加灵活、多元的学习体验。这样,不仅能提高学生的专业技能,更能促进他们的综合素质发展,确保其具备更强的自主学习能力和解决实际问题的能力。

(二) 基于新多媒体基础的机械制图改革

机械制图作为工科学生的一门专业必修课,具有很强的实用性和基础性。

---

[1] 薛婷,仲小敏.新型学徒制视域下机械制图课程教学改革探究[J].模具制造,2024,24(6):89-91.

在过去的教学中，机械制图不仅是学生后续学习的重要基础，还直接影响到他们的工程实践能力。然而，传统的机械制图教学模式已经暴露出许多问题，逐渐无法满足现代社会和科技发展对工程类人才的需求。在此背景下，随着虚拟现实（VR）、计算机辅助设计（CAD）等新多媒体技术的快速发展，机械制图课程的改革迎来了新的契机。

1. 新多媒体技术对机械制图教学模式的挑战

目前，大多数国内高校的机械制图教学模式仍以传统的填鸭式教育为主。学生被动接受教师讲解的知识，缺少自主思考和深度理解的机会。这种方式限制了学生创造力和批判性思维的发展，难以激发学生对机械制图的兴趣和动手能力。特别是在大一学期，学生刚进入大学，面临适应新环境和参与各类活动的压力，通常没有足够的时间进行课后练习和复习，导致知识理解浅薄和积累困难，形成恶性循环，进而影响后续学习。具体而言，传统教学模式存在以下问题：

（1）课堂教学过于抽象化

目前，大多数的机械制图课程教学都以教师讲解 PPT 或者课本内容为主要形式，这种课堂教学忽视了学生对抽象概念的理解。比如在机械制图教学过程中教师提出一个过盈配合的名词，虽然书中对此做了详细的解释，教师也对其做了详细的讲解，但由于学生刚接触机械专业，只是强行记忆了过盈配合这个概念，而并没有理解这个配合方式，无法判断什么条件下该使用这种配合方式。这种教学模式导致学生对教师所教内容遗忘快、难以真正理解，教师没有注意对学生自主想象力的培养。现在大多数学校的机械教学模具还比较少，有的学校甚至没有，这就无法使学生直观地了解构件的结构，也无法了解某种工艺流程在此构件加工时的具体作用。

（2）忽略了对学生学习兴趣的培养

兴趣的培养对刚入学的大学生而言十分重要，若能在学期一开始就激发学生对机械制图的兴趣，让学生产生自主学习的思想，这在很大程度上能让机械制图的教学事半功倍。大多数高校在大一的时候就开设了机械制图这门课程，但这一阶段学生对制图的基本操作以及常用的制图工艺都缺乏深层次的理解，在这种模式下学生难以将机械制图的整体知识脉络把握清楚，更无法将其应用到产品设计当中。机械制图并不像机械原理那样具有综合性，这就导致学生在后续的学习中会刻意避免使用机械制图，使得机械制图的教学目的无法达到。等到四年本科学习结束，学生在图形表达能力上存在严重不足，其具体表现在难以选择合理的图形表达方式，技术要求、尺寸公差不知如何标注，课程的教学质量大大降低，学生制图水平仍处于一个较低的水平。

（3）将 AutoCAD 与机械制图孤立教学

随着数字化信息的发展，AutoCAD 已经广泛应用于机械设计的各行各业中。与机械设计一样，AutoCAD 也是机械类大学生本科阶段的必学课程，这两门课程都需要很强的动手操作能力。两门课程在内容上有着密切的关系，但目前大多数高校都将这两门课程分开教授，彼此之间缺乏联系。怎么使 AutoCAD 与机械制图有机融合，形成以机械制图教学为主、计算机辅助画图为辅的教学模式，是我们教育改革一直在探索的方向。将机械制图与 AutoCAD 孤立教学不仅使教师的教学周期拉长，教学任务加重，而且会使两门课程缺乏联系，不利于学生对制图知识的总体把握。在机械制图课程中合理地穿插讲解 AutoCAD，既有利于学生对整体知识框架的搭建，又能有效提高两门课程的教学效率。

2. 融合多媒体与现代技术的机械制图教学模式

（1）结合多媒体的教学模式

随着多媒体技术的发展，多媒体辅助教学已越来越受到广大师生的青睐。例如教师在讲解某个机构需要用视图来将其表达清楚时，可利用多媒体工具展示该机构的三维图形或者爆炸视图，让学生能更形象地观察到机构的结构形状，不至于让机械制图显得那么抽象。同时，可以利用多媒体将产品加工的方法展示出来，例如在画退刀槽时利用多媒体向学生展示车床加工轴的操作方法，让学生理解画退刀槽的实际意义，而不是单纯地记忆退刀槽的概念。对于大型教学模具，通过多媒体的拆解展示，可以有效展现构件的三维立体图，帮助学生更好地理解课程内容，增强记忆效果。通过这种方式，教学不再局限于平面的书本知识，而是让学生通过动态的展示，构建更真实、立体的机械模型，从而提高学生对机械制图的理解与记忆。

(2)结合 VR 技术的教学模式

VR（虚拟现实）技术通过计算机仿真技术为学生提供身临其境的学习体验，能够立体呈现机械工艺流程。学生可以通过 VR 技术虚拟地感受机械工艺的每一个环节，深入理解每个制图步骤的实际意义。借助这种技术，学生能够更好地掌握机械制图的核心要领，增强空间想象力和动手能力。通过虚拟现实环境进行机械制图教学，不仅提升了学生的学习兴趣，也能够为教学改革提供创新的解决方案。随着 VR 技术成本的不断下降及其快速发展，合理将其融入机械制图教学中，能够有效提升教学质量，为学生创造更具创新性的学习环境。

(3)融合 AutoCAD 软件与机械制图的教学模式

机械制图教学和 AutoCAD 软件教学在内容上有很大的关联性，但在以前的教学模式中二者是彼此孤立的，这使得教学内容无法有机融合，教师的教学效率和学生的理解程度都大打折扣。因此，如何将这两门课程有机融合是个值得思考的问题。可以以机械制图基础知识的讲授为主，以 AutoCAD 软件教学为辅，贯穿整个课程。课时比例可以设定为 1∶3，即机械制图为主体内容，AutoCAD 的上机教程为穿插内容和课后作业。在 AutoCAD 的授课中复习机械制图的各种画法、公差基准等，做到 AutoCAD 与机械制图教学有机融合。例如学生在 AutoCAD 课堂教学中使用"圆弧连接"命令时，教师必须让学生理解无论是直接用"圆角"命令，还是画圆再去"修剪"，其理论基础都来源于机械制图，只不过用计算机来做简单快捷罢了。同时，学生需要分清哪种情况是"内接"，哪种情况是"外接"，什么时候是 $r_1 + r_2$，什么时候又是 $r_1 - r_2$。理论基础对于机械专业学生的学习是十分重要的，将 AutoCAD 与机械制图课程融合教学，需要保证两门课程在教授内容上同步，使两门课程的知识相互贯通，进而让学生通过 AutoCAD 软件将机械制图的知识有效表达。

在将 AutoCAD 软件教学融入机械制图课程时，我们要合理安排教学任务，合理布置课后练习。根据笔者多年的课堂教学经验和学生实际反馈，分开讲授这两门课程时，在课堂上大多数学生都能理解教师所讲的内容，但在期末测试和课程设计时学生的图纸却表达得很糟糕，这样将二者结合起来教学就具有挑战性了。分析其原因，还是学生没有学会独立思考，没有在课后勤加练习。制图课程是一门注重动手操作的课程，需要我们自己动手绘制才能有效理解机械制图中基本概念的具体含义。因此，融合AutoCAD软件与机械制图的教学模式，需要我们加大对学生作业辅导的课时比例，通过大量的练习让学生掌握制图的基本概念。我们应该充分认识到"教学有法，教无定法"，随着新多媒体技术的飞速发展，机械制图教学模式也需要不断改革创新。与时俱进，才是亘古不变的真理。

随着当今数字化多媒体信息的飞速发展，越来越多的多媒体技术被应用到我们的日常生活中，在很大程度上提高了我们的生活质量。将多媒体技术、VR技术以及AutoCAD软件与机械制图的教学相融合的教学模式，能在很大程度上解决学生想象力缺乏、动手能力差的问题，同时还能极大地提升学生的学习兴趣，提高课堂学习和教学效率。在信息技术快速发展的时代背景下，如何将多媒体技术、VR技术以及多媒体软件教学和机械制图这门课程有机融合是我们需要仔细思考的问题。[①]

（三）基于分段考核的机械制图教学模式改革

机械制图课程是工科专业中一门技术性较强的基础课程，教师在教学过程中需要将理论和实践有机结合，才能保证教学效果。目前传统的机械制图教学考核模式，过于侧重理论考核，不利于对学生实践能力的培养。随着经济的发展和科技的进步，市场对工科专业人才的素质要求不断提高，这推动了工科专业加快教学模式的改革。进行课程考核评价的改革，以适应新时期的人才市场需求，显得尤为重要。

1. 机械制图教学中应用分段考核模式的必要性

传统的机械制图课程教学考核侧重理论考试，忽视了对学生的实践应用能力和阶段性学习过程的考核。在考核过程中过分强调考核结果，导致学生和教师都只关注结果，片面追求好成绩，无法真正反映学生的课程学习情况和教师的教学水平。学生虽然掌握了理论知识，有很好的读图能力，但是实

---

① 余思佳,吕强,丁杰雄.机械制图课程探究式教学探索与实践[J].实验科学与技术,2019,17(4):44-49.

践应用能力欠缺，毕业后在具体的工作岗位上，往往出现尺寸标注错误等问题，不能完整表达零件图和装配图，达不到相关制图国家标准，无法满足新工科背景下对人才专业素质的培养要求。

与传统考核模式不同，分段考核模式将考核分为若干个阶段，每个阶段结束后对学生进行评估。这样，教师可以根据每个阶段的考核结果及时调整教学策略，优化课程内容和教学方法，确保每个教学环节的学习效果最大化。分段考核的实施可以帮助学生在各个学习阶段设立明确的学习目标，使学生更加重视每一部分的知识学习，确保他们牢固掌握必备的基础技能和核心知识，避免知识点的遗漏。

通过分段考核，学生在每个阶段的学习中都有机会进行自我调整，及时发现和改正自己的问题，避免了单一的期末考试模式下的学习盲点和压力积累。分段考核不仅可以提高学生的学习动力，还能促进学生在实践操作和理论知识的结合方面取得更好的成绩，从而更好地满足实际工作中的需求。

2. 机械制图课程教学考核现状

（1）考核重结果、轻过程

传统的机械制图课程教学考核模式，教师往往只关注学生的考核结果，教学目标的制定也以提升班级平均分、增加高分率为主，对于学生的课程学习过程并不关注。这种应试教育模式下的考核方式过于重视结果而忽视了过程，流于形式，不能正确反映学生的学习情况，影响了考核结果的准确性。此外，部分学生平时在机械制图课程的学习过程中不积极、不主动、不认真，最后往往寄希望于教师划重点，或者采取抄袭、作弊等方式来提高考试成绩，即便考试合格，这样的考核结果也存在水分。还有部分学生平时课程学习中表现较好，学习态度积极，学习能力强，但是考核时可能因为偶然原因而发挥不好，考核结果不理想，如果仅以结果为导向对学生的学习情况进行一刀切式的评价，会在一定程度上打击学生的学习积极性。

（2）考核重理论、轻实践

目前在各院校机械制图专业课程考核过程中，更多倾向于理论考核，教师针对课程的知识点设计考核试卷，学生只需要完成书面考核即可。而机械制图是一门实践性比较强的课程,如果在考核中过分侧重理论考核,而忽视实践考核,甚至没有设置专门的实践考核,会让很多学生误认为学习的重点在理论,导致学生花费大量时间来死记硬背理论知识,忽视了自身实践应用能力的提高。学生在今后的工作岗位中,很难真正将理论知识和实践应用联系起来,欠缺解决问题的能力,达不到市场对人才素质的要求,这种课程考核模式也缺乏意义。

（3）考核主体单一,存在一定主观性

在传统机械制图课程考核模式中,学生的期末考试成绩占绝大部分,还有一部分成绩是由教师根据学生日常表现进行评分,考核主体单一,存在一定的主观性。教师在日常课程教学中印象深刻的学生一般只有表现好的几位,很难将所有学生的日常表现都记住,所以在评分上会带有一定的主观性,很难保证评分结果的公平公正和客观,一定程度上影响了考核结果的准确性。

3. 分段考核在机械制图教学模式中的应用

（1）把握课程特点,做好分段考核设计

教师需要结合机械制图课程的实践性、技术性特点,在分段考核模式中,设计多样化的考核方法。机械制图课程涉及的教学内容比较多,也包含一些其他学科的专业知识,教师应根据这一课程的教学特点和需要,结合相关实训内容,深入研究分段考核机制的有效临界点。

针对机械制图课程进行分段考核,各院校还需要构建相应的分段考核指标体系。指标体系应该包含对学院、教师、课程、课堂、项目等的全方位多维度评价,各院校要通过健全完善考核保障制度、完善各环节考核指标体系、落实各环节考核实施方案,构建全员参与、全程监督、全方位考核的机械制图课程评价体系。为推进机械制图课程分段考核评价体系建设工作,还需要加强顶层设计,全面规划,不断优化课程分段考核评价体系,落细落实各项考核评估评价工作,全面推进机械制图课程的高质量建设。

（2）注重理论和实践考核相结合,体现考核综合性

在分段考核中,教师还需要结合学生不同阶段的学习内容变化,在设计考题时突出相关重要知识点,坚持以实践考核为主。结合机械制图课程各单

元教学任务有效把控好实训操作考核形式和内容,并结合学生的实践情况做好课程实践考核的规划,优化后续的课程教学内容,真正做到将实践考核和理论考核结合起来。

(3)注重多元考核体系构建,保证考核公平公正

传统的机械制图课程教学评价体系常用的评价模式为结果性评价,这种评价模式过于单一,无法真实全面反映教学成果。对于相应的评价模式进行完善,将学生自我学习目标设定作为参考,以此来设定课程评价量表,为评价提供科学合理的考核指标和方法,确保评价公平公正、科学有效。教师在对学生进行具体评价的过程中,要注重多使用正面评价,肯定学生的技能和优势,给予学生充分的鼓励,增强他们的学习信心,提高他们的综合实践能力。学校在进行教学模式考核时应综合多种评价模式的优势,构建多元化的考核体系,让学生自评、学生互评以及教师评价都成为评价体系中的组成部分,完善教学评价的多元化和准确性,避免考核评价结果受教师单一考核主体的主观性影响,从而保证考核结果的可靠性和客观性。

传统的机械制图课程教学考核模式存在重理论轻实践、重结果轻过程、考核主体单一等问题,影响了机械制图课程考核结果的可靠性和客观性。在机械制图课程中引入分段考核模式,通过结合课程特点做好分段考核设计,注重理论考核和实践考核相结合,构建多元考核主体模式等措施,不断提升机械制图课程教学分段考核模式的实施成效,对于推动课程改革、促进考核评价模式进一步完善、提升育人成效等都具有重要意义。

三、教学改革案例

(一)基于工程认证背景的机械制图教学改革研究——以齐鲁工业大学机械专业为例

工程教育专业认证是教育部为切实提升高等教育教学质量,推进工程教育国际互认和工程师资格国际互认的重要举措。专业认证可以促进高校工程教育对业界需求的适应性,从而提升工程专业人才的国际竞争力。齐鲁工业大学(山东省科学院)机械制造及其自动化专业是山东省名校工程重点建设

第四章　机械制图课程教学

专业，2019年正式通过工程教育专业认证，从而对机械专业学生的培养目标提出了更高的要求。学生除了要具有扎实的工程基础知识和系统的专业知识，分析和解决复杂工程问题、开展工程研究的综合能力，还要具备良好的人文素养、沟通能力与协作精神，同时要具备创新性潜质和国际视野，成为能够在机械制造及轻工机械等支柱产业中，从事技术开发和科学研究等方面工作的高素质应用型人才。机械制图课程对学生的工程能力培养具有非常重要的作用。齐鲁工业大学图学教研室以工程教育专业认证的先进理念为依据，对机械专业机械制图课程的目标、内容及教学模式进行了一系列改革。基于成果导向教育理念重构课程内容，实现课程内容与工程需求的融合，培养学生图学思维和工程应用能力；基于以学生为中心的理念，充分开发整合线上教学资源，形成学生线上与线下、课内与课外相结合主动学习的新模式，解决了由于课时缩减而产生的学时不足、理论内容枯燥、学生学习兴趣不高等问题，同时以制图类学科竞赛促进教学相长、持续改进，获得了较好的教学效果。[①]

1. 基于成果导向教育理念重构课程教学内容

随着信息技术的发展，多元化计算机辅助技术替代了原有的图纸设计模式，基于模型定义（model based definition，MBD）技术已在航空业实现了全过程数字化设计解决方案。为适应现代设计工程的发展，工程技术人员除了要有扎实的制图知识和构形能力，还要有较高的计算机绘图能力，因此，计算机设计软件已成为机械制图课程的重要教学内容。目前我国高校在机械制图课程中融合计算机设计教学，多采用分段式。由于机械制图课程安排在大学第一学期，学生此时尚欠缺工程实践经验和空间思维能力，对机械制图课程中的一些立体空间概念难以理解，容易失去学习兴趣，但学生对上机操作的环节非常感兴趣，学习热情较高，掌握程度也较好。因此，基于成果导向教育理念重构课程内容，实现课程内容与工程需求的融合，培养学生图学思维和工程应用能力尤为重要。

---

① 张红霞，付秀琢，陈彦钊，等.基于工程认证背景的机械制图教学改革研究：以齐鲁工业大学机械专业为例[J].中国教育技术装备，2024(5)：40-43.

齐鲁工业大学教学内容的重构从修改大纲、调整教学内容及教学重点入手。该校机械制图课程共112学时，分为上下两个学期。在认证之前为制图知识和计算机软件分段教学，即上学期56学时传统制图理论，下学期24学时理论+32学时上机；认证之后改革为融合教学模式，在总学时不变的前提下，调整为上下两个学期都是40学时理论+16学时上机。此外，在教学内容上也有很大的调整，重点体现在压缩画法几何部分学时，将更多学时用于表达方法、零件图、装配图等核心章节，同时增加工程案例分析及分组大作业部分（10学时），以便让学生结合工程应用，更好地掌握零件的表达及典型件的装配等内容。

在机械制图上学期的教学内容中，可以结合几何作图和国家标准，通过上机讲授使用AutoCAD绘制平面图形。教学中，正确设置"图幅、图框、线型、线宽、字体样式、尺寸样式"，以巩固国家标准中的相关规定。通过尺规绘图和上机绘图两种方式，学生可以完成几何图形的绘制。采用任务驱动的方式，结合制图基础知识学习软件，有助于学生更好地巩固所学知识，并有效掌握软件的应用，二者相辅相成。在讲解立体的截交线及相贯线、组合体的绘图和读图以及图样的表达方法等内容时，结合软件的三维建模，使学生全方位动态地观看立体图形，大大激发学生的学习兴趣。通过投影生成二维工程图，可以让学生更好地体会三视图的投影关系和投影规律。这样使传统制图教学与二维、三维设计软件的教学相结合，实现融入式一体化教学，使学生的学习过程更加鲜活有趣，大大提升学生学习的积极性。

在机械制图下学期教学内容中，结合常用的各种装配体（千斤顶、滑动轴承、手压阀、球阀、回油阀、虎钳、减速器等），整合机械制图下学期的教学内容，完成标准件和常用件、各典型零件和装配体的学习。在标准件和常用件部分，利用SolidWorks三维设计软件中的设计库对标准件进行调用，加深学生对标准件的代号、规格、结构、用途及装配关系的理解。在零件图部分，用AutoCAD绘制工程图，用SolidWorks对典型零件进行建模并生成工程图，巩固学生对零件图的内容、工艺、尺寸、技术要求的学习。在装配图部分，对学生进行分组，用SolidWorks分别完成各典型装配体中的零件三维建模、装配体的虚拟装配和运动仿真。通过这个过程，让学生加深理解装配体的工作原理及装配过程、零件在装配体中的作用,掌握工程图的绘制,提高工程认知能力。这种项目驱动式教学让学生有了非常具体的学习任务和学习目标,使原本抽象枯燥的学习内容变得生动有趣,大大提高了学生学习的积极性和主动性,获得了较好的教学效果。

我国高校课程多采用期末考试卷面成绩加一定比例的平时成绩进行考核。随着课程教学目标、大纲及教学模式的改变,考核方式亦随之进行调整。基于工程教育专业认证先进理念的教学改革需要改变以往的考核模式,建立新的考核体系。在上学期,学生除了完成每章对应的习题集作业、几何作图和组合体的尺规绘图大作业,还要完成几何作图和组合体的 AutoCAD 二维以及 SolidWorks 三维建模的电子作业。在下学期,除了完成习题集作业,还要完成螺纹坚固件连接的尺规绘图,用 AutoCAD 完成典型轴类零件的零件图及千斤顶的装配图的绘制,用 SolidWorks 完成一整套装配体的项目作业,课程结束时进行小组成果汇报展示。期末总评成绩增加过程性评价,将学生的平时作业、尺规绘图大作业以及电子作业,包括平时上课上机表现及小测验和项目作业等都作为考核内容,同时在期末试卷中增加工程实际问题,从而建立多元化、过程化、能力化的考核体系。

2. 基于以学生为中心的理念改革教学模式

当代大学生思想活跃,求知欲强,但大一学生又普遍存在依赖性强、自主学习能力不够等问题。齐鲁工业大学考虑机械制图教学的实际情况,在教学中采用了以学生为中心的理念,积极推进教学模式的改革,特别是在大一阶段,理论课时大幅缩减,增加了 32 学时的上机教学。然而,无论是理论课还是上机课,学时数量普遍不足,难以充分满足学生的学习需求。因此,为了更好地解决这一问题,齐鲁工业大学结合机械制图课程的工程应用特点和低年级学生的学习需求,将线上教学与传统课堂教学有效结合,取得了显著的教学效果。除了现有丰富的在线资源,教学团队还结合本校学生特点和课程内容,在超星学习通平台创建班级和 QQ 群,为学生制作丰富的教学素材及微视频,使学生能够根据自己的时间灵活地安排学习,且在学习过程中随时通过电话、QQ 截图等及时获得教师的在线指导。特别是在项目驱动式学习中,教师分组布置项目作业,各项目组组长分解任务,组员分工合作完成项目作业。这样，整个教学过程由传统的以教师讲授为中心逐渐转变为以学生学习为中心，促进学生转变学习习惯，淡化学生对传统课堂教学的依赖，从而形成以学生自主学习为主的、注重学生能力培养的新的学习模式。

3. 基于持续改进教育理念，组织学生参加图学类学科竞赛

齐鲁工业大学积极组织学生参加山东省及国家图学类学科竞赛，通过这样的活动激发学生的学习热情，同时提高教学水平，能够有效检验教师教学质量和学生学习成果。以赛促学、以赛促教，不仅能提升学生的动手能力和创新思维，还能通过比赛结果不断改进教学方法和内容，促进教学质量的持续提升。齐鲁工业大学2021年、2022年连续两年组织学生参加山东省大学生智能制造大赛及"高教杯"全国大学生先进成图技术与产品信息建模创新大赛，多名学生获得诸多奖项。这些优秀的学生在后续的机电产品创新大赛及诸多学科竞赛中都成为骨干力量。学校还以这些获奖学生为基础，组建了学习小组，针对低年级学生进行课外辅导和培训。通过教师与高年级学长学姐的指导，学生能够在课外时间深入学习三维设计软件，并形成了良好的学习氛围。这种环境不仅提升了学生的综合素质，也促进了学生的合作精神和创新能力。

在机械制图课程的教学过程中，齐鲁工业大学始终贯彻成果导向教育理念，课程内容与项目设计紧密结合，通过精选典型的工程实例，由浅入深、由简到繁，确保重要知识点贯穿整个工程实例。通过布置与实际工程紧密相关的实践作业，学生能够提升其工程设计的综合素养。在此过程中，学校不仅关注学生的理论学习，还重视他们的动手能力和创新思维的培养。教学内容的优化与更新始终以学生为中心，不断完善线上教学资源并结合实际工程问题进行教学设计。同时，通过组织学生参加图学类学科竞赛，学生不仅能够获得实践经验，还能培养自主学习和终身学习的习惯。这样的教学改革符合工程教育专业认证的要求，能有效提升机械制图课程的教学质量，确保学生毕业后能够满足现代设计制造企业对高素质人才的需求。教学实践证明，基于专业认证的教学改革有效提升了学生的学习动机和能力，使其更加适应未来的职业发展。

（二）机械制图课程混合式教学方法与实践——以新疆理工学院为例

传统的教学模式已经不能满足学生制图能力的全面培养，尤其是在空间想象力和实践能力的培养上存在不足。为了应对这一挑战，基于 CDIO 理念，线上与线下课堂教学有机结合的混合式教学模式已成为教育领域发展的趋势。[1] 在此背景下，新疆理工学院积极推动机械制图课程的混合式教学改革。通过丰富教学资源、建立优质教学素材库，并有效衔接线上线下教学，取得了良好的教学效果。

1. 新疆理工学院机械制图教学过程存在的主要痛点

痛点一：低年级新生专业基础薄弱，不知道为什么学这门课，且空间想象力建立困难。机械制图课程通常在大一上学期开设，且是一门实践性较强的课程，而学生高中阶段主要以集中学习为主，缺乏实践锻炼，没有立体思维，空间想象力建立困难，专业制图基础相对比较薄弱。因此，在授课过程中，教师需要清晰地解释课程的重要性，展示它在日常生活中的应用及意义，帮助学生从实际案例中理解课程价值，从而激发学生学习的动力并逐步建立起空间想象力。

痛点二：课程教学模式、考核方式较为单一。该校传统机械制图考核方式主要采用期末考试试卷成绩与平时成绩（作业+考勤）相结合的形式，考核方式比较单一，且作业存在抄袭现象，课上低头族较多，部分学生上课不听讲，期末考试前全靠突击复习，这种考核方式显然不能使学生进行有效的学习，不利于学生制图能力的培养。

痛点三：学生识图绘图能力较弱，在逐渐压缩课时的环境下更加严峻。由于高校学分制改革，许多课程的理论课时都有所减少。机械制图作为机械类专业的一门基础课，其涉及的知识面广，知识点多，且知识点之间具有较强的关联性。因此，如何在课时减少的情况下连接和过渡各种知识点是机械制图混合式教学改革设计的关键。

---

[1] 王丽萍，何航红，覃钰杰，等.以能力培养为导向的应用型本科"机械制图"课程线上线下混合式教学探析[J].科技风，2023(6):113-115.

2. 新疆理工学院机械制图创新教改思路与举措

针对痛点一，新疆理工学院机械制图课程积极采取创新举措，以增强学生学习动力和提高学习兴趣。在课程相关章节的教学中，学校引入了机械工程案例、视频和图片等教学资源。比如相贯线知识点以三通球阀动画引入本节内容，从一开始就告诉学生为什么学习这节课内容，从而激发学生学习其概念、定义、特性及画法的动力。为帮助学生理解和应用所学内容，学校制作了大量的例题和习题，让学生进行充分练习。此外，结合线上平台，如雨课堂、学习通和钉钉等，发布了丰富的支持学生自主学习的教学资源。同时，机械制图课本教材提供的相关知识点的微视频和 AR 移动学习系统，学生用 APP 扫描二维码，就可以在手机上全方位多角度观察模型，帮助学生建立空间想象力。除此之外，通过线上平台学生与学生之间进行学习交流，分享学习心得，教师也可以与学生时时在线交流重点、难点，解决学习中的疑难问题。教师还可以通过平台实时发布一些与机械制图相关的优质的课程视频、课件、电子教材等，让学生可以在网上进行学习，从而提高学生学习的积极性及兴趣。

针对痛点二，新疆理工学院对机械制图课程教学中的重要知识点进行科学的教学活动设计，优化多元化的课程重点知识测评方式，并通过线上智慧教学 APP、AR 移动学习系统等开展混合式教学，利用课前预习测试、课中测试、课后自我测试，开展线上测评；利用课后习题册作业、计算机绘图作业和期末考试，开展线下测评；利用智慧教学 APP，实现学生互评、师生同评和课堂翻转相结合的全过程全方位的过程性评价考核方式，从而对学生学习全过程进行有效监控和实时管理，提高学生学习的积极性和主动性。

针对痛点三，新疆理工学院采取了基于 CDIO 理念的混合式教学设计。在这一设计下，学校对每个知识点进行了科学的教学活动安排。学生在线上学习，使知识内化放到课前，大量的模型库、习题库帮助学生逐步建立识图和绘图能力，根据学生层次，分时段达成教学目标，充分体现以学生为本的思想；在线下教学过程中，根据课程内容的不同，进行工程案例展示、课中测试、课堂讨论、AR 模型展示和创新大赛作品展示等，帮助学生逐步建立识图和绘图能力。教学活动设计流程为：课前预习（线上）→预习视频、课件→数据反馈→调整内容；课中授课（线上＋线下）→动画演示＋实物模型＋黑板讲解→课堂测验＋课堂讨论→数据反馈→重点解析；课后巩固（线上＋线下）→课后作业、章节测试→数据反馈→习题课。

3. 新疆理工学院机械制图创新教改实施策略

（1）基于CDIO理念，重塑教学内容

新疆理工学院以专业认证为导向，紧密结合毕业要求指标点，从课程目标、教学内容到考核目标重新梳理教学内容。[①] 首先，将较容易内容设定为线上自主学习内容，将较难内容设定为线上＋线下混合式教学内容，对较难内容设置了课前预习微视频和课前测试，可以得到学生疑难汇总知识点，有助于学生完成深度学习；其次，将线下课堂讲授分为黑板板书讲解、课堂讨论和课外延伸三部分，有助于学生完成系统性学习；最后，将课程前沿和相关知识点融合，引导学生完成高阶性学习。

（2）以学生为中心，开展"线上＋线下"混合式教学

在新疆理工学院的机械制图课程中，课前预习成为学习的重要环节。学校通过线上平台收集学生的课前预习数据，分析学生易错点和薄弱环节，进而在课中测试和课堂讨论中加以重点关注。教师根据这些数据，能够针对性地调整授课内容和讲解策略，使得课堂教学更加精准和高效。这一做法不仅帮助学生清晰地了解了知识点的难易程度，也增强了师生之间的互动和教学的针对性，提高了学生的学习动力。

课中教学是"线上＋线下"混合式教学的核心环节。在新疆理工学院，学校根据不同的课程内容，结合相关的工程实例，启发学生对概念、定义以及特性的思考。教师通过引入工程案例，使得学生能够将抽象的理论与实际工程问题紧密结合。在教学过程中，学校采用多元化的教学方式：实物模型、课件、黑板演示以及AR模型展示等多种方式共同使用，以增强学生对复杂结构的理解。通过AR技术，学生能够从多个角度全方位观察模型，进而提高空

[①] 秦翠兰，王磊元，赵群喜，等.《机械制图》课程混合式教学探索方法与实践策略研究：以新疆理工学院为例[J].才智，2022（24）：178－180.

间想象力和实际操作能力。此外，课堂讨论环节为学生提供了更多思考与实践的机会，学生通过讨论习题集中的内容、互相协作绘制图形，培养了问题解决和团队合作的能力。

在课堂上，教师选择有代表性的学生作业进行讲解，并通过投屏展示，确保所有学生理解和掌握重点难点。学生还可以通过弹幕功能实现生生互评，进一步强化了学生之间的互动和思维碰撞，促使学生在实践中学习、在合作中解决问题，形成了一个学习的闭环。教师通过这种方式引导学生深入探讨和理解课程内容，帮助学生不断深化对知识的理解。

课后学校为每一个章节设计了线上测试题，并结合三维模型和易错点讲解，帮助学生巩固所学知识。学生的答题情况通过平台反馈给教师，教师可以根据数据分析结果，为学生提供个性化的辅导和进一步讲解。通过这种方式，学生能够在课后进一步巩固学习内容，解决课堂上未能完全掌握的知识点。同时，学校鼓励学生将所学的知识应用到实践中，参加各类专业赛事如成图大赛和全国三维数字建模赛事等。通过比赛，学生能够将课堂上学到的理论知识与实际工程问题结合，不仅提升了他们的创新意识和工程素养，还激发了学生的竞争意识和团队协作能力。此外，学校还通过智慧教学平台上传历年学长学姐参加比赛的优秀作品，帮助学生通过思考参赛内容和知识点之间的联系，进一步提升他们的高阶学习能力和创新能力。

（3）形成多元化课程评价体系

平时成绩的构成。基于新工科人才培养的 OBE 模式，新疆理工学院将机械制图课程内容划分为三个部分：画法几何、机械制图和计算机绘图。每一部分内容对应明确的课程目标，课程目标的制定紧密围绕学生的学习需求进行，确保知识点与实际工作能力的紧密结合。同时，课程目标的重要性在期末成绩中得到了合理的权重分配。为了全面反映学生的学习进程，该校倡导全过程评价，师生共同参与评价，鼓励学生进行自我评价，从而形成过程性评价体系。

课程目标达成度、总评成绩构成。为确保课程目标的有效达成，新疆理工学院依据毕业要求指标点设计教学目标、内容、作业和考核重点。机械制图课程线上线下混合式教学改革采用的考核方式为：总成绩＝平时成绩（线上×15% +线下×15%) +课程实践成绩×20% +期末卷面成绩×50%,其中,平时成绩包括出勤、线上线下作业、线上线下测验、线上线下发言、线上题库答题、期中测试等。期末考试题型包括选择、填空、判断对错、作图题、尺寸标注和综合题,着重检查学生对基础概念的掌握水平及解题技能,测验试题中增加了主观问答题,用于考查学生对所学知识能否活学活用,对于积极参与课堂提问、分组研讨的学生给予奖励评分。

基于CDIO理念的教学改革。新疆理工学院的教学改革依托CDIO理念,结合线上平台、智慧教学APP和课堂教学,推动"线上+线下"和"课前+课中+课后"相结合的混合式教学。通过线上资源的整合和互动学习形式,提供丰富的教学素材,支持学生自主学习和深入思考。教师通过在线平台积累、共享和交流教学资源,促进了教师的专业成长和教学效果的提升。对于学生而言,混合式教学促进了他们的参与度和互动性,使他们能更好地掌握制图基本知识和绘图技能,最终实现自己的学习目标。通过这种教学模式,学生能够有效利用外部信息资源和智力支持,提升了整体学习效果。[①]

[①] 刘佳,姚继权,冷岳峰.混合式教学模式下机械制图课程考评体系改革与实践[J].中国现代教育装备,2023(13):65-67.

第五章

机械制图课程思政

第一节　机械制图课程思政建设

一、机械制图课程思政内容的组织与实施

在复杂的国际形势下，要实现中华民族的伟大复兴，教育的地位和作用不可忽视。高校肩负着培养中国特色社会主义合格建设者和接班人的重大任务，必须坚持正确的政治方向，把立德树人作为中心环节，把思想政治工作贯穿教育教学的全过程。高校教师要充分利用好课堂教学这个主渠道，守好一段渠，种好责任田，认真挖掘蕴藏在专业理论课中的思想政治元素，在授课的同时，有效地将思想政治工作融入教学中，确保专业课程与思想政治理论课同向同行，形成协同效应。工科专业教学计划中大多是客观性很强的专业课程，思政课程比例很小，专业课教师往往重视专业知识的传授，价值引领偏弱，新生进入大学后，他们接触的各种网络平台和社交媒体也会增加，利用专业课及时对他们进行正确人生价值观的引导就显得非常重要。作为新生的第一门专业课程，机械制图不仅是工程技术人员表达思想和交流的基础语言，也为后续课程学习提供了重要基础。因此，机械制图课程在思政教育中发挥着引领作用，能够为后续课程的思政教育奠定坚实的基础。

（一）课程思政的含义

课程思政中的"思政"主要指的是"育人元素"，其根本目标是育人，

是在非思想政治课程授课过程中所进行的思想政治教育实践活动。《高等学校课程思政建设指导纲要》中指出，坚定学生理想信念，以爱党、爱国、爱社会主义、爱人民、爱集体为主线，围绕政治认同、家国情怀、文化素养、宪法法治意识、道德修养等内容的都是"育人元素"，属于课程思政的范畴。课程思政不同于思政课程，不是在专业课程中对"育人元素"的简单叠加，而是依托课程这一载体，将课程中所蕴含的这些"思政元素"加以总结和提炼，以潜意识的隐性形式贯穿专业知识的传授和能力培养过程中，构建全员全程全方位的育人大格局，引导学生增强中国特色社会主义道路自信、理论自信、制度自信、文化自信，厚植爱国主义情怀，把爱国情、强国志、报国行自觉融入坚持和发展中国特色社会主义、建设社会主义现代化强国、实现中华民族伟大复兴的奋斗之中。

（二）结合课程知识点，明确育人目标

大学生的专业学习并不能决定其毕业后的就业方向，但对未来成长有至关重要的作用，高校在培养学生学习专业知识和技能的过程中，引领学生"三观"向正确方向发展是根本。中学阶段的教学以向高校输送人才为主要目标，而高校教学在传授专业知识的同时，更应注重对学生意识形态的培养，针对这一特点，明确育人目标并写入教学大纲是非常必要的。根据《高等学校课程思政建设指导纲要》的要求，结合机械制图的课程特点和专业方向，明确课程的育人目标是十分必要的。

在绪论部分，首先要让学生了解机械制图在中国制造业中的地位和作用，通过展示中国制造崛起的先进事例，突出中国社会主义建设的伟大成就。通过讲述这些高科技和高技能人才的奉献精神，培养学生的爱党、爱国情怀和民族自豪感，引导他们树立正确的社会主义核心价值观。绪论课还应帮助学生掌握制图学习方法，端正学习态度，认识到良好学习习惯的培养对未来发展的重要性。

在画法几何部分，通过由点到线到面再到体的学习，帮助学生体会认知的规律和过程。这个过程映射到学习知识上，就是一个"聚沙成塔"的积累过程，培养学生循序渐进的学习习惯。投影变换在工程应用中可以解决许多

空间几何问题,如平面的实形和两平面间的夹角等。通过投影变换的学习,鼓励学生在遇到困难和逆境时,克服定式思维,换个角度看问题,以积极乐观的态度探究客观世界的真实性。

在制图基本知识学习过程中,强调国家制图标准,图形表达的严谨性、清晰性和尺寸的完整性对工程质量有重要影响。通过这一部分教学,培养学生的守法意识和工匠精神。组合体的三视图和机件的表达方法,让学生学习如何通过主视图与其他视图的配合,准确表达物体的形状,不仅锻炼学生的团队合作精神,还培养他们多角度思考问题的能力和创新意识。[1]

通过对机械设计中常用标准化零件(如螺纹紧固件、销、键、轴承和齿轮模数等)的学习,帮助学生理解这些标准件在提高生产精度、降低成本和缩短产品设计周期中的重要作用。引导学生在工作中做到有章必循,并通过标准件的选用,培养学生的成本和质量意识。

在零件图和装配图的学习过程中,要充分认识到图样是产品设计、加工和生产过程中的重要技术文件,机器的正常运行是若干个零件相互配合的结果,引导学生深刻理解大局意识、团队精神、各司其职的职业精神,增强职业责任感和使命感,养成良好的职业道德。当然,这些育人目标不应孤立地存在于一个知识点或一节课中,而要相互融合、贯穿制图的每一个教学环节。

(三) 机械制图课程思政的实施

1. 专业教师要爱岗敬业、为人师表

《高等学校课程思政建设指导纲要》中指出,立德树人成效是检验高校一切工作的标准,高校教师是"培养什么样的人、怎样培养人、为谁培养人"思政建设过程中的关键,高校教师的言传身教、工作态度和工作作风对学生的价值塑造、良好习惯培养、高尚品德形成会产生潜移默化的积极影响。因此制图课教师要加强思想政治学习,不断提高自己的政治和道德修养,以身作则,严于律己,用自己的言行举止树立人格魅力,引导学生树立正确的人

---

[1] 陈乐,崔媛媛.基于工匠精神的机械制图课程教学改革创新[J].汽车画刊,2024(5):182-184.

生观和价值观；教师要爱岗敬业，通过不断学习来提高自己的业务水平，用心备课、讲课、批改作业和辅导作业，更好地帮助学生掌握就业所需要的专业知识和技能；教师要用积极向上的态度来传播正能量，课上课下要关心和爱护学生，培养学生的集体感和荣誉感，引导学生树立良好的服务意识和社会责任感，实现教师"传道与授课解惑"的有机结合。[①]《高等学校课程思政建设指导纲要》中明确指出，鼓励支持思政课教师与专业课教师合作教学教研。制图课教师要主动与思政课教师进行教学交流，共同研讨课程育人目标和思政元素，突出思政课教师在课程思政实施过程中的引领作用。制图课教师之间要共同备课，研讨思政元素与制图知识点的融合程度，相互听课，取长补短，在相互学习的过程中提高课程思政的育人效果。

2. 认真组织教学，做到思政教育润物无声

课程思政的主阵地是课堂，专业知识是思政内容的主要载体，一切能够传播正能量的言语、行为和事实都是思政的元素。例如，利用网络教学平台的签到功能记录学生到课情况，并通过二维码防止作弊，强化课堂管理，帮助学生培养守时意识和自我管理能力。通过平时严格的课堂管理，可以有效制止学生随意请假和改善上课注意力不集中的情况，培养大一新生自我约束的守时意识和管理能力，养成一个良好的学习习惯。

在制图的绪论课上，教师可以通过播放中国制造的典型案例，如 C919 大飞机、高铁、航天技术、无人机等，展示我国在短短几十年内赶超世界先进工程的成就。这些例子体现了国家在规划中的协同合作和集中力量办大事的优势，突出了中国特色社会主义的优越性。同时，我国仍面临许多"卡脖子"技术亟待攻克，因此，加快信息技术与制造技术的深度融合，实施"中国制造 2025"战略，具有重要的战略意义。这不仅能够培养学生的民族自豪感，还能激发其爱国主义情怀。先进装备的生产离不开机械制造，日常生活中的各类产品也依赖机械制造，这能够激发学生对制图课程的兴趣，增强他们对专业的热爱与学习热情。

---

① 陈琪,廖璘志,伍倪燕.机械制图课程思政教学改革实践研究[J].吉林教育,2023(20):55-57.

机械制图思政教学内容的组织不必每一节课都要融入思政元素，它是一种隐性教育形式，不能生拉硬拽，也不能将专业课上成思想政治课，更不能影响制图课的教学任务，要结合制图课的内容采用润物无声的方式找准切入点融入思政元素。① 比如，在组合体的三视图教学中，通过实例将视图中的一条粗实线变换成细虚线，分析组合体的形状，以此培养学生的空间思维想象力，同时也说明图形严谨的重要性。在零件图的表达中，剖切投射方向的缺失或标错，都有可能使零件在加工过程中将加工方向弄反，影响产品的使用或性能，甚至造成废品，通过事例引起学生对制图的重视和职业责任感，培养学生踏实严谨、精益求精的工匠精神。制图作业和平时测试是课程教学过程中不可缺少的一个教学环节，能及时反映学生的学习效果。教师通过制图作业的批阅，了解学生对知识点的掌握程度，及时调整教学方式，平时测试要在章节讲授完或一个连贯知识点讲完后及时进行，教师要根据测试成绩认真分析成绩不理想学生的作业，作业是抄袭的还是作业批改后没有认真对待，然后对学生进行正确引导，端正其学习态度，让他们养成诚实守信、脚踏实地的优良品质。

3. 采用多种教学方式，推动思政教育与课程高度融合

在机械制图教学中，教师应根据课程内容的特点，将思政教育通过不同的方式融入其中。② 例如，在零件图的教学中，零件图是学生综合运用机件表达方法的基础知识，也是机械制图从基础学习过渡到工程应用的起点。由于零件图的表达方式不唯一，学生在学习过程中可能遇到困难。为帮助学生更好地分析和练习，教师可以采用分组讨论的方式，让学生在小组内自由讨论零件表达方案并绘制草图。教师随机指定小组成员进行结果展示，并让其他小组对其表达的合理性、图形绘制是否符合国家标准、零件表达是否完整等方面进行打分评价。随后，教师对每组的展示进行点评，指出优缺点，并根据评分结果给予相应的奖励，将其纳入过程性考核中。通过这种方式，不仅

---

① 肖露,付君健,李响.基于专业思政的机械制图课程思政教学策略研究[J].大学教育,2023(19):105-107.

② 褚园,钱胜,林玉屏,等.机械制图课程思政教学改革的研究[J].黄山学院学报,2024,26(3):120-123.

能培养学生的合作精神和团队意识,还能有效纠正个别学生的依赖性。

网络教学平台的应用,摆脱了课上学习时间和空间的限制,同时也为思政育人拓展了更多方式。教师将一些有关智能制造的视频、报效祖国的典型事例、制图的发展史和课程自学资料等上传到教学平台,让学生利用业余时间学习,记入学习记录,培养学生的爱国情怀和自学能力。利用教学平台的任务节点和作业提交到时自动截止的功能,培养学生的守时意识,逐步纠正部分学生工作学习拖拖拉拉的不良习惯。

此外,教师可以利用钉钉等平台建立班级群,随时随地进行师生交流,学生也更容易接受这种方式。教师可以在群内分享励志短视频或前沿技术信息,解答学生问题,拉近师生关系,及时了解学生的学习和思想动态。通过阅读统计功能,教师可以识别参与度低的学生,并及时与他们沟通,帮助他们培养关爱集体的意识。

4. 将课程思政有机融入课程教学评价中

将思政教育考核融入课程教学评价,有助于切实提高课程思政的实施效果,并对教学活动起到指引作用。对制图教师的考核评价可通过教学督导进行,考查教学大纲、教案及课堂教学中是否自然融入思政元素,同时还可以从教师参加思政教学培训、参与学业指导、指导学生创新实践活动以及带领学生参加制图比赛等课内外育人方面进行量化考核。对学生的考核评价可从考勤、学习态度、撰写阅读相关事例感想、课外制图活动的参与度等方面进行量化考核。通过对教与学双方的考核,提高师生对制图课程思政的重视程度。

在制图课的教学活动中进行思政教育,需要教师深挖制图教学中的思政元素,并将这些元素与制图课程有机融合,在传授制图知识的同时,加强学生思想政治教育,让学生在制图课的学习过程中自然形成良好的社会主义核心价值观,成为德才兼备、全面发展、促进中华民族伟大复兴的有用人才。

二、伟大建党精神融入机械制图课程思政建设

在庆祝中国共产党成立100周年大会上,习近平总书记首次概括了伟大建党精神,即"坚持真理、坚守理想,践行初心、担当使命,不怕牺牲、英勇斗争,对党忠诚、不负人民"。在百年奋斗历程中,伟大建党精神构筑了中

国共产党人的精神谱系，表现为新民主主义革命时期形成的井冈山精神、长征精神、延安精神、西柏坡精神等，社会主义革命和建设时期形成的北大荒精神、雷锋精神、"两弹一星"精神等，改革开放和社会主义现代化建设新时期形成的改革开放精神、载人航天精神、抗震救灾精神、北京奥运精神等，中国特色社会主义新时代形成的工匠精神、新时代北斗精神、抗疫精神、脱贫攻坚精神等。在机械制图课程思政建设中，中国共产党的伟大建党精神作为重要的思政元素，能为学生提供宝贵的精神财富、取之不竭的奋斗力量和丰富的政治资源，与机械制图课程的培养目标高度一致，是机械制图课程思政建设体系必不可少的组成部分。将伟大建党精神与机械制图课程整合起来进行教学，可以彰显出特有的时代意蕴和育人价值，对提高大学生的思想政治素养、促进他们的全面发展具有重要的现实意义。

（一）伟大建党精神融入机械制图课程思政建设的价值意蕴

1. 坚持马克思主义真理，提高科学认知

建党精神中的"坚持真理"强调了马克思主义的科学性。在中国共产党百年的历史中，马克思主义真理得到了实践检验。习近平总书记指出："中国共产党为什么能，中国特色社会主义为什么好，归根到底是因为马克思主义行！"机械制图课程中蕴含许多马克思主义辩证法，如投影面平行线的投影特性既体现了投影面平行线的普遍性，又包含水平线、正平线、侧平线的特殊性，反映了唯物辩证法中的对立统一规律；三视图依据"三等"规律普遍联系；阅读三视图时，必须从主、俯、左三个方向全面分析，才能完整、清楚地了解机件结构，应用了唯物辩证法中联系的观点；形体分析法是将一个组合体分解成几个部分来分析，体现了整体与部分的辩证关系，整体处于主导地位，统率部分，部分离开整体就不能成为部分，要求我们树立全局观念；读组合体要从特征图形入手，同时从多个视图看，体现了矛盾的主要方面与次要方面的辩证关系，坚持两点论和重点论相统一的方法。这些都可以帮助学生更好地理解马克思主义的科学理论，培养他们的辩证思维能力。将建党精神中的马克思主义真理融入机械制图课程，不仅使学生从建党精神中汲取真理的力量，坚决拥护中国共产党的领导，而且引发学生对课程知识点深层次的思考，激发学生主动学习，快速掌握专业知识，还引导学生坚持马克思主义真理，用唯物辩证法思考问题，掌握科学理论和方法，培养学生的科学思维习惯。

2. 坚定崇高理想信念，厚植爱国主义情怀

建党精神中的"坚定理想信念"，是坚定中国特色社会主义信念。习近平总书记指出："坚定理想信念，坚守共产党人精神追求，始终是共产党人安身立命的根本。"对马克思主义的信仰、对社会主义和共产主义的信念，是共产党人的政治灵魂，是他们经受任何考验的精神支柱。习近平总书记勉励青年志存高远，要求加强青年理想信念的教育。伟大建党精神作为学校教育资源的重要类型，与高校课程思政建设的依托资源有着天然的互融性。从教学意义来看，都倾向于对学生的人生理想信念进行重塑和升华。"两弹一星"精神、载人航天精神、科学家精神等都蕴含着理想信念的坚持和爱国主义情怀。在机械制图课程思政建设中贯穿建党精神的理想信念教育，不仅有助于学生从伟大建党精神中汲取信仰力量，坚定理想信念，增强必胜信心，加强对专业知识的深入钻研，为中华民族伟大复兴贡献自己的一份力量，而且通过讲解科学故事能激发学生的爱国情怀，鼓励他们成为中华民族伟大复兴的先锋力量，树立科技报国的伟大理想。

3. 推动科技创新，担当中华民族伟大复兴使命

建党精神中的"践行初心、担当使命"，不仅体现了我党的共同奋斗目标，而且体现了我党以民族复兴为己任的价值观，还展现了我党的使命是为中华民族伟大复兴而共同努力。复兴离不开科学技术的发展，只有创新才有发展，只有发展才有未来。若要实现中华民族的伟大复兴，广大科学家和科技工作者作为主力军，必须引领科技创新，坚持"四个面向"，肩负为中华民族谋复兴的使命。作为机械专业的大学生、未来科技工作的年轻力量，也应该以科技创新驱动为动力、以实现中华民族伟大复兴为使命、以建设科技强国为己任。

党的十八大以后，我国非常注重科技创新，不仅以创新为第一动力，实施创新驱动发展战略，而且注重创新人才的培养，实施知识创新工程、科教兴国战略、人才强国战略。党的十九大确立了我国到2035年跻身创新型国家前列的战略目标，要更加重视人才自主培养以及对科学精神、创新能力、批判性思维的培养。大学是培养学生工程科技创新的重要阶段，机械制图课程

中的构形设计恰是机械制图基本教学范畴，对平面图形、立体结构、零件结构、部件结构等进行构思、描述的教学过程，贯穿机械制图课程的各个环节，是学生创造性思辨能力的反映，也是培养学生创新能力的途径。

将"践行初心、担当使命"的建党精神与机械制图课程相结合，可以发挥重要作用。一方面，建党精神能够激励学生从优秀科技工作者身上汲取榜样力量，传承他们的担当精神，为推动中华民族伟大复兴贡献力量；另一方面，在教学实践中，学生通过构型设计和创新思维的培养，能够提升自主创新意识，敢于质疑、勇于创造，从而推动科技创新，在原创性研究中取得突破。

4. 励志铸造中国梦，传承奋斗精神

建党精神展现了中国人民为实现中华民族伟大复兴的奋斗力量，正是在建党精神的指引下，中国人民实现了第一个百年奋斗目标。建党精神中的"不怕牺牲、英勇斗争"体现了中国共产党人不断奋斗的精神，代代相传，树立起一座不朽的精神丰碑。习近平总书记指出："一百年来，在应对各种困难挑战中，我们党锤炼了不畏强敌、不惧风险、敢于斗争、勇于胜利的风骨和品质，这是我们党最鲜明的特质和特点。"青年是国家的未来，理应是勇于追梦、勤于圆梦的奋斗者。青年不仅要在学习上努力，系统地钻研专业知识，提升学识，还应进行自我革命与自我修养，在面对困难时勇于迎难而上，攻坚克难，解决问题，同时要为人民幸福、为中华民族伟大复兴、为社会主义现代化强国而不懈奋斗。机械制图课程中画图和看图的能力培养，是学生阅读、绘制大量图纸量变达到质变的飞跃，是平面到三维、三维到平面反复想象的结果，需要学生不断努力和奋斗。实践课程中的手工作图枯燥、耗时，需要学生调整心态、陶冶情操、磨炼意志、克服困难。有时，画图过程中的错误要一而再再而三地修改，这是对学生心理承受能力的锻炼，只有静心画图、消除浮躁，才能保证机械图样的准确性。将建党精神融入机械制图课程建设，有助于激励学生汲取建党精神中奋斗的力量，努力学习机械制图专业知识，在提高绘图能力的同时，提升自我修养，为人民谋幸福，为民族谋复兴，为世界谋大同。

5. 深入理解建党精神，促进品格内化

建党精神中的"两弹一星"精神创造了中国人民攀登现代科学高峰的奇

迹；载人航天精神则彰显了热爱祖国、勇于登攀、科学求实、团结协作等民族精神和时代精神；科学家精神弘扬了爱国精神、创新精神、求实精神、奉献精神、协同精神和育人精神。工程科技工作者针对工程科技问题自主创新，发扬建党精神中的科学精神，推动我国经济发展，保证国家安全，满足军民需求，促进人类不断进步。大学是工程科技者的主要学习阶段，作为工科专业的学生，毕业后若想成为一名优秀的工程科技工作者，不仅要认真学习专业知识，还要领悟老一代科学家和科技工作者科技报国的动力，感受他们崇高的理想信念和英勇斗争的意志，传承他们严谨细致的科学态度和吃苦耐劳、团结协作的传统，培养科学精神。

作为工科专业大一学生的必修课，将建党精神中的科学精神融入机械制图课程，有助于尽早地建立学生的情感认同，使学生从大一开始就树立崇高的理想信念，学习优秀工程科技者的科学精神，励志发展科技事业，为实现中华民族伟大复兴付出自己的努力。在机械制图课程中，螺栓螺母配套使用才能构成螺栓连接，内外螺纹五要素相同才能形成螺纹连接，这些都是建党精神中团结合作精神的体现。雷锋同志的"螺丝钉精神"，以及课程中倡导的严谨作图、精益求精的工匠精神和构形设计的创新精神等都是建党精神的延续和发展。将建党精神以课程与教学的形式呈现给学生，形成学生成长过程中所必备的精神内蕴和力量，在潜移默化中培养他们精益求精、创新创造、自信自强和集体互助的内在品格。

（二）伟大建党精神融入机械制图课程思政建设的实现路径

为了将伟大建党精神与机械制图课程内容结合，必须精心设计教学内容和方法，并在实践中不断深化建党精神的融入。接下来，我们将探讨几个关键路径，实现建党精神在机械制图课程中的有效融入。

1. 凸显机械制图课程思政建设的目标导向

机械制图课程思政建设以立德树人为目标，推动学生身心全面发展，并发挥思想政治教育的价值引领作用。在实际实施过程中，教师应根据课程内容和要求，选择能够与伟大建党精神紧密结合的教学内容。机械制图课程思政建设的目标应该明确、具体，而不是简单地概括为培养学生的团队合作精神、工匠精神、创新精神等抽象的目标，应该具体到诸如画图遵守国标、拆画装配图学会与他人合作、练习画图不怕苦累、标注尺寸严谨认真等思政建设目标。比如，通过讲解"两弹一星"精神、"大国工匠"的人物故事等，促使学生自觉将机械制图课程与爱国主义精神、理想信念、民族复兴相联系，推动学生将专业知识的学习与机械制图课程思政建设目标趋于一致。

2. 丰富机械制图课程思政建设的常态内容

在机械制图课程教学中，伟大建党精神是促进学生发展的重要内容。大学教师在教学过程中，要想将建党精神很好地渗透到机械制图教学内容中，就必须找到二者之间的"融点"，精心设计机械制图思政教学内容。

第一，充分挖掘与马克思主义辩证法相关的思政元素，比如组合体画图方法中的以形体分析法为主、以线面分析法为辅，是唯物辩证法中主次矛盾的反映；直线的投影一般情况下是直线，特殊情况下（直线垂直于投影面时）是点，与唯物辩证法中的普遍性与特殊性对应；利用直线的投影理论解决拉伸体被平面截切的画图问题，体现了唯物辩证法中的联系观点。

第二，提炼与国家战略相结合的思政元素，伟大建党精神具有鲜明的时代特质，随着国家战略的更新，其内涵不断丰富，在机械制图课程中融入当代国家战略，可以潜移默化地激励学生继承建党精神，努力进取。在绪论中介绍国产航母"山东号"、大飞机制造、中国高铁等，展现机械大国的风采，与民族自豪感和自信心相结合；在制图基本知识中介绍技术制图和机械制图国家标准时，引入"得标准者得天下"，揭示了标准举足轻重的影响力，"高铁中国标准"成为全球标准，代表我国国力不断强大，与学生爱国主义情怀相结合。此外，可以将圆球表面取点的知识与"一带一路"倡议结合起来，强调全球合作与交流的重要性；将零件加工精度和表面粗糙度与国家高精密加工能力的国家战略相联系，进一步增强学生对国家发展的认同感和责任感。这些思政元素的融入，将有助于培养学生的家国情怀和专业素养。

第三，利用知名人物、专家的典型案例和先进事迹展现科学精神、现代工匠精神、无私奉献精神、不断奋斗精神等。如中国航天科技集团公司第一研究院211厂发动机车间班组长高凤林，是世界顶级焊工，为火箭焊接心脏,为避免失误练习 10 分钟不眨眼,坚守 35 年焊接 130 多枚火箭发动机,极致焊接焊点宽 0.16 毫米、管壁厚 0.33 毫米三万多次,两套房加百万年薪都请不动他,这种精益求精的工匠精神和为国尽忠的爱国精神值得我们学习和发扬。

3. 扩展机械制图课程思政建设的实践平台

机械制图是一门实践性、实用性较强的课程,将建党精神融入课程实践育人,有助于深化建党精神的课堂教学效果,充分发挥建党精神谱系的精神动力价值。授课教师不仅要指导学生课后绘图练习,还要按照教学大纲开设实践课程,增设一些培养学生创新意识的实践内容。如在组合体构形设计实践中,教师给定一些基本体,要求学生使用不同的组合方式得到不同的组合体,充分发挥形象思维进行创造性组合,通过二维与三维的反复想象、印证,培养学生的创新创造意识和空间想象力。在学生的实践作图中,教师应严格要求学生遵守技术制图和机械制图国家标准的相关规定,认真画好每一张图纸,用心做好每一次作业,使工匠精神贯穿整个实践教学过程。

4. 创新机械制图课程思政建设的教育方法

机械制图课程思政建设作为在机械制图课程教学中融入伟大建党精神的主渠道,要避免生搬硬套、强行灌输,积极运用现代化的多元教育教学手段,优化教育教学方法。常见方法中的语言感染法、榜样示范法、表扬法、激励法、批评法等教学效果不甚理想,因此,教师应尝试使用更贴合学生实际、行之有效的教学方法,如困难设置法、诱导启迪法、团队协作法、角色互换法、企业案例法和人物故事讨论法等。比如,在零部件测绘的教学设计中,授课教师给出零部件模型后,先不要讲解测绘内容和方法,采用困难设置法促使学生独立思考、主动学习;读组合体时,教师可以给出一张只有背影的照片,让学生猜想它们的关系,再给出正面的照片,诱导启迪学生看图要将多个视图结合起来一起看才能完整、准确;在团队合作进行绘图练习时,教师要求学生体验制图员、审核员并进行角色互换,使学生更加认真绘图、增强责任意识;在讲解尺寸标注时,通过实际工程案例让学生认识到错误的尺寸标注不仅会影响理解,导致加工问题,甚至会给企业造成很大的损失,因此要增强质量意识;让学生线上观看匠人故事素材,线下讨论其令人钦佩的个人品质,潜移默化地培养学生的优良品质。

三、"新工科"背景下机械制图课程思政教学

(一)"新工科"与课程思政的融合

随着新一轮科技革命与产业变革不断深化,人工智能、大数据、物联网等新技术迅速发展,这对我国高等工程教育发展以及创新型工程科技人才的培养提出了更高的要求,我国各大高校也开始积极推进"新工科"建设。[1] 从教育部为积极推进"新工科"建设先后发布的文件可以看出,我国高等工程教育正积极探索"新工科"建设模式,以培养工程科技创新型人才,打造工程教育强国。在"新工科"背景下,根据专业技术人才素质需求和成果导向教育,在课程建设和开展过程中,结合课程思政元素进行课程目标优化、课程内容重组和课程成效考核方式完善。在课程教育实施过程中融入思政元素,力求培养"新工科"背景下"创意、创新、创业"三创合一的机械类人才。同时,结合工科专业特点,全面培养学生的人格,强化沟通协作、积极主动的性格养成,帮助学生建立科学的世界观和方法论,并树立正确的价值观和政治信仰,培养适应产业需求的高素质应用型人才。"新工科"建设和思政元素的融合,将工程技术的最新成果、行业对人才素质培养的最新要求等引入教学过程,更新课程目标、教学内容和课程体系,探索新的教学模式。这一融合,尤其在机械类专业人才培养方面,助力企业转型升级,在培养创新型工程技术人才的过程中占据至关重要的地位。因此,相关的机械类基础理论学科教学进行改革与创新迫在眉睫。

(二)"新工科"背景下机械类专业人才培养的需求

高校培养和输出人才应以服务地方经济为目标,所以应用型本科高校和地方特色产业需要结合,着眼区域经济发展和产业结构,寻求适合的合作企

---

[1] 郝盼,杨芳,杨洁.ChatGPT应用于机械制图课程教学的探索与实践[J].中国机械,2024(22):121-124.

业。以往企业和高校的合作，尤其是本科院校，多以企业面临的高精尖难题为切入点，进行项目合作研发，以帮助企业进行瓶颈突破，从而推动地方企业的发展和区域经济的进步。为了培养符合"新工科"建设要求的具有创新创业能力的高素质卓越工程科技人才，服务产业转型升级，高校工程教育面临的首要问题就是培养目标的优化，针对企业人才需求，制定更为合适的人才培养目标和培养计划。各个高校在学生的培养上一度提出"订单式"人才培养，但是更多局限在高职培养层次。在本科培养层次，"卓越工程师"的引入，一定程度上提升了工程类学生的企业实践能力，为后续适应工程技术型人才的输出探索出了新的道路。但是，随着"三全育人"提出"全员育人、全程育人、全方位育人"理念，在学生步入高校时，应在重视其专业教育的同时，保证学生的思政育人工作。从企业对专业人才的需求来看，企业所需的高质量人才应具备扎实的专业知识和自我学习能力、较强的实践和创新创造能力，同时拥有坚定的政治立场和正确的价值观，具备健全的人格和强烈的团队精神，展现出良好的沟通协作能力、积极主动的意识和高度的责任担当。

（三）"新工科"背景下机械制图教学面临的问题与挑战

机械制图是学习后续课程、进行课程设计和毕业设计的基础，因此在学生的专业素养养成和育人体系中占据着至关重要的先导地位。作为一门与"新工科"密切相关的基础课程，机械制图不仅仅包括绘制工程图的技术和方法，还着重于实践训练，帮助学生培养科学的思维方式，增强工程意识和创新能力，以适应新时代工程技术的需求。

1. 教学现状分析

教育的初心是立德树人、教书育人、为国家培养合格的人才，本科层次人才培养是国家后续发展建设的重要阵地，专业教师的责任尤为重要。本着"不忘初心、牢记使命"的宗旨，专业课程教师要恪守教育初心，深入探索更好的教学方式和育人方式，而非停留在单纯的知识输出上，在专业课程的思政教育上要积极探索，不断创新，同时要为工程技术人才的精准输出做出更多的努力。

(1) 教学和科研分割

当前，许多高校教师的科研和考核体系尚不完善，导致部分教师的重心仍放在科研创新和项目研究上。教学和科研的关系并非非此即彼，二者应结合。教师在教学过程中不仅要传授知识，还应引导学生在掌握基础知识的同时，培养创新探索的能力。因此，教学与科研应该有机结合，为学生提供更为全面的教育。

(2) 缺乏产业实践经验

目前，大部分高校的专业教师招聘主要依据学历要求，导致许多教师缺乏与行业相关的实践经验。缺乏实践经验的教师在讲解机械制图等课程时，难以提供生动的案例，导致学生对课程内容的兴趣降低。为了弥补这一短板，教师需要深入企业和行业，及时了解和掌握行业人才需求动向，以便精准调整课程内容，提升学生的就业能力和综合素养。

(3) 课程思政地位被忽视

在当前的教学中，许多专业教师仍然认为思政教育是思想政治课教师的责任，忽视了专业课程中的思政元素。事实上，机械制图作为机械类专业学生的第一门基础课程，是思政教育的一个重要阵地。教师应在课程中有意识地融入思政教育，促进学生的综合素质提升，帮助他们树立正确的价值观和社会责任感。[1]

2. 学情情况分析

(1) 学生学习角色转换

在"新工科"背景下，机械制图课程面向的大一新生需适应更具挑战性的学习方式。高中阶段，学生通常依赖教师的指导，进入大学后，面对更加自主的学习环境，许多学生未能迅速适应，转变为主动学习者。这要求教师帮助学生快速转变思维方式，激发他们的自主学习兴趣，同时培养他们的自信心和团队协作能力。

---

[1] 王贵飞,马晓丽,张效伟.OBE理念下思政元素融入"机械制图"课程的教学改革[J].教育教学论坛,2024(7):61-64.

(2) 学生专业课的接受能力增强

随着"新工科"理念的提出，学生需具备更高的跨学科思维能力，尤其在机械制图课程中，需要学生具备较强的二维和三维空间思维能力。然而，许多学生仍然面临理论知识与实际应用之间的理解差距。因此，教师需要根据学生的差异性调整教学方式，激发学生的创造性思维，并鼓励学生主动探索课程内容，以提升其专业素养和创新能力。

(四) "新工科"背景下机械制图课程内容重组及思政元素探索

1. 根据人才需求完善课程目标和能力指标

随着我国工程教育对工科类人才的要求不断提升，创新驱动发展与所需人才供给关系的结构性矛盾日益突出，服务于生产一线的应用型、综合型、创新型人才日益紧缺。高校培养和输出的工科类专业人才应具备坚定的政治立场和正确的价值观、过硬的专业知识和自我学习能力、较强的实践和创新创造能力，同时要注重学生健全人格的塑造和较强团队精神的养成。在"新工科"背景下，在机械制图等专业课程的教学过程中，要加强思政元素的融入，让学生在专业知识的学习过程中，养成健全的人格。通过对机械制图课程标准的分析和对课程思政理念和教学目标的理解，充分挖掘机械制图课程中蕴含的思政元素。

2. 重组教学内容，融入思政元素

机械制图教学内容以专业教学模块为载体，由专业知识讲解和课程思政教学内容组成，如表 5-1 所示，共有 8 个教学模块，以 18 个教学项目完成对应教学内容的教授，同时在各个教学点中融入思政元素。其中，课程思政的教学内容由专业知识延伸产生，为专业知识中蕴含的思政元素，与专业知识相融合形成课程思政教学内容。这一设计不仅增强了学生的专业素养，也帮助他们在学习过程中培养正确的价值观和社会责任感，符合"新工科"的培养目标。

表 5–1　机械制图教学内容与思政元素对应表

教学模块	教学项目	课程思政融入点
模块 1：绪论与制图基础	1. 机械制图的意义与作用	强调工程技术对国家发展的重要性，培养学生的民族自豪感和社会责任感
	2. 图纸幅面、图线、字体与比例的使用规范	强调规则意识和标准化操作的重要性，培养严谨细致的工作态度
模块 2：几何作图与基础投影	1. 基本几何元素的作图方法	培养学生的细致与耐心，增强对细节的关注和责任感
	2. 投影的概念与分类、正投影法的基本原理	强调系统性思维，培养学生的空间想象力和抽象思维能力
	3. 三视图的形成与投影规律	强调理论与实践结合，增强学生的科学素养与精确意识
模块 3：基本立体与组合体的投影	1. 基本几何体的投影与三视图绘制	强调精确表达，培养学生的理性思维与规范意识
	2. 复杂体的分解、组合与视图选择	培养团队协作精神，增强学生在复杂问题中的分工与合作能力
模块 4：机件的表达方法	1. 剖视图、断面图的概念与应用	强调创新思维与实用技术的结合，培养解决实际问题的能力
	2. 局部放大图与简化画法	强调创造性思维，培养学生在复杂问题中的简化处理能力
模块 5：标准件与常用件	1. 螺纹、齿轮、轴承等的绘制方法	强调标准化操作的重要性，培养学生的职业素养与责任感
	2. 弹簧等特殊零件的简化画法	培养学生的创新意识与创造性解决问题的能力

续表

教学模块	教学项目	课程思政融入点
模块6:尺寸标注与公差配合	1.尺寸标注的基本原则与要素	强调标准化和精确度的重要性,培养学生的规范意识和质量意识
	2.尺寸界线、尺寸线和尺寸数字的标注规范	强调精益求精的职业精神,培养学生的细致与科学态度
	3.公差与配合、形位公差与表面粗糙度的标注	强调质量管理、精度要求,培养学生的责任感和卓越精神
模块7:零件图与装配图的绘制	1.零件图的内容与技术要求表达	强调理论与实践结合,培养学生的动手能力与创新意识
	2.装配图的作用、装配关系的图示方法	强调团队协作与系统性思维,培养学生的组织能力和社会责任感
模块8:计算机辅助绘图(CAD)基础	1.CAD软件的基本操作与图层管理	强调信息技术的重要性,培养学生的数字化思维与实践能力
	2.二维绘图命令、编辑工具与图形输出	强调数字化工具的广泛应用,培养学生的创新能力与自我提升能力

(五)"新工科"背景下机械制图课程思政教学方式改革

机械制图课程的整体教学采用模块化、项目化的方式,明确每个模块和项目的学习目标。在教学过程中,随着思政元素的渗透,教师应积极探索新的教学形式,结合"新工科"的培养目标,提升学生的综合素质。可以采用案例教学法、启发式教学法和翻转课堂法等多种方法进行教学。[①]

1.案例教学法

采用具有一定冲击力的背景案例,调动学生的学习兴趣。例如在绪论

---

① 丁颂,巢陈思.新工科理念下机械制图课程教学模式探索与实践[J].长春师范大学学报,2019,38(2):132-134.

部分要以"大国工匠""中国制造"等大背景为切入点,以区域产业发展历程为收敛点,让学生建立对民族自信、爱国情怀和自身专业发展的基本认知。

2. 启发式教学法

在教学过程中以提问的方式引导学生对问题进行思考。例如对立体几何上的点线面投影情况进行思考,鼓励学生逆向创新思维,由面及点地思考问题等。

3. 翻转课堂法

将课堂交给学生,鼓励学生勇于发言,养成敢于探索、敢于创新的精神。例如零件的表达方案,由学生对教师提供的零件进行三维建模,以小组讨论的形式提出自己的表达方案,并讨论合理性,总结出更为合理、正确的零件图表达方案,让学生进一步深入掌握相关零件图知识。

在"新工科"背景下,机械制图课程融入思政元素的教学方式显得尤为重要。通过思政教育的渗透,学生不仅能够掌握机械制图的专业知识,还能够在学习过程中潜移默化地树立正确的政治立场,增强爱国情怀并培养健全人格。这种教学改革不仅提升了学生的道德素养,还能激发创新思维和实践能力,促进综合素质的发展,进而实现"新工科"的培养目标,培养出具备全面素养的创新型工程技术人才。[①]

第二节 机械制图课程思政评价体系

传统的机械制图课程评价主要由平时成绩加期中、期末考试成绩三部分组成,主要关注学生对知识点的掌握情况,对学生的日常表现、个人素质、价值观等方面考查得较少,不能充分反映学生课程结束后的真实情况。在思政教育与专业教育相互融合的背景下,传统的机械制图课程评价方式也应做出相应的调整,将评价方式变为课程评价加思政评价的模式,具体分值占比

---

① 许琼琦,甘世溪,黄娥慧,等."新工科"背景下机械制图课程思政教学探索与实践[J].现代职业教育,2022(34):74-77.

应根据专业、班级和学生情况自由制定,以此实现成绩评价的公平、客观、全面。学生思政教育效果评价主要分为三个方面:第一,综合性评价。评价不仅包括学生的书面作业、期中期末考试,还应包括学生对课程掌握的程度以及收获,如撰写心得体会、在线学习平台的观看记录、线上作业完成情况等,形成全面的综合评价。第二,过程性评价。过程性评价应对学生进行阶段性评价,如学习态度、出勤纪律等,最后根据公式计算得出学生分数,反馈学生在思政教育阶段的效果。第三,创新性评价。高校创新氛围浓厚,与机械制图相关的创新性比赛较多,可鼓励学生积极参加比赛,对积极参加并获奖的学生实行创新性奖励,如学分置换等,促进学生主动学习。

教学评估应作为课程思政能否达到"五育融合"标准的重要考核指标,从机械制图的属性出发,突出目标导向。充分运用大数据、人工智能等信息化手段,构建智能化教育评价体系。利用考核系统自动收集各种资料,在对教师教学情况和学生学习情况进行考核的同时,减少人工处理考核过程中的麻烦。对收集到的各类信息进行处置,并按照教育对象的总体要求和"五育融合"的评价体系进行建模,这样才能自动生成各类数据,为今后开展分析研究奠定基础。

要建立科学合理的评价体系,就需要考虑不同维度的因素。除了学业成绩,还需要关注学生的思维能力、创新潜力和团队合作能力等。综合考虑各项指标,可以更全面地了解学生的整体素质和思想教育效果。为了让评价更准确,评价体系需要建立明确的评价标准和量化指标,以确保评价结果的客观性和可比性。评价准则的制定应当能够充分展现学生各方面的表现,让教师和学生清晰认识自身的长处和不足。及时的反馈系统对学生来说至关重要,可以帮助他们调整学习策略,改进学习方法,提高学业成绩和综合素质。评价体系应当包含学生自我评价和同伴评价机制,使他们能够深入了解自身的优势和不足,并从他人的反馈中获得灵感和建议,促使个人进步与成长。考核机制应当与学习目标相匹配,确保全面反映教学成效和学生学业成果。评价标准和评价方法的选择应当考虑课程内容和教学方式,确保评价结果具有更高的借鉴意义和指导性。科学合理构建评估框架,有利于增强机械制图课程对思想政治教育的实施效果,提升学生的整体素质和政治修养水平,为他们未来的成长奠定坚实基础。

第三节　思政元素融入教学实践

在高等教育中，思政教育不仅限于思想政治理论课，它应融入每一门专业课程中。机械制图作为工科基础课程，不仅是学生学习专业技能的起点，也是培养社会责任感和价值观的重要环节。

本节将探讨如何在机械制图课程中有效融入思政教育。通过具体案例和实践活动，展示如何将工程伦理、团队合作、社会责任等思政元素与专业知识有机结合，激发学生的责任感、创新意识和爱国情怀。通过这些实践，学生不仅能够掌握专业技能，还能提升个人综合素质，为国家和社会的建设贡献力量。

一、思政元素在机械制图教学中的应用

（一）工程伦理和职业道德

在机械制图课程中，工程伦理与职业道德是培养学生职业素养的重要内容。机械工程师在设计和制造过程中不仅需要掌握技术和技能，还应遵循严格的伦理和道德规范，以确保工程项目的安全性、环保性。

准确传递信息。在工程项目中，准确和清晰地传递设计或工程方案是机械工程伦理的核心要求之一。对于机械制图来说，图纸作为设计意图的传递工具，必须确保没有任何错误和遗漏。通过课堂实例，教师可以让学生了解如何在机械制图中确保图纸的准确性，并提醒他们传递虚假信息可能导致严重后果，如工程失误或事故发生。这一过程不仅是技能的训练，也是学生职业道德的培养，帮助他们理解责任与诚信的重要性。

保护环境。在机械制图过程中，工程师需要从源头上考虑产品设计和制造对环境的影响。教学中可以通过案例分析，介绍如何通过设计优化来减少排放物和废弃物。例如，在汽车工业中，如何通过制图设计实现燃油消耗和废气排放的优化。通过这些讨论，学生可以在技术层面和伦理层面同时提升

他们的环保意识,从而将社会责任感融入每一张图纸中。

确保安全。设计和制造机械产品时,必须遵循严格的安全标准和法规。学生通过学习如何在制图中体现安全性设计,了解如何评估风险并采取措施确保产品在正常使用情况下不危害用户安全。例如,课堂中可以通过讨论实际的工程事故案例,帮助学生意识到机械设计和制图中的潜在风险,培养他们遵循安全规范、规避设计缺陷的意识。

遵守职业道德。职业道德在机械制图教育中同样至关重要。首先,诚实守信是机械工程师最基本的职业操守。在制图过程中,学生应当理解如何保持设计图纸的真实性和准确性,避免任何形式的欺瞒。其次,保护客户利益是职业道德的重要部分。学生应认识到,在涉及客户的项目中,任何设计和图纸都必须充分考虑客户的需求和利益,确保设计方案满足其期望。最后,持续学习与提升也是职业道德的重要内容。机械工程技术不断进步,制图工具和方法也在不断更新,教师可以鼓励学生通过不断学习和实践来提升专业能力,保持高度的职业素养。

(二)团队合作和社会责任

团队合作是培养大学生综合素质的重要途径之一。在现代社会中,单打独斗已经无法满足各行各业的需求。团队合作能够提高大学生的沟通、协调、组织和决策能力,培养他们的创新思维和解决问题的能力。在机械制图课程中,学生通过参与团队合作,能够学会与他人合作,协同完成任务,从而提升自己的综合素质,为未来的职业生涯打下坚实的基础。在一个团队中,成员之间需要相互配合、共同完成任务。通过沟通和协作,大学生可以了解他人的观点,学习他人的经验,并借此提高自己的能力。同时,团队合作也能够培养大学生的团结合作精神和团队意识,增强集体荣誉感。

大学生要明确自己作为社会成员的责任和义务,认识到自己的行为对社会的影响。例如,在校园生活中,遵守校规校纪、尊敬师长、关爱同学等都是大学生应尽的责任。在社会生活中,遵守法律法规、尊重他人、关心社会福利等是大学生应尽的义务。大学生要培养良好的品德和价值观,树立正确的人生观和世界观。要注重诚信、尊重他人、关心他人,为社会做出贡献。

同时，要注重自身素质的提高，不断学习和进步，为未来的社会发展做好准备。

在机械图样表达规范实践时，按国家制图标准规范进行图框、线型、线宽、视图的选取和绘制，教师要教育学生努力做到"标准与绘图相结合"，为图纸这一工程界语言的无障碍传递提供保证，锻炼学生做事严谨的态度。

（三）展示重大工程与培养爱国情怀

通过介绍我国近年来具有自主知识产权的重大工程项目，如盾构机、高铁、C919 大飞机、"山东号"国产航母、世界最大吨位的 8 万吨模锻压力机等，展示我国在机械工程领域的先进技术与成就。这些重大工程的研发不仅是国家科技实力的体现，也反映了我国在工程设计与制造方面的卓越成就。通过学习这些工程的技术细节，学生能够深刻感受到国家的力量与自豪感，激发他们的爱国情怀。

在机械制图课程中，通过展示这些重大工程的设计方案，教师可以引导学生了解如何在制图过程中将复杂的技术要求准确呈现，帮助学生理解机械设计和制图在国家发展中的关键作用。这些重大工程的制图案例不仅具有现实意义，而且能够激励学生将个人的职业发展与国家的建设需求结合起来，增强他们的社会责任感和使命感。

通过对这些具有标志性的工程案例的学习，学生不仅能提升专业技能，还能深刻理解自己的责任所在，即通过精益求精的技术工作为国家发展贡献自己的力量，增强自己的职业荣誉感和集体责任感。

二、思政教育和制图课程的融合方法

在机械制图授课过程中融入思政元素，既可以使课堂生动起来，改变学生因被动接受枯燥的制图知识而积极性不高、产生畏难情绪的情况，又可以培养学生的家国情怀，使学生养成精益求精、开拓创新、科学严谨的优秀品格。在教学过程设计中，根据教学知识点将思政元素融入点分为核心点位和灵活点位。核心点位是指在讲解时明确导入思政内容，对学生进行正确引导，从而实现思政显性教育；灵活点位则是在结合知识点的同时，根据当下时事热点或学生关注的话题，引导学生深入理解其中蕴含的思政内容，发挥学生的主动性，从而实现思政隐性教育。

在对照课程内容挖掘思政元素的基础上，改变传统照本宣科的教学方式，通过课堂内外、学习和实践、线上线下拓展教学时间与空间，让学生变被动为主动，有效提高课堂效率，润物无声地使学生接受和理解思政内容。课前发挥学生主观能动性，充分利用学习通等网络教学平台，结合该节知识点，以小组讨论的方式由学生主动挖掘相关思政内容。课中增加学生讲思政的"五分钟讲演"小环节，提高学生的参与度，引起学生的情感共鸣。课后鼓励学生积极参加"大学生先进成图技术与产品信息建模创新大赛"，在实践中亲身体验，激发学生学习内动力。思政元素的融入也需要建立有效的课后反馈机制，要求学生以小论文、短视频等感兴趣的方式提交接受思政教育的感想，一方面促使学生主动思考，另一方面也方便教师了解思政教育的效果并及时调整。

随着思政元素的融入，为了保证思政教育能够真正落地见效，原来单纯以课程内容掌握情况为主的传统考核方式需要进行合理改进。一方面通过学习通等线上平台结合课堂教学，推送有广度和深度的思政内容和进行多维度的评价，另一方面结合反馈情况及时掌握学情变化，并进行相应调整，以实现对思政教育效果的动态掌控。思政考核与课程内容考核相对独立，分为平时考核和期末考核，主要方式为小组讨论、课堂展示、学生发表个人心得体会。教师可以在对学生的考核中分析学生思想波动情况，全程全方位解决出现的问题，以实现教书和育人目标的真正结合，落实课程思政立德树人的根本任务。

三、引入课程思政后的学生反馈

近年来，笔者学校在将工程伦理、职业道德、团队合作、社会责任等思政元素融入机械制图教学后，得到学生的积极反馈，表明思政教育在专业课程中的有效性和必要性。

大多数学生表示，课程中融入思政教育，尤其是关于"工程伦理"和"职业道德"的内容，使他们在学习制图技术的同时，更加深刻地认识到作为未来工程师所应承担的社会责任。通过讲解工程师在设计中的责任，例如准确传递信息、节约能源、确保安全等，学生意识到他们不仅是技术操作员，更是社会责任的承担者。学生普遍反映，在学习过程中，特别是在讨论如何通过制图提高生产效率和安全性的案例时，他们的责任感和家国情怀得到了很大程度的提升。许多学生提到，通过了解我国自主研发的高科技工程项目（如C919大飞机、盾构机等），他们对自己的专业感到更加自豪，激发了强烈的报国情怀和对职业的热爱。

此外，学生还表示，课堂中加入小组讨论和思政"五分钟讲演"环节，促进了他们更积极地参与课堂互动。通过让学生主动分享对某个工程伦理或社会责任问题的思考，学生不仅加深了对课堂知识的理解，也增强了对思政内容的认同。在这些互动环节中，学生能够通过讨论，提出自己的见解，并受到他人启发，进一步加深对思政元素与制图课程结合的理解。这些环节有效地促进了学生的主动思考，提升了课堂的生动性和参与感。

然而，也有少部分学生提到，在某些内容的讲解中，他们感觉思政内容与专业知识的结合有时显得不够紧密。部分学生表示，在涉及复杂制图技术时，思政内容的讨论可能会分散他们的注意力。因此，他们希望未来能够更清晰地看到思政内容如何直接应用到机械制图的实际问题中。学生建议，增加更多实际案例的分析，并通过制图任务来更好地体现思政元素在专业学习中的应用。

总体而言，课程思政的引入在机械制图课程中得到了学生的积极反馈，尤其在增强学生的社会责任感、家国情怀和创新意识等方面发挥了重要作用。学生不仅掌握了专业知识和技能，还提升了道德素养和价值观。在未来的教学中，教师可以继续改进思政内容与专业知识的结合方式，增加更多实际案例和互动环节，确保思政教育更加贴近学生的学习实际。同时，根据学生的反馈，未来应进一步完善考核方式，增强思政教育的可评估性，确保思政教育与专业能力同步提升。

第六章

机械制图课程评价

第一节　机械制图课程评价体系

在机械制图课程中,评价体系的建立至关重要。评价不仅是对学生学习成果的总结,也为教师改进教学方法、调整教学内容提供了有力的依据。机械制图作为一门既强调理论又注重实践的基础性课程,其评价体系应全面、系统地反映学生在技术能力、创新能力、团队合作能力等方面的综合表现。随着课程内容的不断丰富和教学模式的不断更新,构建一个科学、合理的评价体系显得尤为重要。通过合理的评价方式,能够促进学生全面发展,帮助他们在学习技术的同时,培养创新意识和社会责任感,进而为未来的职业生涯打下坚实的基础。

一、评价指标的确定

构建有效的机械制图评价体系,核心在于明确评价指标。这些指标应从多个维度全面反映学生在机械制图方面的能力,从而为教育者提供更准确的评估依据。评价指标的设定应涵盖以下几个关键维度:技术能力、创新能力和团队合作能力。技术能力是评价机械制图能力的重要标准之一。其包括学生是否能准确、规范地绘制工程图纸,是否能正确理解并运用各种图形符号和标准。评价可以通过考查学生的绘图准确度、图纸的规范性以及对标准的合理运用来进行。创新能力也是评价的重要方向。创新能力不仅体现在图纸设计的独特性，还包括学生是否能从不同角度思考问题，提出创新的设计方案。评价可以通过考查学生图纸设计的创意程度、创新思维的展现以及解决问题的独特性来进行。团队合作能力在现代工程领域越发重要，学生是否能良好地与他人沟通合作、在小组项目中发挥积极作用，都需要评价。评价可以从学生在团队中的角色与贡献、沟通效果和合作意识等方面来考量。

二、评价方法的选择

在建立机械制图能力评价体系时，选择合适的评价方法至关重要。为了全面地评估学生的能力，教师可以综合运用定量和定性方法，以确保评价结果的准确性和全面性。定量方法可以通过笔试、绘图实验等形式，对学生的理论知识和实际操作能力进行考查。例如，可以设计一份绘图规范测试题，测试学生是否熟悉各种图形符号和标准的应用。同时，绘图实验可以让学生在实际操作中展现其技术能力，从而更直观地评估他们的绘图水平。定性方法则注重评估学生的创新能力、团队合作能力等软性技能。项目作业是一种有效的定性评价方式，学生可以在实际项目中运用所学知识，展示其创意和解决问题的能力。同时，小组讨论可以考查学生在合作中的表现，包括沟通、协作和角色分工等。引入评价专家也是提高评价客观性和权威性的方式之一。专业人士可以根据丰富的经验，对学生的作品进行深入的评估，从而提供更具有参考价值的评价结果。

三、评价体系的实施和反馈机制

评价体系的实施应该是一个持续的过程，需要清晰的反馈机制。首先，教师可以在教学过程中逐步引入评价元素，让学生在学习过程中逐渐形成相关能力。其次，可以定期进行评价，包括课堂测验、实际项目作业等，以了解学生的进展和问题。评价结果应该及时反馈给学生，帮助他们认识到自己的优势和不足，从而更有针对性地进行学习和提升。在评价过程中，教师还应关注学生在各个维度的表现，尤其是创新思维和团队合作等软技能的培养。

通过不断的反馈和调整，学生能够在课程学习中不断提高自己的综合能力。

第二节　机械制图课程质量评价

在机械制图教学中，课程质量评价至关重要，它不仅为教师提供了评估学生学习进展的工具，还推动课程目标的实现与完善。为了使教学内容与教学目标相一致，我们必须制定科学的评价标准，并通过多维度的评价体系对学生的能力进行全面、深入的考查。通过评价反馈，教师可以及时发现教学中的不足并进行调整，从而提升教学质量。

一、课程目标与毕业要求

（一）课程目标

机械制图课程的目标是培养学生掌握正投影法图示空间物体的方法和理论，能够准确绘制基本立体及其表面交线，理解并掌握轴测投影图的画法，培养学生的空间构形能力和形象思维能力。学生应熟练掌握组合体视图画法及尺寸标注方法，了解机件常用表达方式，具备阅读、分析和绘制机械图样的基本能力。此外，课程还要求学生熟悉并掌握机械制图国家标准的相关规范和规定，能够正确查阅和使用相关国家标准，具备遵守标准并在机械系统、零部件或工艺流程设计中正确运用的能力。

（二）课程支撑的毕业要求

毕业要求1：掌握工程基础知识并应用于实践。学生应具备利用机械制图知识设计机械系统和零部件的能力，能够通过图样表达设计意图，并确保设计符合国家标准。

毕业要求2：具备创新意识。课程通过培养学生的空间构形能力和形象思维能力，帮助他们在设计中体现创新意识，尤其是在复杂机械系统和零部件设计环节。

毕业要求3：具备解决复杂工程问题的能力。课程为学生提供了解决复杂工程问题的工具，特别是在机械系统、零部件或工艺流程的设计过程中，学生能够通过图样表达和分析问题。

（三）课程目标与毕业要求的关系

机械制图的课程目标直接支撑上述毕业要求的具体指标点。通过掌握正投影法、组合体视图画法、尺寸标注及国家标准，学生能够满足以下毕业要求：

满足特定需求的机械系统、零部件或工艺流程设计：学生通过学习课程中涉及的图示方法和制图规范，能够独立设计机械系统和零部件，并通过图样准确表达设计成果。

体现创新意识：课程通过培养学生的空间构形能力和形象思维能力，激发他们在设计中提出创新性的解决方案，特别是在复杂机械系统和零部件设计中，能够展示出创造性思维。

符合国家标准的设计能力：课程目标强调对国家标准的熟悉与应用，确保学生在设计过程中能够严格遵守标准，减少设计误差和工程风险，符合毕业要求中对工程实践的规范性要求。

二、课程目标评价合理性分析

（一）教学内容与授课方式对课程目标达成的支持

机械制图课程系统学习制图的基本知识与技能，如几何元素的投影、基本立体及其表面交线、轴测投影、组合体视图及尺寸标注法、机件常用表达方法，通过课堂讲授及课内、课外练习使学生具备阅读和绘制机械图样的基本能力。此外，还要求学生熟悉机械制图国家标准的相关规范和规定，具备遵守国家标准、查阅和使用相关国家标准的能力。能够运用机械制图知识对机械系统、零部件或工艺流程进行表达设计。授课时主要采用讲解法、练习法、演示法、案例法、问答法等教学方法，结合多媒体课件等共同完成课堂授课内容，教学内容与授课方式支撑课程目标。

（二）课程考核内容/方式与课程目标的匹配性说明

机械制图课程的总成绩由平时成绩和期末考试成绩构成，分别占总成绩的30%和70%。其中，平时成绩包括课堂表现和作业，分别占平时成绩的20%和80%。课程通过课堂表现（课堂测验）、作业和期末考试等方式来评估课程目标的达成情况。各考核环节的内容、题型和目标分值等如表6-1所示。

课程考核内容和方式与课程目标要求相匹配，能够有效支撑相关课程目标的考核。这种考核体系确保学生在掌握机械制图的基础知识和技能的同时，也能体现他们在设计、创新和标准遵循等方面的能力。通过多元化的考核方式，能够全面评估学生的学习效果，促进其综合素质的提升。

（三）课程考试/考核的评分标准合理性说明

课程评价注重学生学习过程中的综合表现，包括作业、课堂表现环节，采用定量的评价标准，评价内容覆盖学生学习的各个环节。考核评价标准涵盖作业、课堂表现、期末考试等各项内容，确保评价结果准确反映学生对课程目标的掌握情况。

表6-1 机械制图课程考核内容/方式与课程目标的匹配关系

考核方式	作业、课堂表现（课堂测验）、考试
考核内容	制图基本知识与技能、几何元素的投影、基本立体及其表面交线、轴测投影、组合体视图及尺寸标注法、机件常用表达方法
题型/题目	作业：作图题 课堂表现（课堂测验）：作图题 考试：作图题
目标分值及在总成绩中的占比	作业：80×0.3 课堂表现（课堂测验）：20×0.3 期末考试：100×0.7

三、针对评价结果提出改进措施

在笔者学校的机械制图教学过程中，基于课程目标和学生反馈，教师通过课堂讲授、画图练习及辅导答疑等环节，帮助学生掌握制图的基本知识与技能，包括几何元素的投影、基本立体及其表面交线、轴测投影、组合体视图及尺寸标注法等内容。教学过程中主要采用讲解法、演示法、练习法、案例法等多种教学方式，并根据学生的学习进展调整课程进度和练习难度。通过这些方式，大部分学生在课程目标的达成度上超过了标准值。然而，在教学实践中也发现了一些需要改进的地方，尤其是部分学生在相贯线、截交线的画法及应用方面的能力有所欠缺，在表达包含这些复杂元素的机件时遇到困难。

针对以上问题，在今后的教学中拟从以下方面进行改进：第一，将现代多媒体手段运用于制图教学中，借助三维模型动态旋转、切割、放大等功能，使教学过程生动形象，将复杂机件上相贯线、截交线的形状及内部结构展现出来，使学生通过感官接收信息，加速理解，将机件上相贯线、截交线的画图、读图相互贯穿、融为一体，更好地体现"教为主导、学为主体、以学生为中心"的教学思想。优化机件上相贯线、截交线的表达及综合运用，提高学生阅读和绘制机械图样的基本能力，从而能够运用机械制图知识对机械系统、零部件或工艺流程进行表达设计。第二，开设相贯线、截交线画法专题训练，增加相贯线、截交线方面的练习题。通过专题训练、辅导答疑等多途径，加强学生相贯线、截交线画法方面能力的培养，激发学生学习兴趣，充分调动学生积极性。第三，增加课内、课外及网络专项辅导答疑时间。第四，激励好生、鼓励差生，在学生中开展互帮互学活动。第五，在教学中进一步明确机械制图课程的目标，突出课程的重难点，并优化考核方式，确保考核内容能够准确反映学生对课程内容的掌握情况，为学生提供更加明确的学习方向。

这些改进措施的实施将进一步提高笔者学校机械制图课程的教学质量，确保通过课程评价法的应用，促进教学目标的全面实现。课程评价不仅为教学反馈提供了依据，更为教学过程的持续优化和完善提供了数据支持，从而帮助学生在专业知识、创新能力和工程实践等方面得到更全面的培养。

第三节　机械制图课程的多元化考核评价体系

教育部印发的《2019年教育信息化和网络安全工作要点》指出，深入开展教育评价体系改革调查研究，推动构建更加科学有效的教育评价制度体系，分类推出评价改革相关举措，形成相对完整的教育评价改革制度框架。课程评价既是了解学生掌握课程知识情况的有效工具，也是评估教师教学水平的重要手段。有效可行的教学评价体系能够反映学生对课程学习的效果，也能够培养学生的创新能力。

一、机械制图课程评价现状

当前机械制图课程的评价方式容易忽视学生的主体性和差异性，无法全面反映学生的学习效果。学生学习效率低下、学习目标不明确、缺乏主动性，教师对评价标准也未细化。期末考试作为主要的评价形式，虽然操作简便、量化程度高，但往往导致学生依赖死记硬背，甚至出现旷课或抄袭作业的情况。此类评价方式未能充分考虑学生的个体差异，可能导致较高的考试不及格率。因此，课程的评价标准需要更加多元化，以满足现代教育的需求，全面考核学生对课程的掌握情况。

二、企业需求对机械制图课程人才的要求

人才的培养最终还是要满足地方经济的发展需求。通过调研企业人才需求情况可知，学生完成制图课程的学习后应该能够很好地胜任以下工作：能进行机械产品零部件的设计、分析和制图，能解释机械产品的设计图纸并提供技术指导，能按照现有的技术规范完成机械产品的图纸标准化工作，能将企业需要的工程图纸用数字化方式表达。

然而，企业普遍反映，现有制图课程的学习存在以下问题：学生在识图和绘图方面的能力较弱，绘制的图纸质量欠佳；采用数字化方式表达工程图

纸的能力不足；缺乏必要的技术创新能力。① 因此，课程评价体系需要及时反映这些企业需求，并做出相应的调整。

针对企业的需求，课程的评价体系需要进行改革，注重对学生识图能力、绘图质量、创新能力等多方面的综合考评。

三、机械制图课程多元化评价体系的探索与实践

（一）机械制图课程多元化评价体系的探索

为了更加客观地评价学生的课程学习情况，以及更多地满足学习者的需要，制图课程团队采用多元评价的方法，以机械制造与自动化为改革试点专业，创建了对培养质量和培养过程全方位监控的评价与反馈体系。该体系通过对学习过程的评价，增强了学生的自主学习能力；对创新能力的评价，提升了学生的创新能力和创业热情；对教学方法的评价，则形成了混合式教学模式。图6-1展示了机械制图课程多元化评价体系。

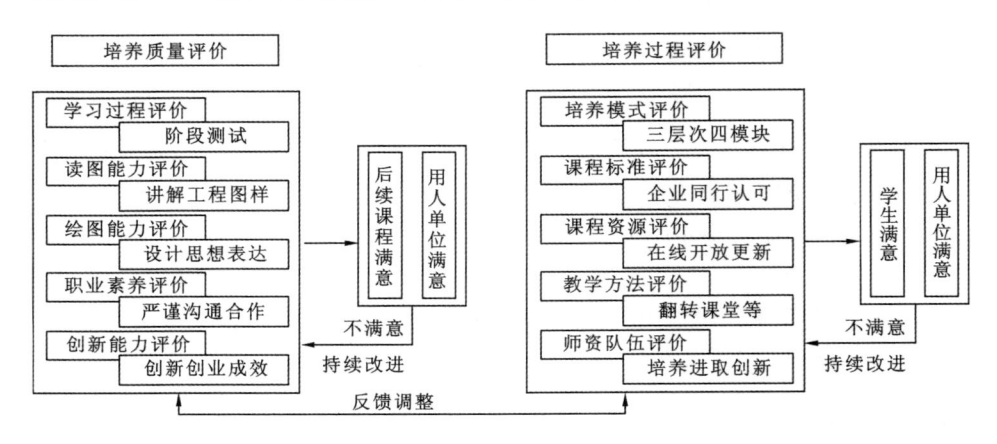

图6-1 机械制图课程多元化评价体系

（二）机械制图课程多元化评价体系的实践

为了更有效地实施多元化的评价体系，机械制图课程团队在实际教学中

---

① 徐晓栋,龚非,龚玉玲.以数字化创新能力为目标的机械制图课程融合式教学研究与实践[J].现代农机,2024(2):110-111.

采取了以下几个措施，推动评价体系全面落地：

课程多元化考核指标。在机械制图课程中，学业评价采用多项指标考核，如作业测验、制图实训、互动讨论等，合理分配评价指标的权重，避免了单一考核的片面性。学业评价效率高，结果客观公正。学业评价结果均可在线随时查询，系统根据学生完成学业的情况，实时更新评价指标（观看视频、参与讨论等），极大地提高学业评价效率，有效地督促学生学习。

课程教学及评价引入企业案例。为了增强学生的实际应用能力，课程教学和评价中引入了企业案例。通过与实际工程项目的结合，学生能够更好地理解制图与实际工程中的应用场景，从而提高其在真实工作环境中的适应能力。

高效、客观的学业评价体系。学业评价系统通过在线平台实现了高效、客观的评价。学生的学业完成情况，如观看视频、参与讨论等，均可实时更新并随时查询。这不仅提高了评价效率，还促进了学生自主学习。为了提高学习者对课程的评价效率，在线学习平台采用了客观题形式来考核学习者。制图课程的核心在于培养学生的读图与绘图能力，而如何通过客观题来测试学习者的掌握程度，成为一个难题。课程团队通过讨论决定采用计算体积的方法来解决这一问题。学生必须首先读懂二维工程图，才能进行三维建模并计算体积。如果读图或建模存在错误，结果会不准确；反之，正确的理解与建模将获得正确的结果。测验完成后，系统会自动批阅，并及时给出评价结果。

优秀作业展示。优秀作业不仅可以在在线课程平台上展示，还可以制作成纸质展板进行线下展示。展板内容包括学生个人信息、作业内容、产品工作原理以及产品拆装视频与虚拟样机拆装视频。这种展示方式增强了学生的学习竞争意识，同时也增强了他们在作业中的成就感。

课程服务于后续教学与企业需求。制图课程为机械设计、夹具组装等后续课程提供服务，课程团队及时跟进学生在后续课程中涉及的图样，如在减速器表达中检查齿轮、螺栓等图样是否规范。此外，课程团队还定期跟进毕业班学生的企业实习情况，了解企业对学生的反馈，如企业产品的装配表达是否规范。根据后续课程和企业反馈，课程团队将继续调整评价内容，并强化在后续制图课程中的训练和考核。

第七章

机械制图课程教学的未来展望

第一节　新技术在机械制图教学中的应用

一、CAD 技术的优势与创新

机械制图作为一门核心课程，承担着培养工程师基本技能和创新能力的重要职责。它不仅涉及绘制精确的工程图纸，还包括理解和设计复杂机械系统的功能与结构。计算机技术的广泛应用，推动了机械制图教学方法和工具不断向前发展。计算机辅助设计（CAD）技术的出现和普及，为机械制图带来了革命性的变化，不仅改善了设计的效率和质量，还为教育者和学习者提供了前所未有的机会，以探索更为高效和创新的教学方法。因此，探究 CAD 技术在机械制图教学中的应用变得尤为重要，能够提升学生的学习效果和创新能力，同时确保他们能够适应不断发展的工程技术行业。

（一）CAD 技术的重要性

1. 提高制图效率

在传统的机械制图课程中，学生需要使用手工绘图工具来创建设计图纸，不仅耗时而且容易出错。学生通过计算机辅助设计软件，能够快速准确地绘制复杂的机械零件和系统图。软件提供了众多自动化工具，如自动对齐、自

第七章 机械制图课程教学的未来展望

动尺寸标注以及图形复制等功能,加快了绘图的速度。例如,在进行复杂零件的设计时,CAD 软件可以自动计算和调整零件尺寸,避免了手动计算时出现的错误。在 CAD 软件中,学生可以精确地控制图形的每一个细节,包括尺寸、形状和位置,是传统手绘方法难以比拟的。

2. 帮助学生掌握计算机绘图技能

通过 CAD 技术的学习和应用,学生能够掌握现代机械设计和工程的基本工具。在当前的工业设计和工程领域,计算机辅助设计已经成为一个必需的技能。通过在教学中深入使用 CAD 软件,学生不仅学会了如何使用工具进行设计,还学会了如何在实际的工程项目中应用它们,使学生在未来的职业生涯中更具竞争力。此外,CAD 软件的使用能够帮助学生理解设计在机械系统中的实际应用,培养他们的工程思维和问题解决能力。技术的不断进步使新的设计工具和方法持续涌现,CAD 技术教学促进了学生对新技术的适应和掌握。通过在课堂上使用最新的 CAD 软件,学生能够适应不断变化的技术环境,为终身学习和职业发展奠定基础。掌握 CAD 技术还增强了学生的团队协作和沟通能力。在设计项目中,学生需要与同伴合作,共同使用 CAD 软件完成设计任务,不仅提高了他们的团队协作能力,还锻炼了他们通过图纸和设计进行有效沟通的能力。

3. 便于教学资源共享

CAD 技术使教学资源如图纸、设计模板和教学视频可以轻松地在教师和学生之间进行共享,提高了资源的可获取性和利用率。学生可以随时访问资源,无论是在课堂上还是在课堂外,都能够方便地复习和实践,从而加深对机械制图知识的理解和掌握。CAD 技术支持的在线协作平台进一步促进了资源共享,允许学生和教师在云端共同进行同一项目,实时共享进度和反馈,不仅加强了师生之间的互动,也使学生之间能够更有效地合作学习,共同解决设计中的问题。CAD 软件内嵌的资源库和社区提供了大量的预制部件、设计案例和解决方案,供教师和学生参考和使用,不仅节约了设计时间,还为学生提供了丰富的学习材料,有助于激发他们的创造性思维和设计灵感。教师利用 CAD 技术进行资源共享,还有助于保持教学内容的时效性和前沿性。

技术更新和新设计理念的不断涌现使教师能够迅速把新信息融入教学资源中，确保教学内容始终处于最新状态。

（二）CAD 技术的应用实例

1. 几何画图法教学

CAD 软件提供了一套完整的工具集，用于教授几何画图的基本原则和技巧。学生通过工具可以学习如何绘制基本的几何形状，包括直线、圆、椭圆等，并了解形状如何组合以构建更复杂的机械部件。CAD 软件的直观界面和指令使初学者可以迅速掌握基本概念。CAD 技术在几何画图法教学中的应用使学生能够立即看到他们的绘图结果，即时反馈对于学生理解绘图原理和纠正错误至关重要。例如，当学生绘制一个机械零件的轮廓时，CAD 软件可以即时展示结果，帮助他们理解尺寸和比例之间的关系。CAD 软件还支持复杂的几何构造和变换操作，如旋转、缩放和镜像，这不仅使学生能够执行更复杂的设计任务，还帮助他们理解这些操作在实际机械设计中的应用。

2. 截交线、相贯线教学

CAD 软件中的三维建模功能使学生可以直观地理解截交线和相贯线的概念。在传统的手工制图中，展现复杂几何关系往往是困难且耗时的。而在 CAD 软件中，学生可以通过建立三维模型，轻松生成和观察线条。例如，当两个不同的几何体相交时，CAD 软件能够自动计算并显示它们的截交线或相贯线，使理解概念变得更加直观简单。CAD 软件提供的模拟和分析工具进一步帮助学生掌握截交线和相贯线的应用。学生可以在软件中模拟不同几何体的相交情况，观察并分析不同形状和位置关系下的截交线和相贯线的变化。互动式学习方式加深了学生对复杂几何关系的理解。CAD 软件中的错误检测和纠正功能对于学习截交线和相贯线非常有帮助。在手动绘图过程中，错误的发现和纠正往往非常耗时。而在 CAD 软件中，系统可以自动识别和提示潜在的错误，如几何体的对齐有误或尺寸不一致，使学生能够迅速纠正并理解错误发生的原因。

3. 组合体视图教学

CAD 软件允许学生和教师轻松地创建和操纵复杂的组合体模型。在传统的手工制图中，展示一个组合体的多个视图是一个既复杂又耗时的过程。而在 CAD 软件中，学生可以快速构建三维模型，然后从任意角度生成不同的视图，如正视图、侧视图和俯视图，直观的表示方法使学生更容易理解组合体的空间关系和结构细节。CAD 软件提供的高级功能，如截面视图和爆炸图，丰富了组合体视图教学的内容。学生通过其功能，可以更深入地探索组合体的内部结构和组件之间的关系。例如，爆炸图可以清晰地显示各个部件是如何组合在一起的，而截面视图展示了组合体内部的隐藏细节。学生还可以在设计过程中轻松修改组件的尺寸或位置，并立即看到这些修改操作如何影响整个组合体。即时反馈不仅加快了学习过程，还增强了学生对设计决策影响的理解。

4. 剖视图教学

CAD 软件能够精确地生成复杂部件的剖视图，解决了传统手绘剖视图的耗时和易出错问题。学生可以通过 CAD 软件创建局部剖视图或断面剖视图，更详细地展示机械部件的内部特征。CAD 软件的三维视图功能增强了学生对部件内部结构的空间感知能力，通过旋转和缩放三维模型，全面了解部件的内部构造。通过与同学或教师分享剖视图，学生可以进行讨论和反馈，提高学习效率，增强教学互动性。

（三）利用 CAD 技术推动机械制图教学创新

1. 融入虚拟仿真实验教学

CAD 技术结合虚拟仿真实验可以为学生提供一个互动和实时反馈的学习环境。在这种环境中，学生可以设计和构建机械部件或系统的三维模型，然后通过虚拟仿真来测试它们的功能和性能，使他们能够立即看到设计决策的实际效果，从而更好地理解理论知识和实践技能的结合。虚拟仿真实验允许学生在安全的环境中进行复杂或危险的机械测试。在传统的实验室环境中，某些测试由于安全或成本问题难以实施，而通过 CAD 技术和虚拟仿真，学生可以无风险地探索和实验不同的设计方案，包括在现实中难以实现的复杂机械系统。CAD 软件提供的工具和虚拟仿真环境激发了学生的创造力，鼓励他们尝试新颖的设计和解决方案。

2. 构建网络远程教学平台

网络远程教学平台提供了一个虚拟教室环境，使学生无论身在何处都能够访问课程内容和 CAD 软件资源，包括视频教学、在线讨论论坛、互动式作业和评估等功能，不仅方便了远程学习，还保证了教学质量不因地理位置或时间限制而受到影响。网络平台使 CAD 软件和相关教学资源可以实时更新和共享。教师可以上传最新的教学资料，如视频教程、CAD 模型示例和实践练习。学生可以随时下载资源，并在家里或任何有网络的地方进行学习和实践，提高了学习资源的利用率和教学的灵活性。学生可以在平台上分享他们的 CAD 图纸，提问并获得反馈，增强了学习的互动性，并促进了学习社区的形成。

3. 开发三维动画和视频教学资源

教师利用 CAD 软件可以创建精确的三维模型，并将其转化为动画，动画可以清楚地展示复杂机械系统的内部结构和功能。直观的展示使学生更容易理解抽象的概念，特别是那些难以通过传统静态图纸表达的内容。结合视觉、听觉和文字说明的多媒体视频教学资源，学生可以按照自己的节奏进行学习，随时回放重要部分，帮助加深理解和记忆。三维动画和视频资源不仅支持远程教学，还为自主学习提供了极大的便利，尤其对无法参加面对面课堂的远程学习者具有重要意义。

4. 设计三维建模项目

学生通过设计具有一定难度和实际工程背景的项目，可以在解决实际问题的过程中运用所学的机械制图知识。例如，设计一个复杂机械装置或改进现有产品的设计，要求学生不仅要掌握 CAD 技术，还需要理解和应用工程原理。在 CAD 软件中，学生可以自由地尝试不同的设计方案，进行模型的构建和修改，不仅可以提升他们的技术技能，还增强了解决复杂问题的能力。学生通过完成挑战性项目，可以获得宝贵的团队合作经验。在许多项目中，学

第七章　机械制图课程教学的未来展望

生需要与同伴协作,共同完成设计任务,不仅提高了他们的沟通和协调能力,还促进了集体创新和知识共享。

CAD 技术的应用显著提升了机械制图的教学效果,不仅提高了制图的效率和准确性,还帮助学生掌握了关键的计算机绘图技能,为他们未来的职业生涯打下坚实的基础。通过结合虚拟仿真、网络远程教学平台、三维动画和视频资源,以及设计具有挑战性的项目,CAD 技术丰富了教学内容和形式,激发了学生的学习兴趣,促进了他们的创新思维和团队协作能力。

二、计算机辅助设计在机械制图中的实践路径

现阶段,我国工业迈入"互联网+"时代,传统手工设计、手工制图已经边缘化,由计算机辅助设计(CAD)替代。因此,在机械制图教学中,为保证学生符合社会和企业发展需求,应当将 CAD 融入机械制图中,立体、全面地展示标准机械图样,从而提高学生软件应用和机械制图能力。

(一)机械制图教学的现状与挑战

工程技术人员需掌握基础识图、绘图能力,机械制图是培养此方面人才的重要课程,经过长期制图教学发现,从图线、点线面、图形、基本体、组合体至表达方法,培养学生空间思维较艰难,传统机械制图难以达到满意的教学效果。

1. 课程讲授难度大

机械制图课程具有特殊性,教师讲解难度较大,由于多媒体课件或挂图幅面较小,对于课堂教学效果具有较大影响,特别是挂图缺少绘图过程,教师如果在课堂上边绘制、边讲解,能够展现绘图过程,为学生清晰示范,却也延长教学时间,对教师课堂时间把控能力要求较高。此外,随着教学内容从简单到复杂,后续章节的学习难度更大,传统的现场绘图方法难以应对更复杂的制图任务。

2. 学生绘制时间长

在机械制图课程中,基础绘图需要使用四号图纸完成线型练习,这一

过程通常耗时超过两小时。而面对更复杂的绘制任务，比如中等难度的装配图，学生从零件图的阅读、零件消化、方案确定、布图、底稿绘制、正式绘图到检查完成，往往需要一周的时间。学生在图板上进行长时间的操作，尽管教师在指导过程中付出大量努力，学生的识图和绘图能力的提升依然有限。这种传统教学方式的局限性愈加凸显，教师无法提高课堂效率，学生在操作、理解和解决问题的能力上也未能达到预期。为了适应现代社会发展的要求，必须引入CAD软件，从繁重的手工操作中解放学生，提高教学质量。

（二）机械制图课程内容优化

随着计算机技术的飞速发展，机械制图教学的方式也在不断演变。传统的机械制图课程内容包括制图标准、投影基础、平面绘图、机件表达、轴测图、基本立体与组合体、标准件和常用件、装配图和零件图等。而CAD课程则更加注重细节特征、基本建模、工程图、曲面造型、装配图等内容。尽管这两个教学模块之间存在相似之处，但也有很多差异。传统的机械制图课程主要侧重于较为简单的零部件模型，而CAD课程则包含了更多复杂的派生曲线、曲面造型等内容。在教学改革的过程中，我们可以将机械制图课程与CAD课程有机结合，精心选择合适的内容，以确保学生在掌握机械制图技巧的同时，具备更强的实际应用能力，具体内容如下：

机械制图基本理论。在机械制图中，理论作为学习基础，可为后续科研、发展奠定基础，避免盲目学习，做到心中有概念，应用软件时应根据需求设置课堂环境。例如，统一绘图比例、图形单位，通过图层方式进行图形分组，借助辅助工具，对光标位置进行准确定位，以此设置图框，确定图形界限，合理设置文字样式、尺寸样式、标题等，使得学生能够根据特定环境要求，灵活应用多样化工具。

绘图工具和常用命令。CAD软件由于不断更新版本，对学生提出更高要求，教学中教师应当教导学生学会使用常用工具，不仅能使用鼠标，还应当结合键盘进行绘图，要求学生能够掌握相应制图命令，保证绘图质量。

第七章 机械制图课程教学的未来展望

二维平面机械图。机械图类型多，有简单的也有复杂的，多采取二维制图方式，侧重于二维平面制图，为三维绘图奠定基础。学生通过学习二维平面制图的基本技能，可以掌握基本的图形结构，进一步为三维绘图的学习做好准备。

机械符号块和标准件库。在机械制图中，符号块是常用的图形对象集合，能够提高绘图速度。通过创建标准符号块库，学生可以在绘制装配图或零件图时快速插入标准件图形，提高绘图效率。块的创建和使用不仅帮助学生熟练掌握常用的机械符号，还便于修改和数据管理。

组合体三视图。三视图是机械制图的基础，能够将三维物体通过投影方法展现于二维平面上。在教学过程中，使用 CAD 软件绘制三视图可以利用系统的命令和辅助工具确保图形的准确性。通过计算机辅助绘制，学生可以更好地理解物体的空间关系和结构细节，尤其是在复杂机械零件图的绘制过程中，CAD 软件提供的实时反馈能够有效帮助学生改进和提升制图技巧。

零件图与装配图。零件图和装配图是机械设计中的重要技术文件。通过学习零件图，学生能够了解如何表达单个零件的形状、尺寸和技术要求；而通过学习装配图，学生则能了解多个零件如何根据技术要求组合成一个完整的机械系统。CAD 软件不仅能够简化这些图形的绘制过程，还能帮助学生准确表达装配关系和技术要求。

图样尺寸与文字标注。在机械制图中，尺寸标注是图纸中必不可少的一部分。通过 CAD 软件，学生可以清晰地标注尺寸，并在图纸中加入技术要求、说明文字、明细表等信息，形成完整统一的图形。软件的辅助工具能够帮助学生避免手工绘图中的尺寸错误，提高制图的规范性和准确性。

三维绘图。三维绘图是机械设计中的重要部分，能够精确地描述物体在三维空间中的形状和尺寸。通过 CAD 软件，学生可以快速建立三维模型，充分表达产品的外观和结构。三维建模不仅能帮助学生提高空间想象能力，还能让他们更好地理解复杂结构的空间关系。

(三) 机械制图教学措施优化

1. 转变教学理念

机械制图教学应用CAD软件需要学生具有较强的操作能力，理解基础理论知识。传统的灌输式讲授方式，学生始终处于被动地位，压抑了其学习主动性，逐渐降低了对课程的兴趣，进而制约了教学实效。因此，教师应转变教学态度和教学理念，以思想为先导，积极探索行动，改革教学过程，调整教学模式和方法。在此过程中，教师应明确机械制图融合CAD课程教学的目的在于培养学生的计算机操作技能，掌握机械制图中手工绘图、识图的基本方法和理论知识以及CAD制图知识等，培养读图、绘图能力，了解有关机械制图的最新行业及国家标准。以此为目标，教学中遵循"以学生为主体"的理念，选择能够激发学生主动性、学习兴趣的教学方法，合理引入CAD软件，迅速绘制装配图和零件图，因为CAD软件更新换代较快，学生不仅要了解现有CAD软件命令指标，还要善于学习、反复练习，根据学习目标学习更多新知识，更新技术储备，跟上CAD软件发展步伐，保证自身所学知识能够和工作岗位顺利接轨。

2. 制作媒体课件

计算机技术逐渐普及，教育行业也需进行改革。尽管在市场竞争机制下，不断涌现出机械制图教学课件，但教师却不能直接拿来用。因此，教师可结合学生特点、教材内容、教学目标需求等，适当删减课件内容，补充课件缺少内容，标注教学重难点，可利用Authorware、PowerPoint、Flash等软件制作课件。例如，在CAD剖视图教学中，常见的课件可能缺乏立体讲解剖视图的方式，教师可制作零件剖视图的例题，通过动态演示为学生讲解零件剖视图的画图步骤和形成方式，帮助学生掌握实际应用方法。通过这种方式，课件内容将更具实用性，并且能加强教师对课件及多媒体教学的掌握，提高教学效果。

3. 优化教学方法

机械制图中使用CAD软件成为课堂教学新趋势，使用CAD软件不仅能够

第七章 机械制图课程教学的未来展望

辅助绘图，还能增强学生构形、图形分析、转换空间能力，尤其是点线面解题、相贯线形成、立体图与三视图转换，引入三维功能，实现事半功倍效果。以三视图教学为例，具体如下：

（1）引出实体

在学习组合体三视图后，学生对简单零件的视图表达较为清楚，但对于复杂零件的平面视图表达通常较为困难。因此，教师可以通过设置疑问，激发学生的思考，让学生提前发现并解决问题，增强其自主学习能力。在此过程中，教师可以使用 CAD 软件绘制三维实体，并通过动态观察引导学生分析零件结构，从而推动学生思考解决问题。

（2）开门见山

教师不应急于直接回答问题，而应引导学生动脑思考。例如，对于复杂零件的视图表达，教师可以适当提示，指出视图会出现较多虚线，影响图形清晰度。通过假想切割零件并绘制平面视图，教师可引导学生逐步绘制剖视图，并总结出剖视图的绘制步骤，包括如何标注剖切位置、箭头、字母等。通过这种方式，学生能更深入地理解剖视图的实际应用。

（3）提出问题

教师可引导学生观察动态三维模型，分析剖视图的不足，提出问题：机件内外形兼顾，不具有对称平面应当怎样以视图表达？鼓励学生以小组方式进行讨论，思考后调出实体模型平面俯视图，打开局部剖视图图层，将图形表现出来。还要强调剖视图剖切的次数、位置、范围等灵活性强，应当根据实际，合理画出波浪线，应断裂于实体位置，禁止重叠轮廓线，也不能为轮廓线延长线。

4. 提升教学实施效果

在引入 CAD 技术后，机械制图课程的教学效果得到了显著提升。与传统的 PPT 演示和讲授法相比，学生的参与度明显提高。在传统教学中，学生往往被动接受知识，难以深入理解复杂的概念。而通过 CAD 技术的应用，学生可以主动介入课堂活动，进行动态观察与三维建模，帮助他们更好地掌握知识点。以组合体视图教学为例，传统方法侧重于讲授法和练习法，而 CAD 教学模式则结合了直观演示法和练习法，学生可以通过实际操作，迅速看到设计的效果。

此外，在教学过程中，教师通过项目驱动法提出任务，学生在计算机上开展三维建模，绘制相关视图，进一步加强了学生对知识的理解。例如，学生能够通过CAD软件进行剖切，分析零件的结构与功能，提升了他们的空间思维能力。

综上所述，随着CAD技术的引入，传统的教学方法得到了有效的补充和优化。通过转变教学理念、制作适合的媒体课件、优化教学方法，教学质量得到了全面提升，学生的识图和绘图能力也有了显著提高。

三、3D打印技术在高校机械制图教学中的应用与创新

3D打印技术是快速成型技术的一种，又称增材制造，它是一种以数字模型文件为基础，运用粉末状金属或塑料等可黏合材料，通过逐层打印的方式来构造物体的技术。该技术在机械制图教学中的应用，打破了传统二维制图的局限，使学生能够直观地理解机械结构和工作原理。通过将二维图形转化为立体模型，学生不仅能更清晰地看到设计效果，还能增强空间想象力，提高实际应用能力。3D打印技术还帮助学生及时发现并纠正绘图中的错误，进而提升绘图技能和设计能力。

（一）3D打印技术的发展历程

3D打印技术出现于20世纪90年代中期，其本质是一种分层的思想，即堆层和加法生产。3D打印技术是借助于计算机、激光、数控和精密传动等先进的现代手段，根据在计算机相关软件上建立的三维模型，能在短时间内直接制造产品或模型的快速成型制造技术。3D打印机与普通打印机的工作原理基本相同，其内部装有液体或粉末等"打印材料"，与电脑连接后，通过电脑控制把打印材料一层层叠加起来，最终把计算机上的蓝图变成实物。3D打印技术具有高度的灵活性、定制性，由于对零件形状敏感度低，生产成本低，常应用于模具制造、工业设计等领域，后逐渐用于一些产品的直接制造，目

第七章　机械制图课程教学的未来展望

前已经有使用这种技术打印制造的零部件了。经过多年的发展，3D 打印技术已被广泛应用于航空航天、军事国防、医疗器械装备、高新技术、教育生产等领域。

（二）3D 打印技术应用于高校机械制图教学的优势

机械制图专业课程具有较强的实际应用性和理论实践性，对学生的空间想象能力、理解能力、思维能力都有较高的要求，对学生来说，具有一定的学习难度。3D 打印技术可以把机械图快速、便捷地打印出来，让学生直观地看到实物，从而帮助学生理解相关知识内容，有效提升学生的学习效果。[①]

1. 帮助学生理解相关知识

在学习机械制图时，学生通常先接触到二维图形的绘制，而这些平面图形很难展现物体的三维结构和动态效果。在实际教学中，教师可以利用 3D 打印技术将 2D 模型转换成 3D 模型，这有助于学生对机械构造、机械工作原理等形成具体、直观的认知，帮助学生真正理解相关知识内容，有效提升学习效果。

2. 促使学生改正错误

通过 3D 建模技术，学生可以直接用制图软件在计算机上把脑中的灵感呈现出来，再利用 3D 打印技术把图纸打印出来进行直观观察，通过直观的观察，学生很容易发现自己在制图中所犯的错误，并及时进行改正，从而在潜移默化中提高空间想象能力和操作能力。

3. 为学生提供真实模型

3D 打印技术的主要优点是可以方便、快捷地将各种形状和复杂结构的模型打印成真实的物体。利用这一优势，教师可以提供多种真实模型供学生学习和观察，让学生可以直观地观察模型的内部结构，有效理解其工作原理。

---

① 王振环.基于3D打印技术的高校机械制图课程教学探析[J].成才之路,2022(2)：115-117.

4. 激发学生参与热情

作为一种新型技术，3D 打印技术能够激发学生的兴趣。在教学中，教师可以利用学生对新技术的好奇心，鼓励学生独立建模并通过打印展示自己的设计成果。通过直接将制作的模型打印出来，学生不仅能体验到成就感，还能提高学习的参与度，从而进入更加积极主动的学习状态。

（三）3D 打印技术在高校机械制图教学中的创新应用

1. 3D 打印技术有助于抽象课程内容具体化

机械制图课程内容复杂且理论性强，尤其涉及学生的空间想象和抽象思维能力。以往，教师多采用多媒体、PPT 或视频来展示机械模型的工作原理和结构，虽然能提供一定的帮助，但缺乏足够的直观性和实际感。通过 3D 打印技术，教师可以将抽象的理论通过立体模型具体呈现，不仅弥补了传统教学的局限，也显著提升了学生的理解能力。例如，在学习相贯线、齿轮系、凸轮等课程时，教师可以用 3D 打印技术将这些复杂的内容转化为可触及的实物，帮助学生更加直观地理解相关知识，提高空间想象力和课程学习效果。

2. 3D 打印技术有助于学生理解与机械设备相关的知识

机械制图专业课程中不仅涉及大量的抽象机械知识，还包括凸轮、齿轮、轴承、弹簧等制图模型的内容。在以往的教学中，大部分教师都是通过 PPT 的方式进行课堂教学，这种方式不够直观和真实，学生很难真正理解相关知识，常常会出现学习兴趣不高、学习效果不好等问题。将 3D 打印技术应用于高校机械制图教学后，教师可以利用 3D 打印技术为学生制造出各种实物模型，如凸轮、齿轮、轴承、弹簧等，让学生直观、清晰地看到这些模型的样子，帮助学生理解机械结构相关理论知识，学好机械制图专业课程中与机械设备密切相关的知识。

3. 3D 打印技术有助于机械模型的结构可视化

教师在讲授机械制图专业课程时，常常需要借助教具来帮助学生理解某些机械模型的复杂结构，如机械的内部结构、机械的组成、机械的工作原理、机械的运动学和力学原理等。在以往的教学中，由于受到技术水平的限制，

第七章　机械制图课程教学的未来展望

教师往往只能通过一些固定的课件或者教材来进行机械内部结构的讲解，这种静态的讲解无法体现出机器的移动，学生看不到机械运动的轨迹，因此对这部分知识的理解往往只能依靠想象力来实现，学习效果难以保障。将3D打印技术应用于高校机械制图教学后，教师可以利用3D建模形成可视化的教学方式，使这一困惑得到有效改善和解决。

4.3D打印技术有助于学生模型制图思想的强化

在以往的教学中，教师只能通过实际操作来指导学生完成模型制造，这种教学模式只适用于简单的模型制造教学，对于那些结构较为复杂的模型，教师很难指导学生在有限的课堂教学时间内完成相应的知识学习。将3D打印技术应用于高校机械制图教学后，教师可以利用3D打印技术进行课堂引导，将机械制图与实践联系起来。教师可以借助3D打印技术将制图或数据信息转化为实际的物理模型，帮助学生更全面地观察和理解模型的结构细节。通过这一过程，学生能够在建模时发现潜在的知识漏洞，并有针对性地进行修正。在实际操作和修改模型的过程中，学生的制图思维得以深化，机械专业知识的严谨性和规范性也随之增强。学生不仅能更好地理解制图的核心概念，还能在应用中提升自己的技术水平，这对于他们未来进入职场、满足岗位需求至关重要。通过这种动态的学习方式，学生的实践能力和创新能力得到了显著提升，能够更加精准地应对复杂的工程问题。

5.3D打印技术有助于学生模型制图能力的提高

在机械制图专业课程中，模型制图是学生需要重点学习的知识内容，也是本课程的难点所在。将3D打印技术应用于高校机械制图教学后，学生在进行模型制图时，不再是单向地接受教师的思想，而是从"被动学习"转化为"主动探索"，将工业课程转化为更加具体形象的知识内容，学生的创新灵活性大大增强，学习效果也更为理想。

综上所述，3D打印技术是一项新兴的先进制造技术，在教育领域的应用越来越广泛。3D制图及3D打印技术对于高校机械制图教学来说，是一种很好的辅助教学工具。3D打印技术在高校机械制图教学中的应用，不仅可以很好地解决知识的抽象性导致学生难以理解相关知识的问题，还能有效激发学生的学习兴趣，提高学生的实际应用能力，提升学生的学习效果。

四、智慧课堂在机械制图课程中的应用

随着科学技术的进步，信息技术不断成熟，现代化的教学设备纷纷进入师生视野，在教学领域得到广泛应用，智慧课堂教学模式应运而生，迎来了教学史上的重大变革，给机械制图课堂教学带来了翻天覆地的变化。通过生动形象地展示课件，机械制图教学中以往晦涩难懂的概念及立体图形变得具体、直观，显著降低了学生理解的难度，有利于学生对知识的吸收和消化。因此，智慧课堂的创建在机械制图课堂教学效率的提升上发挥着极其重要的作用。

（一）智慧课堂概述

智慧课堂是引入高科技技术到教学中，集结互联网、大数据、云计算等信息技术而打造的智能高效课堂。通过运用"云、网、端"及分析动态学习数据，实现教学决策数据化、评价反馈即时化、交流互动立体化、资源推送智能化，为学生创设有利于协作交流，发挥其主动性、创造性的学习环境。①目前多媒体教学以及传统教学，都只是对高科技产品的利用，并不是真正意义上的智慧课堂。借助智慧系统，利用集智能化、网络化、虚拟化、交互性于一体的未来教室，在可视化教学设备及自主学习平台与资源的辅助下，让师生双方均能参与其中，形成课堂教与学的交互展示、实时检测评价、及时反馈，达到课堂教学的高质高效，真正实现智慧课堂。

（二）智慧课堂在机械制图教学中的应用价值

1. 实现知识由静态向动态转化

在机械制图传统教学中，教师通常以语言讲述、黑板板书、挂图或模型

---

① 邓军林,杜波,罗伟鉴.智慧教育理念下高校"机械制图"课程教学创新路径[J].西部素质教育,2024,10(7):31-35.

第七章 机械制图课程教学的未来展望

展示等方式开展教学,这样的教学方式呈现的知识是静态化的,物体的结构及特征难以用准确形象的语言来描述和形容,其演变过程也无法展示,既不直观又不形象。这样一来,不仅学生理解起来感觉深奥难懂,而且这种教学方式单调、片面,学生容易产生枯燥无趣感,教学效率不高,教学效果也一言难尽。智慧课堂的创建,迎来了机械制图教学的革新。物体的形状、结构及特点可直观展示在学生面前,物体的演变如零件的加工等整个变化过程可通过动画形式来演示,模拟仿真效果自然逼真,可以将学生引入虚拟的现实工作场景中。学生仿佛亲临生产加工现场,亲手操作和加工零件。机械制图知识由静态向动态的转化,既缩短了理论知识与实践操作的距离感,又易于为学生所理解和掌握,还令课堂教学的氛围变得生动活泼,既符合学生的认知,又令学生乐于接受这一现代化的教学模式,能够促进教学实效性的提升。

2. 缩短教学时间,提升教学效率

采用传统教学模式时,机械制图教师既要绘制各种图形又要进行大量板书,还要讲解相关知识,不但信息量小,而且绘图使有限的课堂时间被占用,影响课堂教学效率。智慧课堂在机械制图教学中的应用,可方便、迅速地调用各种图形,信息量庞大,能将图形类型、制图方法等知识直观形象地展示在学生面前,且无须绘图节约了大量宝贵的课堂教学时间。教师可将节约的时间用于讲解和分析图形,还可对学生进行当堂检测,有助于机械制图课堂教学效率的提升。

3. 调动学生对机械制图学习的兴趣,促进师生、生生互动

机械制图作为一门基础性强、理论性重的课程,传统的灌输式教学往往使学生处于被动学习的状态,导致学习积极性不高,缺乏兴趣。智慧课堂通过将文字、图片转化为动画、音频和视频,图文并茂地展示绘图知识和模拟过程,吸引学生的注意力。视觉和听觉的刺激不仅活跃了课堂氛围,还激发了学生的求知欲和探究欲,增加了师生互动以及学生之间的讨论和交流,促进了课堂的互动性和参与度。

（三）创建智慧课堂的方法与策略

1. 师生共建，打造智慧课堂教学模式

机械制图课程的教学效果依赖于教师与学生的共同配合。仅仅依靠教师单向的知识传授是难以获得最佳效果的，必须实现教师与学生之间的双向互动，只有双方都参与到教学过程中，才能发挥最大的教学效益。因此，智慧课堂的创建应充分利用先进的互联网技术和配套设备，为学生提供丰富的学习资源，借助在线互动、即时反馈和平台作业等方式收集学生的学习数据，帮助教师根据学情进行分析，从而因材施教，真正实现以学生为主体的学习模式。智慧课堂的设计应充分考虑学生的差异性，包括认知水平、学习能力和实践能力等差异。因此，教学模式的设计需要依据学生的特点，采取分组学习、小组合作等方式，促使学生主动参与问题分析与解决，从而增强师生互动。此外，教师可以通过教学平台推送层次不同的教学资源，学生可以根据自身的需求和能力选择学习内容，提升学习效率。

2. 创设情境，布置任务，提升教学效率

智慧课堂教学模式在机械制图中的应用，旨在创设和模拟真实的情境，促进立体化的交互，降低学生学习的难度，以帮助他们顺利完成学习任务，提升教学效率。因此，基于智慧课堂的机械制图网络教学可采用情景模拟—项目导入—任务布置的方式，让学生深入真实而具体的工作情境中去学习和体验。教学可以通过引入实际产品作为学习载体，为情境创设打基础，再引入具体项目并布置任务。学生通过观察产品、分析任务、查阅资料、合作探究和协作学习等方式完成任务。在此过程中，学生的动手动脑能力、思维能力、分析问题解决问题的能力均得到了锻炼，这样的学习方式较单一的传统教学不但使学生记忆深刻，而且知识的掌握更加牢固。例如在学习螺纹连接这一制图项目时，设置1—3个学习任务，学生在完成任务后，便能明确螺纹连接绘图的方法、技术要求，掌握如何去识图和绘图。在智慧课堂模式下，教师可利用教学平台来推送学习资源，提出交流讨论的话题，布置任务及线上作业测试，再收集学生学习任务完成的情况及其反馈，统计数据，借助智能技术对学生学习能力及知识掌握能力进行分层，为下一步推送针对性且个性化的学习资料提供参考依据，并对其薄弱点加以强化。学生可通过自主学习、合作探究、小组成员协作分工与讨论交流，以师生互动等方式来完成教师布置的学习任务。

3. 智慧课堂与传统教学模式有机结合，开展实践教学

机械制图应用性、实践性、标准性均强，传统教学中教师手把手地教学生制图绘图，版图的绘画务必要标准化，对于学生制图的标准化意识和严谨的学习态度均是一种有效的言传身教。因此，在智慧课堂教学模式下，一方面要将智慧教学与传统教学有机结合，充分发挥传统教学优势，让学生通过网络观看视频课程及制图的方法和流程，明确绘画线条和版图要精确标准，进一步强化学生的标准化意识，将制图要求和严谨的学习态度转化为学习动力，提高自身的绘图水平。另一方面要充分发挥智慧课堂教学模式的优势，通过直观形象的教学来弥补传统教学在图形立体感方面的不足，在传统教学的同时选择恰当的时机将关键内容融入智慧课堂，使机械制图课堂教学高质高效。此外，机械制图教师也应与时俱进，强化专业学习的同时，积极学习和掌握最新的信息化技术，来开展智慧教学，提升机械制图教学质量与教学效率。

4. 优化教学过程，拓宽教学渠道

机械制图是一门理论性较强的基础课程，内容广、课时少，要想在有限的时间内完成教学任务，需要依托智慧课堂对教学过程进行优化。一方面，需要教师在充分理解和掌握教材的基础上对其进行取舍，摒弃陈旧不适用的教学手段，节约绘图时间和板书时间，将有限而宝贵的教学时间用于图形分析和讲解，以及学生思考和课堂练习，使学生参与到教学全过程中。另一方面，要利用智慧课堂布置课后学习任务，拓宽教学渠道，保证课堂教学效率，不仅可以解决机械制图课时有限与内容多的冲突，还能培养学生的自主学习能力、独立思考能力、主动探究能力，促使学生养成良好的学习习惯。

综上所述，智慧课堂作为新时代的高科技教学工具，不仅有助于课堂互动、反馈的增强，提供个性化的教学，减轻教师教学负担，降低学生学习难

度，还能通过检测评价和反馈及时了解学生对知识的掌握程度，便于教师及时调整教学速度和教学方向，有效提高课堂教学效率，具有推广应用价值。

第二节　未来机械制图课程的创新与发展

一、机械制图"多层级"课程标准

我国机械工业迅速发展，机械专业人才是装备制造行业急需的重要人才。培养机械专业人才，满足我国机械行业的专业技术人才需求。通过机械专业的机械制图课程改革，推动机械行业的专业化建设。面向智能制造行业，创建全面的人才培养模式，构建可以适应地方经济发展与机械行业发展需求的、满足学生个性化发展的机械制图教学体系。近年来，"多层级"教学方式作为一种创新的教学方法在课程教学中逐渐兴起。将"多层级"教学方式应用于机械制图课程中，教师应充分考虑学科属性，利用层级化教学方法，为学生创造良好的学习情境，形成更强的学习动能，提升学习过程中的内驱力。由于不同学生之间存在个体差异，教师在设计教学体系时，需要充分考虑学生的认知差异和对机械制图课程的理解水平。[①] 通过"多层级"教学方式，教师可以筛选出适合的教学方法，充分发挥其优势，为不同层级的学生提供有效的学习方法，挖掘学生的学习潜能，从而提升机械制图教学水平，培养适应机械工业领域发展的人才。

（一）"多层级"视角下的机械制图课程教学内容与教学目标分析

1. 机械制图课程教学内容的"多层级"不足

在当前产业革命和科技革命的背景下，机械制图课程的教学内容面临多层级方面的不足，具体体现在以下几个方面：

基础层级的缺失。虽然课程涵盖了机械工程图样的基本标准和投影原理，

---

① 丁乔,韩丽艳,孙轶红,等.机械制图课程教学创新探索与实践[J].化工高等教育，2023,40(5):40-43.

但在基础知识的传授上,未能充分考虑到学生的认知差异,导致一些基础薄弱的学生难以跟上课程进度。

应用层级不足。课程内容缺少与实际工程案例的结合,未能有效培养学生的实际应用能力。学生在复杂工程问题的解决上能力存在欠缺,缺乏将理论知识转化为实践技能的机会。

拓展层级的忽视。课程设计未能充分考虑到学生的个性化发展需求,缺乏针对不同职业发展的拓展内容,使得学生在技能和职业素养上无法得到全面提升。

从多层级视角分析机械制图课程,可以看出当前课程设计中存在一些不足。通过优化基础知识传授、增强实际应用能力的培养、拓展职业导向内容以及改进反馈与评估机制,可以更好地满足学生的学习需求,提高教学质量,培养适应现代工业发展的高素质人才。

2. 机械制图教学目标的"多层级"分析

在教学目标的设定上,机械制图课程也需要从多层级的角度进行优化:

基础知识目标。课程应明确基础知识的传授,确保所有学生在学习初期能够掌握基本的绘图技能和理论知识。

能力培养目标。课程目标应包括对复杂问题的解决能力和实践能力的培养,通过项目驱动学习等方式,增强学生的实际操作能力。

创新与拓展目标。课程应设置拓展性目标,鼓励学生进行自主学习和探索,培养他们的创新思维和职业素养,使其在未来的职业生涯中具备竞争力。

3. "多层级"视角下的机械制图课程现状与挑战

在当前工业供给侧结构性改革的背景下,机械制图课程面临着新的挑战与机遇,主要体现在以下几个层级:

(1) 基础层级的挑战

教学理念更新滞后。人工智能和智能制造技术的迅速发展,对课程提出了更高要求,但传统教学模式和理念无法在短时间内转变,导致课程内容与现代工业需求脱节。这使得学生在基础知识的掌握上难以适应新技术的应用。

(2) 应用层级的挑战

互动不足。当前的教学模式过于单一，缺乏有效的师生互动。学生在课堂上容易分心，难以集中精力，造成课程教学效果不佳，未能有效提升学生的实际应用能力。

实践环节缺失。机械制图课程中的实践环节未能得到充分重视，学生在装配体测绘和绘制工程图样等实践中参与度不高，影响了他们将理论知识转化为实际技能的能力。

(3) 拓展层级的挑战

考核机制不合理。现有的考核方式缺乏科学性，导致学生的学习负担过重。部分学生通过抄袭完成作业，未能真正参与课程设置，影响了他们的学习态度和效率。

职业发展导向不足。课程未能有效地与不同职业发展的需求相结合，学生在学习过程中缺乏明确的职业目标和发展方向，限制了他们的整体素养提升。

(二) 机械制图"多层级"课程标准教学策略

针对机械制图课程教学中存在的问题，提出"多层级"教学的教学策略，具体如下：

1. 优化课程体系，启动基础感知层级

机械制图课程是应用型本科院校机械工程专业的重要课程，在设计课程体系和课时安排时，需要充分体现"应用型人才培养"以及"本科教育"的基本特征。构建机械制图课程体系时，需要将机械工程专业的基础理论教育设置为教学重点，培养学生的理论基础，训练和培养学生的实践能力。机械工程专业的教学核心应聚焦于培养高素质、应用型的工程技术人才。这需要将工业产业与教育紧密结合，以信息技术和研究创新作为教学支撑。具体而言，应构建自主个性化的学分与模块结合的课程体系，融合传统机械专业理论与人工智能等信息化技术。在多层级理念下，构建以内容为主的机械制图课程教学体系，教学体系包括理论课程体系和实践教学体系两部分，理论课

程体系包括专业主干课、专业基础课、专业模块方向课等课程，实践教学体系包括集中实践教学环节、绘制工程图样等课程。通过课程体系的优化，启动课程的基础感知层级。

2. 构建多层级课程体系

采用多层级教学理论，依据应用拓展型高素质人才的培养目标，构建以不同平台为主的多层级课程体系。以不同平台为主的多层级课程体系主要包括以下部分：

基础平台的多层级标准课程体系。设置以专业的通识课程为主的基础平台，实现学生的全方位培养，令学生具有极强的职业道德。通识课程将培养学生的语言运用能力、计算机能力和数学思维作为主要的教学目标，为学生学习以及日后工作提供良好的基础。在机械制图课程中，将思政理念渗透到课程的通识部分，培养学生的思想素质。

专业平台的多层级标准课程体系。机械制图课程利用专业平台的多层级标准课程体系，培养学生的专业技能。学生通过机械制图课程的教学过程，学习机械工程学科的基本原理和制图技能，熟练掌握机械制图的专业核心知识。制图水平是衡量机械工程专业学生专业水平的重要指标，通过提升学生的制图水平和职业水平，保证学生毕业后在从事本专业时，具备基本的业务技能。

拓展平台的多层级标准课程体系。在机械制图课程教学时，教师需要根据课程体系，对学生进行拓展能力的培养。教师在制定教学体系时，需要考虑学生从事不同职业岗位时所需具备的知识水平，通过全面分析，制定机械制图课程教学内容。采用多层次的模块化设置方式，引入实践环节，重视学生的个性化发展需求。当学生具备较强的专业素养时，对职业和岗位的选择机会更多。学生应该抓住职业拓展能力培养的机遇，提升自身职业素养，努力成为满足社会与制造业发展需求的全面、创新型人才。机械制图课程设置时，将数字化产品制造与制图课程结合，通过数字化仿真方式，提升学生对机械生产线和机械工艺装备设计的接受能力，令机械制图内容更加生动形象，为学生日后进行机械产品工艺设计提供基础。学生通过课程学习后，不仅提升了制图水平，同时提升了计算机水平，进一步提升了学生在日后工作中的二次开发能力，完成课程的层级教学。

3. 延伸多元维度，对接思维转化层级

实践课程是应该融入不同专业教学体系的重要课程，学生的实践能力已经成为高校培养学生的重要目标。以培养学生的实践能力为目标，构建递进提升学生能力、具有多元化考核评价体系的实践课程体系。在人才培养过程中，充分考虑工科专业的特点，重视实际应用，培养具备专业技能的人才。在机械制图课程教学过程中，设计课程体系时，需要全面梳理整合课程中包含的理论基础和实验大纲，详细分析机械制图课程内容的关联性。在设计实践课程体系时，充分考虑学生的认知水平以及机械制图的应用能力，提升学生的职业适应拓展能力。将实践环节引入课程教学，在构建课程体系时，对课程内容进行总体规划与详细分析。依据课程间的关联，确定教学内容的先后顺序，为后续课程教学提供技术支撑。采用层层递进方式提升学生的学习能力，对学生提出分阶段设计要求，采用多元化考核评价方法，评价学生的学习成果。高校在开展机械制图课程时，应与地区企业合作，培养满足企业技术创新要求的人才，推动地方经济发展。通过校企合作与产教融合，利用协同育人方式和多层级课程标准教学实践，推动工科专业的改造与升级，从而实现课程的思维转化层级。

（三）机械制图"多层级"课程标准教学实践

机械制图"多层级"课程标准教学，以培养学生的构形思维和空间思维为教学目标。以往的机械制图教学，采用点线面体的教学方式。机械制图"多层级"课程标准教学改革后，将三维设计表达作为教学主线，分析三维实体的构成，观察机械零部件的三维模型，确定产品的三维形态。通过投影理论的学习，对三维形态的空间形体采用二维表达方法，利用二维图形表示。机械制图"多层级"课程标准教学体系，符合现代图形学的发展趋势，有助于辅助学生深度理解课程内容，对形体有更深层的认知，提升学生的空间思维能力水平。通过机械制图"多层级"课程标准教学构建三维模型，提升学生的徒手绘图水平，满足现代机械工程实际应用中的产品设计需求。笔者学校在采用多层级课程标准进行机械制图教学时，结合多种信息化手段，构建线上线下结合的混合式教学模式。学生通过线上慕课预习课程，教师利用教学工具推动课程预习任务，实时监控学生的任务完成情况。此外，通过课堂分组等方式，提升学生的团队合作能力。这一"多层级"课程标准教学实践不仅提升了学生对机械制图专业知识的掌握水平，还增强了课堂互动性，提高了教学效率。

在智能制造背景下，机械制图课程改革是培养学生创新能力和实践能力的重要途径。以培养高素质应用型人才为目标，通过混合式学习等方式，提升学生的学习主动性和积极性，重视学生的内涵发展，培养学生的综合素质以及动手实践能力，提升课程的教学质量。机械工程专业的知识覆盖面广，通过机械制图课程能够提升学生的专业水平，使学生掌握更多的学科知识，也促进了培养高质量、全面发展的创新型人才教学目标的实现。

二、机械制图课程育人资源库的建立

课程育人是以课程为依托，通过挖掘课程涵盖的各类人文资源，将育人元素与课程授课相结合的教学方式，是传统的思政教育的实践载体和具体落实。它以一种典型的隐性教育方式，实现课程全程育人，并最终服务于"立德树人"的根本目标与任务。只有将课程育人资源与专业课程建设有机统一、协同发展，才能真正促使专业课程全面提升。机械制图课程作为大部分工科院校机械类专业的必修技术基础课，在课程育人方面具有先导作用。

高等学校的育人目标首先是培养具有专业知识、技能及创新能力的专业人才，并最终服务于国家经济社会发展。专业知识和技能是客观、理论性的，而专业素养、专业品格乃至专业创新则体现为一种社会性和价值性。但是长期以来，该课程教学以"传授知识，学以致用"为目标，重点考查学生是否掌握投影理论、国家标准、尺规绘图及计算机绘图等具体知识和技能，而忽视了育人工作，即引导学生如何成为一名合格的工程师，以及应该具备怎样的职业操守和文化内涵。因此，机械制图课程的育人资源库建立具有重要的

研究意义。这一资源库的建设不仅能丰富课程内容，还能提升学生的综合素质，促进其职业发展，为培养高素质的应用型人才奠定坚实基础。

（一）开发课程育人资源库的实施方法

在机械制图课程育人资源库的构建过程中，要综合考虑教学方式、课程建设及教师自身等要素。课堂是教师的育人阵地，也是开发课程育人资源的主战场。在课堂教学过程中，教师应依据机械制图课程的特点，创新教学方式和手段，结合精益求精的工匠精神、严谨细致的工作作风、积极进取的创新精神等对学生进行思想教育渗透；还需注意保持原有的教学设计方案体系不变，潜移默化地将育人元素融入教学，并及时更新课程教学考核评价方式，保持课程体系的完整。① 每位教师都承担着育人责任，教师的专业知识和强烈的社会责任感对帮助学生培育健康心智、养成良好习惯与塑造高尚品德都有潜移默化的影响。因此，机械制图课程育人资源库的建立可以充分利用课堂、课程建设和教师三个渠道。

1. 结合混合式教学模式探索育人资源

机械制图课程具有较强的实践性，因此可采用"线上+线下"的混合式教学模式完成该课程教学。通过线上观看教学视频、在线测试相关知识点，线下课堂教师讲解重难点、讨论实际案例，结合过程化考核等方式，培养学生的绘图和读图能力，同时使其获得团队协作、创新进取的能力。线上教学安排在课前发布导学信息，给学生提供相关教学视频，以问题为导向，课程教师设计讨论主题，将学生分为若干小组，让学生带着目标任务观看视频和学习资料，引导学生对相关的技能型知识点及育人元素进行讨论，同时增加探索性问题，使学生通过线上学习探索解决相关问题，培养学生的逻辑思维能力以及团队协作能力。在线测试检查学习效果，结合后台数据了解学生的视频观看情况，制定合理的考核评价手段，将线上学习的过程纳入平时成绩考核，激励学生完成线上学习，培养学生自主发现问题、解决问题的能力。

---

① 周登科.工匠精神理念下的机械制图课程教学改革探究[J].职业,2021(20):24-25.

第七章　机械制图课程教学的未来展望

线下课堂对线上教学的不足进行补充,学生与教师互动较多,针对线上学习效果的监测情况对知识点进行归纳总结和疑难讲解,并进行拓宽和加深。采用启发式教学,充分发挥学生在学习中的主体作用,分组合作、研究讨论,引导学生参与,鼓励学生勇于表达观点,确保在学习理论基础的同时,有效提升学生的合作、思维、创新等综合能力。

2. 提高机械制图课程教师发掘育人元素的能力

机械制图课程育人元素的发掘与授课教师有着密不可分的联系,教师的思想高度/专业技能与人格魅力对学生的学习兴趣有着重要影响。教师只有重视课程育人,充分挖掘课程中的育人知识点,才能真正成为学生正向成长的引路者与指导者。[1] 集合课程团队成员力量,设计新型教学方案,制定相应教学计划,协调好教学资源与育人资源的融合程度,进行教学实践并持续改进。在实际教学过程中,课前要充分备课,课中精讲包含育人元素的知识点,课后及时批改作业,总结经验教训;利用课堂主讲、现场问答、课堂反馈等方式,把知识传授、能力培养、价值引领融入教学过程,做学生知识学习及创新思维的引领者,为实现课程的知识传授与价值引领而努力,勇担课程育人的教学任务。

同时,教师必须为人师表,以身作则,发挥好示范与引领作用。教师与学生相处时间较长,教师的一言一行都在影响着学生,教师自身的思想道德品质、崇高精神境界、高度负责的工作态度、渊博的知识涵养都是最直接、最有力的教育因素。因此,教师必须严于律己,严谨认真,努力赢得学生的尊重与信赖,成为学生心目中的榜样。机械制图课程内容复杂,知识体系庞大,涉及经济学、社会学、建筑学、设计艺术、工学等不同方面的知识,这就对教师提出了更高的要求。教师必须不断学习,博古通今,融会贯通,对国内外的机械制图课程做总结分析,多听机械专家的讲座,多参加专业的学术论坛与学术会议,掌握先进的机械制图理论,更新自身的教学观念,提高

---

[1] 周玉华,高朋,王丽芳,等.混合式教学模式下机械制图课程思政建设与实施[J].时代汽车,2023(24):49-51.

教育能力。在教学过程中充分结合课程特点，选好德育切入点，深入挖掘育人资源，实现"润物无声"的教育，切实提高育人实效。

3. 充分挖掘机械制图实践课程中的育人资源

机械制图是一门实践性很强的课程，学习是为了应用。在此过程中，我们应该充分挖掘机械制图实践课程中的育人元素。一方面，注重实践课程的开发与建设。各学校应完善顶层设计，优化课程体系，开好实践课程，如机械绘图与应用等，举办机械制图技能大赛，重视讲练结合，完善课后练习环节。① 在机械绘图与应用课程中，让学生学会独立思考，养成良好的学习习惯，激发学生强烈的好奇心和求知欲，能够自己发现问题并解决问题。通过实践运用，学生能够进一步认识到机械制图课程的重要价值，意识到自己的责任与使命，从内心深处树立起强烈的认同感，自觉学好这门课程，为社会做出更大贡献，努力实现自我价值。另一方面，注重校企合作，为学生提供多种实践机会。例如与建筑公司合作，让学生跟着优秀工程师学习，参与某项工程的设计、建造的全过程，弥补课堂教学的不足。机械制图的实践过程也是学生学习能力的检验过程，学生能够及时发现自己的缺点与不足，并及时改进，提高实践技能。企业实践更侧重于对学生自身综合素养的考核，如组织协调能力、沟通表达能力、实践应用能力等。在实地考察的过程中，学生能够学会用联系和发展的眼光看待事物，既看到积极的一面，也看到消极的一面，对事物形成准确认知。社会与学校不同，在真实的实践场景中，学生会遇到各种各样的困难。社会中的历练与学习，能够培养学生坚忍不拔的意志和迎难而上的勇气，正确看待人生中的逆境与顺境，以更加积极的态度学习与生活。

（二）课程育人资源库的具体内容

在机械制图课程教学的各个环节挖掘育人元素，对课程大纲、教学内容

---

① 朱锐,梁荆璞,刘永辉.课赛融合背景下"机械制图"课程教学改革探究[J].装备制造技术,2023(10):100-102,134.

第七章 机械制图课程教学的未来展望

等进行重新修订,实现专业知识技能与育人资源元素的有机融合。

1. 图学基础模块

绪论部分培养学生家国情怀。机械制图作为工科学生接触的第一门专业基础课,要为引发学生对专业的兴趣打好基础,所以绪论部分就起着至关重要的作用。除了介绍本门课程的性质、学习目标、学习方法及在专业课程体系中的地位等,还要讲解本课程的发展过程及中国工程图学的发展历史,引入古代中国工程图学,增强文化自信。在制图的国家标准部分教授学生做人做事的准则,培养遵纪守法意识和责任意识。只有按照国家标准,图样才能起到工程界的语言作用。借此延伸到遵守生活中的法律法规、学校的各种规章制度,严格规范我们的言行举止,有责任有担当,做事尽职尽责、严谨认真。在点线面位置关系和投影理论部分培养学生的工程素养和科学思维,该部分是机械制图课程的基础内容,要让学生明白万丈高楼拔地起,打好根基是关键。[①] 从知识理论到生产实践,从空间想象到实际物体,都需要扎实的理论基础做支撑,没有扎实的理论做基础,谈创新就是天方夜谭。在投影理论部分讲为人处世,引导学生做人做事要正直、诚信、友善。物件投影所得的视图不仅取决于物件本身的形状结构,还取决于投影的方法和条件。同一物件投影方法不同或者投射线方向不同,得到的投影视图就不同。将此理论引申到我们做人做事上也适用,人好比投影理论中的物件,其为人处世、行为举止和行事风格相当于投影的方法和条件,别人对你的印象及你所取得的成就就是投影的视图。正直、诚信、友善的人往往能给别人留下好的印象,做起事来也能事半功倍。所以为人正直、待人接物诚信友善应当是人一生要坚守的信念和准则。

2. 专业制图模块

通过学习各种基本立体的形成,培养学生的观察分析能力;通过学习基本立体投影及其表面取点,培养学生的逻辑思维能力和严谨的治学、工作态

---

① 朱丹."机械制图"课程思政教学的探索与实践[J].韶关学院学报,2022,43(8):101-104.

度；通过学习组合体视图，培养学生的逻辑思维能力和空间想象能力。在读组合体视图时，单个视图通常无法确定空间物体的形状，多个视图的结合才是关键。这要求学生树立全局观念，立足整体看待问题，避免以偏概全。无论未来从事何种工作，学生都需从大局出发思考并定位自己的职责，做到正确认识大局和自觉维护大局。通过对剖视图、断面图、局部放大图的讲解，让学生明白表达机械零件不仅仅只有基本视图一种方式，教育学生遇到问题学会选择，注重创新；在投影条件确定的情况下，空间几何元素具有唯一确定的投影，但仅知其中一个或两个投影不一定能确定该几何元素的空间位置或形状。在这里可以给出某一投影，让学生去想象对应几何元素的空间位置，也可以给出一个或者两个投影，让学生去想象对应形体的空间结构形状。反过来也可给出几何元素的空间位置或者形体的三维造型，让学生在大脑里想象对应的投影，如此反复练习，以训练学生的想象力和创新思维。

3. 综合应用模块

在学习零件图的过程中，螺钉座可结合连接件起到重要作用，由此可以引出螺丝钉精神，培养学生一丝不苟的工作态度和大公无私的奉献精神。在零件的使用方法中，教育学生学会具体问题具体分析，抓住主要矛盾，充分发挥不同零件的作用，实现整体的最优组合，提升零件的使用效率。同时，学生必须掌握一定的绘图技能，如手工绘图、仪器绘图和计算机绘图，这些技能的学习过程中需强化育人意识。通过用二维软件绘图，学生可以认识不同的实体模型，提高知识迁移与应用能力，学会举一反三，掌握事物发展的基本规律；通过用三维软件绘图，学生可以清楚地看到各种零件的装配过程，了解质量与成本的密切关系，认识到细节决定成败，在工作中要严谨认真、精益求精；通过绘图前的准备工作，可以让学生养成做计划的习惯，在工作生活中时时刻刻做好准备，抓住一切机遇；通过绘图技能的应用过程，培养学生的动手操作能力与团队协作能力，树立大局意识，正确处理好合作与竞争的关系，实现自我发展。在综合应用模块，我们既要注重学生机械制图知识技能的掌握，也要注重学生情感态度价值观的养成，培养学生的职业精神和职业道德，实现专业教育与思政教育的融合。

第七章 机械制图课程教学的未来展望

机械制图课程育人资源库的建立,旨在将专业知识与育人元素有机融合,强化学生的专业知识和专业技能。通过不同模块的教学,学生不仅能够掌握必要的绘图技能,还能在潜移默化中培养家国情怀、诚信意识、创新意识和工匠精神。这一资源库的建设为培养具有责任感和担当意识的人才提供了明确的方向与参考,促进了专业教育与思政教育的深度融合,助力学生在未来的学习和职业生涯中不断成长与发展。

ar # 参 考 文 献

[1] 梁聪,徐延宁,王璐,等.面向多角色开发的三维 CAD 内核开放架构[J].计算机辅助设计与图形学学报,2023,35(12):1812-1821.

[2] MOSS E. Getting started with Onshape[M]. SDC Publications,2023.

[3] PUREVDORJ N,LEE S H,HAN J,et al. A web-based 3D modeling framework for a runner-gate design[J]. The international journal of advanced manufacturing technology,2014(74):851-858.

[4] SUN F,ZHANG Z C,LIAO D M,et al. A lightweight and cross-platform Web3D system for casting process based on virtual reality technology using WebGL[J]. The international journal of advanced manufacturing technology,2015(80):801-816.

[5] SHENG B Y,YIN X Y,ZHANG C L,et al. A rapid virtual assembly approach for 3D models of production line equipment based on the smart recognition of assembly features[J]. Journal of ambient intelligence and humanized computing,2019(10):1257-1270.

[6] KOSTIC Z,RADAKOVIC D,CVETKOVIC D,et al. Web-baziran laboratorij za kolaborativno CAD projektiranje i istovremeno rješavanje praktičnih problema na daljinu[J]. Tehnički vjesnik,2015,22(3):591-597.

[7] MWALONGO F,KRONE M,BECHER M,et al. Remote visualization of dynamic molecular data using WebGL[C]//Proceedings of the 20th International Conference on 3D Web Technology. 2015:115-122.

[8] XIE J C, YANG Z J, WANG X W, et al. A cloud service platform for the seamless integration of digital design and rapid prototyping manufacturing [J]. The international journal of advanced manufacturing technology, 2019 (100):1475-1490.

[9] 孙林夫. 基于知识的智能 CAD 系统设计[J]. 西南交通大学学报, 1999, 34(6):611-616.

[10] 潘华, 王淑营, 孙林夫, 等. 面向产业链协同 SaaS 平台多源信息动态集成安全技术研究[J]. 计算机集成制造系统, 2015, 21(3):813-821.

[11] 国艳群, 韩敏, 孙林夫. 开放 SaaS 产业服务平台模型与体系结构[J]. 西南交通大学学报, 2014, 27(6):1068-1072.

[12] 余洋, 孙林夫, 王淑营, 等. 面向产业链协同 SaaS 平台的数据安全模型[J]. 计算机集成制造系统, 2016, 22(12):2911-2919.

[13] 杨静雅, 孙林夫, 吴奇石. 汽车产业链 SaaS 平台配件库存信息集成安全技术[J]. 计算机集成制造系统, 2020, 26(5):1277-1285.

[14] FAN H, HUSSAIN F K, YOUNAS M, et al. An integrated personalization framework for SaaS-based cloud services[J]. Future generation computer systems, 2015(53):157-173.

[15] REZAEI R, CHIEW T K, LEE S P, et al. A semantic interoperability framework for software as a service systems in cloud computing environments[J]. Expert systems with applications, 2014, 41(13):5751-5770.

[16] CALVO V J. Saas para desarrollo y consumo de software colaborativo: aplicación a un prototipo para diseño estructural[D]. Universidad de Navarra, 2018.

[17] ABTAHI A R, ABDI F. Designing software as a service in cloud computing using quality function deployment[J]. International journal of enterprise information systems, 2018, 14(4):16-27.

[18] 李伯虎, 林廷宇, 贾政轩, 等. 智能工业系统智慧云设计技术[J]. 计算

机集成制造系统,2019,25(12):3090-3102.

[19] SHENG B Y,ZHAO F Y,ZHANG C L,et al. 3D Rubik's Cube:online 3D modeling system based on WebGL[C]//2017 IEEE 2nd Information Technology, Networking, Electronic and Automation Control Conference (ITNEC). IEEE,2017:575-579.

[20] SUN W,ZHANG X,GUO C J,et al. Software as a service:configuration and customization perspectives[C]//2008 IEEE Congress on Services Part Ⅱ (services-2 2008). IEEE,2008:18-25.

[21] KOSTIC-LJUBISAVLJEVIC A,MIKAVICA B. Vertical integration between providers with possible cloud migration[M]//Advanced methodologies and technologies in network architecture,mobile computing,and data analytics. IGI Global,2019:274-284.

[22] 刘云华,饶刚毅,罗年猛,等.一种精度可控的 CAD 网格模型及轻量化算法的研究[J].计算机应用研究,2014,31(10):3148-3151.

[23] LIU W,ZHOU X H,ZHANG X B,et al. Three-dimensional (3D) CAD model lightweight scheme for large-scale assembly and simulation[J]. International journal of computer integrated manufacturing,2015,28(5):520-533.

[24] WEN L X,XIE N,JIA J Y. Fast accessing Web3D contents using lightweight progressive meshes[J]. Computer animation and virtual worlds,2016,27(5):466-483.

[25] NGUYEN C H P,KIM Y,CHOI Y. Combination of boundary representation (B-rep) and mesh representation for 3D modeling in collaborative engineering involved in plant engineering[J]. 한국 CDE 학회 논문집,2018,23(1):11-18.

[26] KWON S,LEE H,MUN D. Semantics-aware adaptive simplification for lightweighting diverse 3D CAD models in industrial plants[J]. Journal of

mechanical science and technology,2020(34):1289-1300.

[27] 薛俊杰,施国强,周军华,等.复杂产品三维模型轻量化服务构建技术[J].系统仿真学报,2020,32(4):553-561.

[28] XU Z,ZHANG L,LI H,et al. Combining IFC and 3D tiles to create 3D visualization for building information modeling[J]. Automation in construction,2020(109):102995.

[29] ZHOU W,JIA J Y. Lightweight Web3D visualization framework using dijkstra-based mesh segmentation[C]//E-Learning and games:11th International Conference,Edutainment 2017,Bournemouth,UK,June 26-28,2017,Revised Selected Papers 11. Springer International Publishing,2017:138-151.

[30] LIU C,OOI W T,JIA J Y,et al. Cloud baking:collaborative scene illumination for dynamic Web3D scenes[J]. ACM transactions on multimedia computing,communications,and applications (TOMM),2018,14(3s):1-20.

[31] 陈中原,温来祥,贾金原.基于八叉树的轻量级场景结构构建[J].系统仿真学报,2013,25(10):2314-2320,2336.

[32] 周文,贾金原.一种SVM学习框架下的Web3D轻量级模型检索算法[J].电子学报,2019,47(1):92-99.

[33] 邵威,刘畅,贾金原.基于光照贴图的Web3D全局光照协作式云渲染系统[J].系统仿真学报,2020,32(4):649-659.

[34] LIPMAN R,LUBELL J. Conformance checking of PMI representation in CAD model STEP data exchange files[J]. Computer-aided design,2015(66):14-23.

[35] 汪耀.面向Web的MBD模型显示浏览方法研究与实现[D].武汉:武汉理工大学,2020.

[36] 王晓旭.三维数字化工艺设计MBD模型的轻量化方法研究[D].沈

阳:沈阳工业大学,2019.

[37] SHI J X, ZHAO G, WANG W, et al. A research of MBD technology based on the i-Plane system[C]//2013 IEEE 4th International Conference on Software Engineering and Service Science. IEEE, 2013:583-586.

[38] CAMBA J D, CONTERO M, SALVADOR-HERRANZ G, et al. Synchronous communication in PLM environments using annotated CAD models[J]. Journal of systems science and systems engineering, 2016(25):142-158.

[39] 唐健钧,贾晓亮,田锡天,等.面向MBD的数控加工工艺三维工序模型技术研究[J].航空制造技术,2012,55(16):62-66.

[40] OWEN J C. Algebraic solution for geometry from dimensional constraints[C]//Proceedings of the first ACM symposium on solid modeling foundations and CAD/CAM applications. 1991:397-407.

[41] CHEN X, LI M, GAO S M. A web service for exchanging procedural CAD models between heterogeneous CAD systems[C]//International Conference on Computer Supported Cooperative Work in Design. Berlin, Heidelberg:Springer Berlin Heidelberg, 2005:225-234.

[42] KIM B C, MUN D, HAN S. Web service with parallel processing capabilities for the retrieval of CAD assembly data[J]. Concurrent engineering, 2011,19(1):5-18.

[43] LI Y G, LU Y, LIAO W H, et al. Representation and share of part feature information in web-based parts library[J]. Expert systems with applications, 2006,31(4):697-704.

[44] WANG X V, XU X W. DIMP:an interoperable solution for software integration and product data exchange[J]. Enterprise information systems, 2012,6(3):291-314.

[45] WU Y Q, HE F Z, ZHANG D J, et al. Service-oriented feature-based data exchange for cloud-based design and manufacturing[J]. IEEE

transactions on services computing,2015,11(2):341-353.

[46] WU Y Q,HE F Z,YANG Y T. A grid-based secure product data exchange for cloud-based collaborative design[J]. International journal of cooperative information systems,2020,29(01n02):2040006.

[47] 黄春秋,蒋瑜,方良材,等.基于现代学徒制《机械制图》课程教学探索与实践[J].装备制造技术,2019(7):160-162,165.

[48] 张小粉,刘雯,张娟荣.任务驱动教学法在"机械制图"课程教学中的教学效果分析[J].科技风,2023(8):146-148.

[49] 侯俊芳.基于任务驱动法的机械制图课程教学研究[J].造纸装备及材料,2024,53(4):182-184.

[50] 王蕊,杨楠.基于翻转课堂的机械制图课程教学探索与实践[J].科技风,2018(35):58-59.

[51] 任清."互联网+"时代机械制图课程教学模式创新研究[J].中国多媒体与网络教学学报(中旬刊),2021(5):22-24.

[52] 沈启敏.机械制图课程多维进阶式教学模式探索[J].农业技术与装备,2024(4):95-97,100.

[53] 杜娟,姚洁.机械制图课程教学改革探索与实践[J].知识文库,2019(24):46,48.

[54] 高倩,刘德成.机械制图课程教学改革实践[J].学园,2024,17(3):25-27.

[55] 史宏霞.机械制图课程教学改革实施策略研究[J].造纸装备及材料,2024,53(7):237-239.

[56] 孙轶红,丁乔,李茂盛.任务导向的分组教学在机械制图课程中的探索与实践[J].科技创新与生产力,2017(12):51-52,55.

[57] 张炜炜,魏红梅,赵荣荣.《机械制图》课程混合式教学的探索与实践[J].决策探索(下),2020(2):70.

[58] 张晶,高宇博,董维."机械制图"课程数字化教学模式探索[J].科教导刊,2024(2):114-116.

[59] 李辉,冯巧,赵亚奇,等.增强现实技术在机械制图课程教学中的应用[J].科教导刊,2023(18):69-71.

[60] 吴昊荣,孙付春,李晓晓.机械制图课程混合式教学模式设计与实践[J].内江科技,2023,44(10):151-153.

[61] 肖金,汤启明,梁金辉,等.新工科背景下机械制图课程教学改革探索[J].造纸装备及材料,2022,51(11):218-220.

[62] 马俊敏,刘丽娜,梅运东,等.以学生为中心的高校《机械制图》课程教学改革探究[J].山西青年,2023(18):18-20.

[63] 余朝静,沈仕巡,马月月,等.基于智慧教室的机械制图课程教学模式设计与实践[J].现代信息科技,2023,7(6):193-195,198.

[64] 庞东祥.应用型技术人才的机械制图课程教学改革探讨[J].现代职业教育,2021(10):182-183.

[65] 唐斌,刘征宏,郑俊强,等."机械制图"课程理实一体化教学改革路径[J].南方农机,2024,55(5):172-174,178.

[66] 梁刚,孔金超,马雄位,等.新工科背景下地方高校机械制图课程教学改革探索[J].创新创业理论研究与实践,2023,6(12):40-43,64.

[67] 王光艳,李永湘,余欢乐.新时期机械制图课程教学改革的思考与探索[J].时代汽车,2024(14):106-109.

[68] 董妍,张磊,赵恩兰.基于OBE理念的机械制图课程教学方式研究[J].中国教育技术装备,2021(6):90-91,99.

[69] 蔡晓娜.以学生为中心的机械制图课程教学探索与实践[J].计算机产品与流通,2020(3):206.

[70] 任洁,郭志明,李景丹,等.基于立体教学法的"机械制图"课程创新教学实践[J].装备制造技术,2022(10):151-155.

[71] 薛婷,仲小敏.新型学徒制视域下机械制图课程教学改革探究[J].模具制造,2024,24(6):89-91.

[72] 余思佳,吕强,丁杰雄.机械制图课程探究式教学探索与实践[J].实

科学与技术,2019,17(4):44-49.

[73] 张红霞,付秀琢,陈彦钊,等.基于工程认证背景的机械制图教学改革研究:以齐鲁工业大学机械专业为例[J].中国教育技术装备,2024(5):40-43.

[74] 王丽萍,何航红,覃钰杰,等.以能力培养为导向的应用型本科"机械制图"课程线上线下混合式教学探析[J].科技风,2023(6):113-115.

[75] 秦翠兰,王磊元,赵群喜,等.《机械制图》课程混合式教学探索方法与实践策略研究:以新疆理工学院为例[J].才智,2022(24):178-180.

[76] 刘佳,姚继权,冷岳峰.混合式教学模式下机械制图课程考评体系改革与实践[J].中国现代教育装备,2023(13):65-67.

[77] 陈乐,崔媛媛.基于工匠精神的机械制图课程教学改革创新[J].汽车画刊,2024(5):182-184.

[78] 陈琪,廖璘志,伍倪燕.机械制图课程思政教学改革实践研究[J].吉林教育,2023(20):55-57.

[79] 肖露,付君健,李响.基于专业思政的机械制图课程思政教学策略研究[J].大学教育,2023(19):105-107.

[80] 褚园,钱胜,林玉屏,等.机械制图课程思政教学改革的研究[J].黄山学院学报,2024,26(3):120-123.

[81] 郝盼,杨芳,杨洁.ChatGPT应用于机械制图课程教学的探索与实践[J].中国机械,2024(22):121-124.

[82] 王贵飞,马晓丽,张效伟.OBE理念下思政元素融入"机械制图"课程的教学改革[J].教育教学论坛,2024(7):61-64.

[83] 丁颂,巢陈思.新工科理念下机械制图课程教学模式探索与实践[J].长春师范大学学报,2019,38(2):132-134.

[84] 许琼琦,甘世溪,黄娥慧,等."新工科"背景下机械制图课程思政教学探索与实践[J].现代职业教育,2022(34):74-77.

[85] 徐晓栋,龚非,龚玉玲.以数字化创新能力为目标的机械制图课程融合

式教学研究与实践[J].现代农机,2024(2):110-111.

[86] 王振环.基于3D打印技术的高校机械制图课程教学探析[J].成才之路,2022(2):115-117.

[87] 邓军林,杜波,罗伟鉴.智慧教育理念下高校"机械制图"课程教学创新路径[J].西部素质教育,2024,10(7):31-35.

[88] 丁乔,韩丽艳,孙轶红,等.机械制图课程教学创新探索与实践[J].化工高等教育,2023,40(5):40-43.

[89] 周登科.工匠精神理念下的机械制图课程教学改革探究[J].职业,2021(20):24-25.

[90] 周玉华,高朋,王丽芳,等.混合式教学模式下机械制图课程思政建设与实施[J].时代汽车,2023(24):49-51.

[91] 朱锐,梁荆璞,刘永辉.课赛融合背景下"机械制图"课程教学改革探究[J].装备制造技术,2023(10):100-102,134.

[92] 朱丹."机械制图"课程思政教学的探索与实践[J].韶关学院学报,2022,43(8):101-104.